La Mémoire des os

Titre original :
The Bone Woman

Éditeur original :
Hodder Headline Australia

www.editions-heloisedormesson.com

ISBN 2-35087-001-4

Éditions Héloïse d'Ormesson

Clea Koff

La Mémoire des os

Document *traduit de l'anglais par Delphine Chevalier, Raymond Clarinard et Isabelle Taudière*

À ceux qui tissent les fils d'argent

Sommaire

Avant

Le matin du mardi 9 janvier 1996 à 10 h 30, sur le flanc d'une colline au Rwanda, je me suis soudain vue faire ce à quoi je me destinais depuis toujours. J'ai parcouru du regard ce qui m'entourait comme pour prendre une photo ; en haut : des feuilles de bananiers. En bas : un crâne humain. À ma gauche : encore des feuilles de bananiers. À ma droite : une forêt de petits arbres. En face : l'horizon. J'étais assise sur un versant abrupt au milieu d'une bananeraie. Je me tenais les genoux relevés et serrés pour éviter de glisser. Le crâne, lui, n'avait pas eu cette chance ; il avait roulé jusqu'à cet endroit précis depuis un point plus élevé du coteau, laissant derrière lui son corps.

Il n'était pas le seul à avoir subi un traitement aussi indigne ; de fait, j'étais entourée d'autres crânes, environnée de gens assassinés ici même un an et demi plus tôt. Depuis, la plupart des têtes avaient roulé. J'étais là pour les retrouver et les réunir à leurs corps respectifs. Une fois l'assemblage accompli, il serait possible de déterminer leur âge, leur sexe, leur stature, la cause de leur décès et peut-être même leur identité. Sans bruit, je me suis accroupie pour « écouter » ce crâne. Il était face contre terre et, jusque-là, je n'avais pu me concentrer que sur la blessure occipitale, due à un coup violent porté à l'arrière de la tête à l'aide d'un gros objet tranchant. J'ai examiné la blessure, la manière dont l'os était enfoncé, et la forme en V de la coupure transversale. Un moustique qui bourdonnait à mes oreilles s'est posé sur le bord de l'entaille. « Ce n'est pas ici que tu trouveras ton bonheur, mon pote, ça fait longtemps qu'il n'y a plus de sang », ai-je pensé avant de le chasser.

La position du crâne me permettait de voir les dents maxillaires supérieures. L'une des troisièmes molaires était en cours de croissance quand la personne avait été tuée. Juste avant mon départ pour le Rwanda, je m'étais fait arracher une dent de sagesse. Pensive, j'ai passé ma langue sur l'alvéole cicatrisée de ma gencive, comme si je cherchais des points de comparaison entre mon propre corps et celui que j'avais devant moi. Par une réaction aussi spontanée, fait-on preuve d'empathie ou exprime-t-on le soulagement d'être encore en vie ? Je n'ai pas eu le temps d'approfondir la question : ma coéquipière Roxana a surgi du feuillage sur ma droite, accompagnée de Ralph, le photographe qui allait prendre un cliché de l'emplacement du crâne. À cet endroit exactement, nous avons placé une planche-photo sur laquelle étaient inscrits un numéro d'identification, la date et une flèche indiquant le nord. Dans le silence, nous avons écouté l'obturateur Nikon s'ouvrir et se fermer à deux reprises.

Cela fait, nous pouvions déplacer le crâne. Je l'ai ramassé et retourné pour le voir de face. Et là, je l'ai vue : une entaille nette, profonde, qui zébrait en diagonale les yeux et l'arête du nez. Tous les os fragiles qui forment les traits de notre visage étaient brisés. Le spectacle était pénible, et j'ai donc reposé le crâne, pour prendre le carnet où Roxana et moi allions noter l'état de l'os, le nombre de dents retrouvées et l'emplacement du crâne sur le coteau. Après avoir consigné tous ces renseignements, nous avons replacé le crâne à l'endroit où nous l'avions trouvé, puis nous nous sommes baissées pour passer sous les frondaisons des bananiers, évitant de marcher sur les vertèbres blanchies par le soleil. Nous avons remonté la pente jusqu'à un emplacement herbeux jonché de lambeaux de vêtements : nous cherchions le corps de notre crâne. Une fois l'herbe dégagée à l'aide de nos truelles, nous avons découvert que certains de ces morceaux de tissu masquaient des os partiellement ensevelis sous la terre éboulée du sommet de la colline. S'agissait-il de notre homme ? Notre enquête commençait.

Nous avons poursuivi cette recherche et des dizaines d'autres pendant quinze jours avec plus ou moins de succès. Nous étions quatre anthropologues disséminés sur la hauteur, et nous accomplissions tous la même tâche. Sur la crête, deux archéologues traçaient les contours de l'emplacement que nous allions fouiller pendant deux mois : le charnier situé derrière l'église de Kibuye.

J'avais alors vingt-trois ans et je faisais partie d'une équipe composée de seize archéologues, anthropologues et assistants légistes, que le Tribunal pénal international pour le Rwanda (TPIR) avait envoyée à Kibuye après le génocide de 1994. Le TPIR est le pendant du TPIY, le Tribunal pénal international pour l'ex-Yougoslavie. Ce dernier poursuit les responsables des crimes de guerre et du « nettoyage ethnique » en Bosnie-Herzégovine, en Croatie et désormais au Kosovo. Le TPIR et le TPIY sont les premiers tribunaux internationaux fondés depuis les procès de Nuremberg à l'issue de la Seconde Guerre mondiale. En 1995, le procureur général du TPIR, Richard Goldstone, présenta une requête sans précédent : il demanda à Médecins pour les droits de l'homme (PHR, *Physicians for Human Rights*), une organisation non gouvernementale basée à Boston, de rassembler une équipe d'experts médico-légaux pour enquêter sur les charniers dont les responsables présumés avaient déjà été désignés par le TPIR.

Le procureur Goldstone avait frappé à la bonne porte. Les Médecins pour les droits de l'homme disposaient d'un réseau de professionnels de la santé et s'étaient par le passé assuré les services de pathologistes légistes pour effectuer, à la demande du gouvernement, l'autopsie de victimes de violations des droits de l'homme en Israël. Pour cette mission du Tribunal, ils s'étaient également assuré les services du Dr William Haglund, anthropologue légiste en chef de l'ONU, qui allait sélectionner lui-même les membres de l'équipe.

Quand j'ai reçu le coup de téléphone de Bill (j'ai compris assez vite que William préférait ce diminutif), j'étais une simple étudiante licenciée en anthropologie médico-légale, mais je savais depuis des années que je souhaitais aider à mettre un terme aux violations des droits de l'homme en prouvant aux tueurs potentiels que les os peuvent parler. Heureusement, je ne m'en étais pas cachée pendant mes études à l'université. Quand Bill a demandé au Dr Allison Galloway, anthropologue médico-légale à l'université, quels étudiants elle recommanderait pour cette mission au Rwanda, elle a répondu que j'étais la seule parmi les étudiants d'anthropologie médico-légale à m'intéresser aux enquêtes relatives aux droits de l'homme.

Mon modèle s'appelait Clyde Snow. Je l'avais découvert en lisant *Witnesses from the Grave : The Stories that Bones tell* (Témoins d'outre-tombe : les Histoires que les os racontent), où est relatée sa création de l'Équipe argentine médico-légale (EAAF, *Equipo argentino de Antropología forense*). Si l'EAAF est aujourd'hui composée d'experts de renommée mondiale, en 1987, il s'agissait d'un groupe discret de jeunes diplômés assez courageux pour exhumer et tenter d'identifier les restes humains des Argentins « disparus » sous le régime de la Junte militaire des années 1970 et 1980. La lecture de *Witnesses from the Grave* m'avait convaincue de collaborer à leurs travaux, mais il me fallait d'abord acquérir les compétences requises.

Non seulement entreprendre un troisième cycle en anthropologie médico-légale, mais aussi achever les trois dernières années de mon diplôme d'anthropologie à l'Université de Stanford.

Avant mon entrée dans cette université, je savais déjà que je voulais travailler sur les restes humains, un attrait certes bizarre mais profond pour les os et les choses du passé, que je ressentais depuis l'enfance. À sept ans, je ramassais déjà les oiseaux morts que je trouvais dans notre jardin de Los Angeles et les enterrais dans un petit cimetière. Quelques années plus tard, au Kenya avec ma famille, je ramassais les os blanchis des animaux dans le parc national d'Amboseli tandis que les singes hurlaient dans les arbres au-dessus de ma tête. Je remettais les os en place le lendemain après les avoir délicatement nettoyés. Quand j'avais treize ans, nous vivions à Washington et j'enterrais des oiseaux morts que j'avais auparavant mis dans des sacs en plastique afin de pouvoir les déterrer plus tard ; j'étais curieuse de savoir combien de temps ils mettraient à se transformer en squelettes ; j'apportais les sacs nauséabonds à mon professeur de sciences (quelque peu horrifié) dans le cadre de recherches extrascolaires dont les motivations étaient strictement personnelles.

Mais c'est à l'âge de dix-sept ans que je m'orientai vers l'ostéologie humaine. En dernière année de lycée, je suis tombée sur un documentaire du *National Geographic* à la télévision qui expliquait comment les cendres du Vésuve avaient conservé les victimes de l'éruption qui avait eu lieu près de deux mille ans auparavant. Les explications de l'anthropologue m'avaient beaucoup étonnée : à partir d'os collectés, il disait pouvoir affirmer qu'il s'agissait d'une jeune servante qui avait eu à porter de lourds fardeaux. Fascinée, j'ai pris des notes et décidai d'aller étudier l'archéologie à Stanford.

Mais l'année suivante, au cours des fouilles archéologiques de Stanford en Grèce, j'ai compris que je ne voulais pas excaver des cimetières anciens à des fins scientifiques car ces gens avaient été enterrés « décemment ». Moi, je voulais fouiller des tombes clandestines et les restes en surface de victimes de crimes ou de mort accidentelle, découvrir des personnes tuées depuis peu, et dont l'identité était inconnue. *Witnesses from the Grave* m'avait appris que les anthropologues légistes travaillaient sur ces corps-là et, de surcroît, que la médecine légale pouvait aussi servir à traduire les meurtriers en justice.

L'anthropologie médico-légale concerne l'Avant et l'Après. Les anthropologues médico-légaux recueillent ce qui reste après la mort d'un individu et examinent le corps pour déduire ce qui s'est passé avant – longtemps avant (*ante mortem*), et juste avant ou au moment précis du décès (*peri mortem*). Outre qu'elle aide les autorités à déterminer l'identité des défunts, elle joue un rôle dans les enquêtes menées au titre des droits de l'homme, parce qu'un cadavre peut permettre d'incriminer les instigateurs d'un massacre persuadés d'avoir fait taire leurs victimes à jamais. C'est cet aspect-là qui me passionne, ce « coup de pied au cul du salaud » au moment où il s'y attend le moins.

Je crois que si j'aime cette application de la médecine légale, c'est parce que j'ai grandi en prenant peu à peu conscience des concepts et des conditions de la répression et de la discrimination. Mes parents, David et Msindo, tournaient des documentaires sur des sujets tels que le colonialisme et la résistance en Afrique, le conflit israélo-palestinien, et l'incidence de la race et de la classe sociale en Grande-Bretagne. Et mes parents n'étaient pas de ceux qui envoient leurs enfants se coucher quand ils abordent des discussions politiques avec leurs amis. Mon frère Kimera et moi assistions aux repas ou aux projections, apprenant des mots comme *Lumpenproletariat* avant même d'avoir entendu parler de la *Rue Sésame*.

Nos parents nous emmenaient avec eux quand ils partaient en tournage, et nous voyagions en qualité de participants, pas de touristes. Et comme nous ne pouvions pas souvent regarder la télévision, nous n'avions pas un sens très développé de l'identité nationale. Nos parents ne l'auraient guère encouragé : David a vécu des années à l'étranger, bien qu'étant américain de la deuxième génération, issu d'une famille polonaise et russe ; Msindo a été élevée en Angleterre, bien que tanzanienne de mère ougandaise. Mais nous possédions une très forte conscience familiale.

La seule fois où nos parents ne nous ont pas emmenés, ce fut pour se rendre à Boston afin de protester contre la censure qui frappait leur film *Blacks Britannica*. Le sens même de leur travail nous a brutalement touchés : ils sont restés absents six mois. Kimera et moi avons vécu en Angleterre chez un ami qui avait une exploitation porcine dans le Norfolk. Quand nous avons fêté mes six ans sans nos parents, ce que nous avons compris, c'est que leur film, et par conséquent eux-mêmes et donc notre famille, avaient été victimes d'une injustice majeure. Quelques années plus tard, j'ai de nouveau eu peur qu'une autorité puisse encore une fois nous séparer de façon arbitraire : nous étions à l'aéroport de Nairobi quand le responsable du contrôle des passeports dit qu'il allait retenir ma mère parce qu'il désapprouvait la politique du président tanzanien. Il a intimé au reste de la famille l'ordre d'embarquer. Nous avons presque raté l'avion et j'ai manqué de m'évanouir à force de pleurer. J'avais neuf ans et je revois encore le petit sourire suffisant du policier qui se délectait de son pouvoir.

Aussi, quand huit ans plus tard j'ai découvert l'activité de l'équipe argentine médico-légale en lisant *Witnesses from the Grave*, j'ai intuitivement su que c'était précisément ce que je voulais faire. Une photo résumait tout : Clyde Snow à la barre des témoins au procès des fonctionnaires responsables de l'enlèvement et du meurtre de milliers de personnes, montrant une diapositive du crâne d'une de ces victimes, Liliana Pererya. Cette jeune femme, par la voix de

Clyde, expliquait à la cour qu'elle avait reçu une balle à l'arrière de la tête peu après avoir accouché du bébé qu'elle portait lors de sa disparition. Ses restes étaient les preuves matérielles qui allaient corroborer le témoignage d'autres victimes. Les meurtriers, qui avaient agi avec la bénédiction de l'État, avaient sans doute pensé qu'ils n'entendraient plus jamais parler de cette femme, mais le travail de Clyde leur prouvait le contraire.

En intégrant le master d'anthropologie médico-légale à l'Université d'Arizona, j'ai accompli le plus grand pas vers la réalisation de mon rêve. Le programme appliquait l'ostéologie humaine aux cas médico-légaux modernes, grâce à un accord avec le Bureau des examinateurs médicaux qui les autorisait à s'occuper de tous les corps non identifiés. La première fois que j'ai visité le laboratoire d'identification humaine de l'Université d'Arizona, j'ai vu des murs entiers d'étroites boîtes en carton contenant le squelette de personnes non identifiées, un aqualabo pour détacher la chair des os sous une hotte de chimie, une chambre noire pour développer les radiographies dentaires et, dans un coin reculé, une cafetière fumant doucement sur un comptoir. Lorsque je suis partie ce jour-là, j'ai pleuré de joie ; dans ce labo, je me sentais bien. Seuls huit autres étudiants suivaient le programme, la plupart depuis plusieurs années déjà. J'allais être entourée de mentors et, mieux encore, le directeur du programme, le Dr Walt Birkby, était l'un des plus grands anthropologues médico-légaux des États-Unis. Mais ce n'était pas la seule raison pour laquelle je voulais m'intégrer : le labo était son « atelier » et lui-même un ancien Marine aux cheveux gris fer coupés en brosse et au débit saccadé. Je ne voulais surtout pas savoir comment il réagirait si un étudiant ne se montrait pas à la hauteur de ses exigences.

En fait, cela se passa très bien : d'une part, j'étais très enthousiaste, d'autre part, je pus utiliser au mieux la formation que j'avais déjà acquise en ostéologie humaine à Stanford ; au Bureau des examinateurs médicaux, je suis donc passée rapidement de l'observation des cas à leur traitement. La première fois que j'ai vu un cadavre – par opposition à un squelette –, cela ne m'a pas fait grand-chose parce que j'en avais déjà vu. Peu, c'est vrai, lorsque mes camarades d'ostéologie de Stanford et moi-même allions voir les étudiants en médecine disséquer des cadavres pour leur cours d'anatomie dans la salle d'à côté. À cette époque, je ne m'intéressais pas beaucoup aux cadavres « frais », parce qu'il me semblait que les tissus empêchent de voir les os. Ces corps qui avaient été donnés à la science n'auraient pu être plus différents de celui que j'ai vu pour la première fois au Bureau : c'était une femme, qui était restée un certain temps dans le désert ; le processus de momification était donc bien entamé. Sa peau était si hâlée et si dure qu'elle me fit penser à un grand sac à main – mis à part le haut de la face interne de la cuisse où la peau avait été protégée du soleil.

Tandis que Walt grimpait sur une échelle pour prendre des clichés avant de se mettre au travail sur le corps, je me suis dirigée vers notre second cas qui attendait sur la table voisine. C'était une autre femme, mais elle était morte à son domicile et avait été découverte après plusieurs jours. En l'observant, j'ai cru voir ses joues remuer. J'ai pensé, « C'est impossible », et je me suis penchée pour mieux voir : ses joues remuaient effectivement, et sa langue tournait et retournait dans sa bouche entrouverte qui grouillait d'asticots voraces. Je ne sais pas ce qui m'a le plus choquée : voir tant d'asticots vivants ou voir un cadavre bouger. Comme nous portions tous une protection intégrale dans la salle d'autopsie, y compris un masque couvrant la bouche et le nez, il était impossible de deviner nos expressions à moins de parler à haute voix. Pourtant, à la vision de cette mêlée d'asticots, j'ai dû écarquiller les yeux, parce que Todd

Fenton, l'un des étudiants de Walt, m'a chuchoté, « Tu t'y habitueras ». Au même moment, Walt est descendu de l'échelle derrière nous et il a distribué les tâches afin de débuter l'examen du premier cas.

Quel que soit le stade de décomposition d'un cadavre, l'objectif de l'anthropologue médico-légal lors de l'examen d'un cas est d'analyser les os spécifiques qui subissent les changements relatifs à l'âge et au sexe, ainsi que les éléments osseux qui indiquent l'ascendance et permettent une estimation de la taille. En général, nous déterminons l'âge à partir de l'examen de la face de la symphyse pubienne (partie antérieure des deux os iliaques), de l'état de fusion des épiphyses (extrémités renflées) des os longs (bras et jambes), de la clavicule médiane (milieu de l'os de la clavicule), et de la morphologie (forme) de l'extrémité des troisième et quatrième côtes à l'endroit où elles s'incurvent pour rejoindre le sternum. Bien sûr, la dentition joue un grand rôle dans la détermination de l'âge, car les dents se développent plus ou moins en corrélation avec l'âge chronologique. Afin de déterminer le sexe d'un corps adulte dépourvu d'organes génitaux extérieurs (ou dont les organes génitaux sont rendus méconnaissables par la décomposition), plusieurs os entrent en jeu : tout le réseau osseux qui constitue les distinctions apparentes de la ceinture pelvienne chez les hommes et les femmes, ainsi que le crâne et plusieurs aspects des os longs. La « race » ou l'« ascendance » est une estimation qui, une fois encore, se fonde sur l'interprétation anthropologique de la morphologie des os dans tout le corps, les dents et les cheveux fournissant potentiellement des informations. Nous estimons la stature, ou taille, d'un corps en mesurant les os longs et en intégrant ces mesures dans une formule qui tient compte du sexe et de la race du corps.

En fait, quand j'écris « quel que soit le stade de décomposition d'un cadavre », je veux dire que même si un cadavre est « frais » – la personne est décédée la veille – il faut utiliser une scie Stryker (un instrument à lame ronde qui oscille à grande vitesse et peut scier un os sans couper les tissus) pour dégager la partie de l'os qui doit être examinée. On ne peut pas couper ou scier n'importe comment : il existe des méthodes pour enlever les tissus en endommageant au minimum la chair ou l'os avoisinants. Par exemple, il faut suivre la procédure appropriée pour scier le maxillaire ou la mandibule (autrement dit, la bouche) afin de prendre des radiographies des dents, sinon les extrémités des racines qui plongent dans les cavités des sinus maxillaires risquent d'être sectionnées.

La première fois que j'ai dû en utiliser une, j'étais assez embarrassée. La scie Stryker est lourde, elle peut se retourner dans la main si les gants chirurgicaux sont mouillés et, si elle entre en contact avec un liquide (par exemple le sang dans la région intestinale), elle le projette dans toutes les directions. Et on a toujours peur de se blesser. Mais Angie Huxley, une autre étudiante de Walt, plus chevronnée que moi, a prononcé les mots magiques quand j'ai empoigné la scie : « Tu vas y arriver, Clea ». Ce qui m'a aussi aidée, c'est l'efficacité du Bureau des examinateurs médicaux du comté de Pima. L'efficacité est une qualité essentielle quand vous faites une chose pour la première fois – cela signifie que tout le monde se concentre sur sa tâche et ne vous surveille pas lorsque vous tenez une scie Stryker à deux mains comme si vous essayiez d'attraper un chat pour lui faire prendre un bain.

Le protocole du labo voulait qu'après avoir prélevé les éléments osseux qui nous intéressaient, nous les inscrivions dans un registre (afin de ne pas rompre la chaîne de contrôle) avant de les emporter du Bureau dans l'aqualabo universitaire. Là, nous les nettoyions en plusieurs étapes afin d'ôter les tissus et les graisses. Puis nous procédions à leur analyse anthropologique, prenions une série complète de radiographies dentaires et développions les clichés dans la chambre noire. Dès que le Bureau était en mesure de transmettre les radiographies dentaires de personnes disparues dont les caractéristiques correspondaient à notre rapport anthropologique, Walt comparait les clichés afin de déterminer si la formation des racines, les caractéristiques dentaires et les soins (plombages, bridges, appareils, etc.) pouvaient correspondre à ceux de notre cas. Nous soumettions ensuite nos conclusions au Bureau.

En tant qu'anthropologues, nous devons prendre en compte toutes les informations disponibles dans notre évaluation d'un squelette en vue de son identification. On ne gagne rien à n'utiliser qu'une mesure, même si elle est fiable. À mon sens, nous sommes les interprètes du langage du squelette. Seule l'expérience permet d'interpréter ce langage aussi précisément que possible. Elle s'acquiert par la persévérance et l'observation de cas aux côtés d'un professionnel confirmé.

Je continuais toutefois à penser que seules les enquêtes internationales des droits de l'homme avaient une vocation humanitaire. Un seul cas pourtant, en Arizona, suffit à dissiper cette conviction. Quand, plus tard, je fus invitée au Rwanda, je me suis rappelée la satisfaction que j'avais ressentie alors. Nous avions apporté au labo du Bureau la dentition et d'autres os d'une personne non identifiée. Nous étions plusieurs à avoir décidé de boucler l'examen de ce cas l'après-midi même, dans la mesure où nous étions déjà en possession des radiographies dentaires d'une personne disparue qui, selon la police, pouvait lui correspondre. Nous avons établi l'âge, le sexe, la race, la stature et les anomalies du corps. Nous avons pris les radiographies dentaires *post-mortem* et les avons développées dans la chambre noire. Walt a comparé les radiographies de la personne disparue avec nos clichés *post-mortem* et elles correspondaient. Je me souviens que le défunt était un jeune homme disparu depuis plus d'un an.

Je me préparais à partir lorsque je me suis approchée de la bibliothèque qui séparait le bureau de Walt de la salle principale. Je voulais le saluer, mais il était au téléphone avec l'enquêteur médical chargé du dossier du jeune homme qui allait contacter sa famille. Se balançant dans son fauteuil, Walt déclara : « Vous direz à sa famille qu'il sera de retour pour Thanksgiving. » On décelait de la fierté dans sa voix, une voix d'ordinaire plutôt sévère ou moqueuse, et mon cœur s'est gonflé d'aise parce que j'avais contribué à ce résultat. Cela signifiait le retour d'une personne chez elle, une personne que sa famille n'aurait pas pu identifier elle-même, une personne dont elle ressentait la disparition. Depuis, j'ai souvent lu dans les journaux que les survivants d'une famille ont besoin d'un corps, ne serait-ce que d'une partie d'un corps, pour tourner la page et accomplir leur travail de deuil.

Comme je l'avais imaginé avant l'université, travailler avec Walt au Bureau était une expérience fantastique, mais travailler sur des cas réels eut des conséquences inattendues. J'ai commencé à me replier sur moi-même, à rester seule chez moi et à lire des romans policiers anglais. En fait, j'essayais de refouler la violence que je ressentais toute la semaine : les cadavres de personnes qui avaient fait une overdose en compagnie de leurs amis (des amis tellement partis qu'ils n'avaient rien trouvé de mieux à faire que d'abandonner le corps au milieu de nulle part), des ex-épouses assassinées (tuées par balle puis rouées de coups, dans cet ordre-là), des ressortissants étrangers qui, après avoir payé un passeur pour les aider à traverser la frontière mexicaine, étaient morts, abandonnés dans un désert implacable. Meurtres, suicides, accidents de la route, accidents de bateau, chutes en montagne, la mort ne cessait de frapper.

J'ai fini par prendre peur. Je vivais seule dans une résidence contenant des centaines d'appartements répartis sur plusieurs hectares à la frange du désert. Je passais mon temps à vérifier que les portes de mon balcon étaient bien fermées. J'ai posé un nouveau rideau de douche transparent pour avoir au moins la possibilité, si quelqu'un pénétrait dans mon appartement, de le voir entrer. J'avais un voisin que je croisais rarement – sans doute un représentant – et j'étais parfois persuadée qu'une odeur de décomposition montait de sous sa porte.

Un soir, j'étais en train de dîner en regardant le journal télévisé quand ils ont diffusé l'enregistrement de l'appel au secours d'une femme qui se faisait agresser. Je revenais du Bureau où Walt et moi avions justement examiné cette femme afin d'établir l'enchaînement des faits. Je me rappelle les poils qui recommençaient à pousser sur ses jambes rasées, ses ongles vernis, les orifices irréguliers des impacts de balles visibles dans son cuir chevelu, rabattu sur son visage lors de la craniométrie. Mais quand j'ai entendu l'enregistrement de l'appel, mes souvenirs n'étaient ni aussi ordonnés ni aussi détachés qu'aujourd'hui. Comme d'entendre la voix de quelqu'un qu'on connaissait, mais dont on sait qu'il est mort. J'en fus épouvantée.

Exactement au même moment, d'avril à juin 1994, le Rwanda sombrait dans le génocide. Lorsque j'ai regardé les reportages télévisés où le carnage était présenté comme un « conflit tribal », j'en savais assez pour ne pas être dupe, mais je me suis surtout demandé qui pourrait aller là-bas identifier tous ces corps. Moins de deux ans plus tard, j'étais à bord d'un avion à destination du Rwanda.

J'étais impatiente de rejoindre la mission parce que j'allais enfin mettre mes compétences médico-légales au service des enquêtes sur les violations des droits de l'homme qui me motivaient depuis des années. Je ne pensais donc pas renouer avec la peur comme en Arizona. Je ne m'attendais pas non plus à craquer moralement lors de nos travaux d'exhumation – après tout, j'étais désormais une experte scientifique. Pourtant je ne me rendais pas compte que, si j'étais bien préparée aux contacts avec les corps, je ne l'étais sans doute pas au reste.

À la fin de la mission et à mon retour chez moi, ce fut comme si ma boussole interne avait été orientée vers un autre nord. Je sais maintenant que c'était dû d'une part à certains événements traumatisants qui ponctuèrent la mission, et d'autre part à mon identification avec les Rwandais, car j'avais de la famille dans les pays voisins. Cependant, au bout du compte, mon sentiment de plénitude a fini par se mêler étroitement à tout ce que mon travail peut avoir de douloureux et de brutal, au point de ne plus souhaiter qu'une seule chose : participer à d'autres missions.

Au début, j'ai seulement ressenti le besoin de voir si le travail était le même sur un autre site. Alors, en 1996, je suis retournée au Rwanda. Quand, plus tard dans l'année, j'ai accepté une mission du Tribunal pénal international pour l'ex-Yougoslavie, je voulais voir en quoi le travail différait d'un pays à l'autre. Je me suis retrouvée bombardée membre clé de l'équipe médico-légale de l'ONU, à fouiller des charniers en Croatie et au Kosovo. Je l'ai fait suffisamment de fois pour suivre l'évolution de l'enquête médico-légale dans le cadre international, et pour que le décor change autour de nous.

Quant au travail en lui-même – les charniers et les corps –, il m'est devenu familier lui aussi. Au Rwanda, il pouvait y avoir des centaines de corps dans un seul charnier, majoritairement des femmes et des enfants, tués à l'aide d'instruments tranchants ou contondants. En Bosnie, il pouvait y avoir deux cents corps par charnier, majoritairement des hommes, les mains liées derrière le dos, tués par des projectiles très rapides. Au Kosovo, il pouvait y avoir plusieurs personnes dans chaque charnier, des familles, tuées à la fois par balles et par incendie.

Quand je suis arrivée au Kosovo, j'avais l'expérience de la plupart des protocoles et des excentricités des missions médico-légales du Tribunal, mais quand je me suis trouvée à la morgue et quand j'ai vu les corps – tant de jeunes, tant de vieux – cela m'a rappelé presque quotidiennement le Rwanda. La morgue était loin de ressembler à la tente gonflable que nous avions là-bas, où nous pratiquions des autopsies ; c'était une structure équipée de l'eau courante, de l'électricité et même de hottes de chimie. Mais les corps qui y entraient auraient pu être les mêmes qu'au Rwanda : une femme d'âge moyen tenant la tétine d'un enfant (le sien ?), un vieillard vêtu de trois pantalons, une autre femme avec des bijoux cachés dans une poche intérieure. Tant de morts criblés de balles, atteints au dos et aux fesses, comme les Rwandais qui avaient de profondes entailles à la base du crâne. Dans les deux pays, c'était la même histoire : les victimes avaient tenté de fuir ou n'avaient pu le faire.

Les corps que nous avons retrouvés au Kosovo étaient ceux qui n'avaient pas été enlevés par la police ou l'armée populaire yougoslave avant notre arrivée. Sur certains cadavres, il était visible que les tueurs avaient cherché à « dissimuler » les preuves (ce qui est loin d'être simple). Ce comportement était le premier témoignage des corps. J'ai fini par comprendre que le rôle de la science médico-légale, où que ce soit, n'est pas seulement de dissuader les auteurs des crimes mais aussi de contribuer, là où s'est déroulé un conflit, à une meilleure et réelle communication entre les parties « opposées ». Cela s'accomplit en aidant à établir la vérité sur le passé – ce qui est arrivé et à qui – et en renforçant ainsi les liens entre les membres d'une même communauté. Malgré les facteurs censés différencier des lieux comme le Rwanda et le Kosovo – qu'ils soient religieux, ethniques ou historiques –, leurs morts ont révélé leur humanité commune, celle que nous partageons tous.

Si quelqu'un m'avait interrogée sur le but de ma carrière pendant ma première mission au Rwanda, j'aurais répondu que j'aspirais à donner une voix aux personnes réduites au silence par leur propre gouvernement ou leur armée, aux personnes réprimées de la façon la plus radicale : assassinées et enfouies dans des sépultures clandestines. Dans cette perspective, en travaillant pour les deux Tribunaux pénaux internationaux de l'ONU en tant qu'experte médico-légale, j'avais réalisé mon rêve. Je l'ai profondément ressenti lors de ma première journée de travail au Rwanda : j'étais accroupie sur une pente à quarante-cinq degrés, sous l'épais feuillage des bananiers et sous les avocats mûrs, et je plantais un drapeau rouge dans la terre chaque fois que je découvrais des restes humains. Disons-le ainsi : je me suis retrouvée à court de drapeaux. Ce soir-là, je suis rentrée dans ma chambre et j'ai consigné dans mon journal que je réalisais mon rêve. Et puis j'ai continué à écrire.

I

RWANDA : KIBUYE

6 janvier-27 février 1996

RWANDA : KIBUYE

Le 6 avril 1994, un missile abat en plein vol au-dessus de Kigali l'avion dans lequel voyageait le président du Rwanda, Juvénal Habyarimana. L'identité des tireurs fait encore l'objet de débats, même si tout désigne des extrémistes membres du propre parti du président. Dans l'heure qui suit le crash, la garde présidentielle commence à exécuter des personnes dont le nom figure sur des listes établies des mois plus tôt – des opposants politiques, des professeurs d'université et leurs étudiants, des personnes « ordinaires », leur famille et quiconque ayant la moindre relation avec eux. En cent jours, plus de huit cent mille personnes – à peu près le dixième de la population du Rwanda – sont assassinées, pas à l'arme automatique, mais à coups de machettes et de gourdins, que brandissent des soldats, des maires de villages, des policiers ou des voisins. Ils ont tous été encouragés à « faire leur travail » par des incitations haineuses diffusées vingt-quatre heures sur vingt-quatre à la radio. Cette volonté des organisateurs de supprimer des groupes particuliers – même si la définition de ces « groupes » relève du mythe – confère à leurs actions un caractère génocidaire. On estime que, pendant cette période, soixante-dix mille femmes furent violées et que trois cent cinquante mille enfants furent témoins du meurtre de membres de leur famille. Le premier site de massacres retenu par le Tribunal pénal international pour le Rwanda (TPIR) pour y mener une enquête médico-légale se situe à Kibuye, à la frontière ouest du pays.

RÉPUBLIQUE
DÉMOCRATIQUE
DU CONGO
(ancien Zaïre)
OUGANDA
Lac
Kivu
Ruhengeri
Ruhengeri
Byumba
Gisenyi
RWANDA
Kigali
Kibuye
Gitarama
Ntarama
Kibuye
Kigali
Kibungo
Gikongoro
Butare
Cyangugu
Butare
BURUNDI
TANZANIE
0
30
60 kilomètres
20
40 miles
Préfectures

1

LE SANG DEPUIS LONGTEMPS VERSÉ

PARTIE DE CALIFORNIE, j'ai mis vingt-quatre heures pour rallier le Rwanda. Pendant tout le temps qu'a duré mon voyage – dix fuseaux horaires et deux petits déjeuners – je n'ai pas cessé de penser à l'église de Kibuye et au travail que je devais y accomplir. La plupart des faits dont j'avais connaissance remontaient à l'époque du génocide. Durant les trois mois du génocide de 1994, la préfecture de Kibuye avait vu mourir près de deux cent cinquante mille personnes, dont plusieurs milliers tués dans l'église située dans la ville de Kibuye.

De rares survivants ont livré un témoignage selon lequel, sur ordre du préfet, les gendarmes devaient conduire les gens soit dans l'église soit dans le stade. Le préfet, qui avait déjà décidé des meurtres, leur affirmait que c'était pour garantir leur sécurité, les protéger de la violence qui se répandait dans tout le pays. Mais deux semaines après avoir été conduits dans ces « zones de sécurité », ceux qui s'y trouvaient ont été attaqués par la police et la milice censées les « protéger », tactique typique des *génocidaires** fort répandue dans tout le Rwanda : ils rassemblaient un grand nombre de victimes dans des

* En français dans le texte.

bâtiments ou des enceintes soigneusement délimitées d'où il était presque impossible de s'échapper, puis ils les massacraient. De fait, plus de gens ont été assassinés dans des lieux de culte que n'importe où ailleurs au Rwanda. Certains prêtres ont tenté de protéger ceux qui avaient cherché refuge dans leur église, d'autres se sont tus et ont même prêté main-forte aux tueurs.

J'ai lu les dépositions de témoins de l'attaque de l'église de Kibuye dans une publication de l'*African Rights* (Droits africains) intitulée *Mort, Désespoir et Défi*. C'était comme si les survivants m'avaient directement murmuré leurs récits à l'oreille : ils racontaient comment le massacre s'était déroulé pour l'essentiel le 17 avril, un dimanche, sur la péninsule où l'église se dressait au-dessus du lac Kivu. Les assaillants avaient d'abord lancé une grenade au milieu des centaines de personnes rassemblées à l'intérieur de l'église, puis avaient ouvert le feu pour les effrayer ou les blesser. Deux ans après, on voyait toujours le petit cratère creusé par l'impact de la grenade sur le sol en ciment, ainsi que les bancs déchiquetés. Après l'explosion, les assaillants avaient pénétré dans l'église par le portail en bois à double battant. Avec des machettes, ils avaient attaqué quiconque se trouvait à portée. Ce qui avait été jusqu'alors un banal outil agricole se mua soudain en instrument de massacre collectif, avec une simultanéité qui semblait indiquer la préméditation.

Le massacre de l'église de Kibuye, des bâtiments et des terrains adjacents où plus de quatre mille personnes s'étaient réfugiées avait duré plusieurs jours, les tueurs ne s'arrêtant que pour se nourrir. Pour forcer ceux qui étaient encore en vie à se signaler en toussant ou en se redressant, les meurtriers tiraient des grenades lacrymogènes, puis se dirigeaient droit sur ceux qui montraient un signe de vie et les abattaient. Ils laissaient les corps là où ils étaient tombés. Quand j'ai eu connaissance de ces méthodes, j'en ai frémi d'horreur.

Après le génocide, ce sont les habitants de Kibuye qui ont enterré les corps de l'église dans des fosses communes sur la péninsule. Le TPIR avait demandé à notre équipe médico-légale de localiser les fosses, d'exhumer les restes et de les analyser afin de déterminer le nombre de corps, l'âge des victimes, leur sexe, la nature de leurs traumatismes et les causes de leur mort. Les preuves matérielles seraient utilisées au procès de ceux qui étaient déjà accusés par le Tribunal de crimes contre l'humanité. Elles allaient permettre d'établir la réalité des faits et la véracité des témoignages de ceux qui avaient assisté au massacre.

Chaque fois que je lisais les dépositions des survivants de Kibuye, je fondais en larmes. Elles décrivaient des persécutions auxquelles il semblait impossible d'échapper, des persécutions suivies par un choc traumatique intolérable quand les survivants prenaient conscience du meurtre de parents, d'enfants, de cousins – et d'une parentèle tellement étendue que les Occidentaux ne possèdent pas de mots pour la décrire, contrairement aux Rwandais. Je lus ces dépositions une dernière fois avant d'atterrir à Kigali, et j'eus la même réaction. Je tentai de cacher mes larmes à mes voisins, et mon chagrin s'est paré d'une sorte de désespoir qui m'a poussée à me demander comment j'allais réagir à la réalité du travail sur une véritable scène du crime.

À la sortie de l'avion, sur le tarmac, mes inquiétudes se sont dissipées tant j'étais occupée par mon environnement. La première chose que j'ai remarquée dans le terminal, c'est que beaucoup de lampes étaient éteintes et que les grandes fenêtres étaient cassées. Les vitres étaient criblées d'impacts de balles ou avaient simplement disparu, laissant filtrer l'air frais de la nuit. La porte à peine passée, un policier a minutieusement examiné mon passeport et mon visa.

– Comment pouvez-vous à la fois être étudiante et venir travailler ici ? m'a-t-il demandé. Je lui dis que je faisais partie d'une équipe d'anthropologues.

– Laquelle ?

Allait-il avoir une réaction négative à l'égard d'activités en liaison avec le Tribunal ?

– Les Médecins pour les droits de l'homme, ai-je répondu nerveusement.

Son visage s'est éclairé.

– Ah ! Bien ! Vous êtes vraiment la bienvenue.

Soulagée, je suis descendue chercher mes bagages. Le tapis roulant, minuscule, tournait et grinçait. Au-delà des lames en plastique, je pouvais voir des jeunes hommes qui lançaient les valises sur le tapis. Mes bagages sont apparus. Je venais de faire la connaissance de deux coéquipiers, Dean Bamber et David Del Pino, qui n'eurent pas la même chance que moi. Les bagagistes se faufilant à travers les lames se groupèrent pour regarder les passagers dont les bagages manquaient, l'air de dire : « Désolés, on a fait ce qu'on a pu. »

Tandis que Dean et David entamaient les formalités de réclamation, j'ai franchi la barrière qui séparait la zone de réception des bagages du hall de l'aéroport. Je me suis frayé un chemin à travers la foule venue accueillir les passagers de ce vol bihebdomadaire, et j'ai retrouvé Bill Haglund, notre chef de mission. Je l'avais rencontré environ deux ans auparavant, quand il était venu à la réunion annuelle des anthropologues médico-légaux au Nevada. Son travail d'examinateur médical sur les meurtres en série de Green River à Seattle avait fait de lui une semi-célébrité. Personnellement, ce qui m'avait surtout impressionnée, c'était sa présentation de diapositives sur la Croatie : il venait de rentrer d'une mission pour les Médecins pour les droits de l'homme au cours de laquelle il avait mis au jour les restes de civils serbes tués par l'armée croate en 1991. Et voilà que je le retrouvais à Kigali, semblable au souvenir que j'en avais gardé : lunettes, cravate, chapeau et barbe multicolore (blanche, grise et d'un blond filasse) un peu hirsute. De son ton à la fois feutré et haché qui me fut bientôt familier, Bill commença par me résumer la logistique et le plan d'action de l'équipe, aussi bien pour les deux premiers jours que nous allions passer à Kigali que pour les premières phases de notre mission à Kibuye. La somme de travail semblait énorme – à moins que ce ne fût le débit rapide et murmuré de Bill ? – mais je trouvais cela passionnant, et je me sentais prête à tout, surtout quand Bill a précisé qu'aucune équipe médico-légale n'avait jamais tenté d'exhumer un charnier de la taille de celui que nous pensions trouver. Nous serions des pionniers, nous allions devoir apprendre et nous adapter au fur et à mesure.

Dean et David se sont arrangés avec Bill pour qu'il aille chercher leurs bagages à l'arrivée du vol suivant, prévu quelques jours plus tard. Nous sommes alors sortis de l'aéroport. Notre coordinateur de projet, Andrew Thompson, nous attendait dans un 4 × 4.

Sur le chemin de Kigali, je ne parvenais pas à croire que j'étais vraiment là. On sait que l'on est en Afrique, l'air est frais et parfumé – un parfum sucré comme le chèvrefeuille. Sur les collines de Kigali, des lumières étaient éparpillées : les maisons. Sur la route, la circulation était plutôt chaotique. Les conducteurs n'utilisaient pas leurs clignotants, ils se contentaient de tourner ou de se glisser où ils voulaient. Notre anguleuse Land Rover blanche se confondait avec celles de l'ONU, à ceci près qu'elle n'avait pas le sigle noir peint sur ses portières.

Nous sommes passés à l'hôtel Kiyovu pour signaler notre arrivée et en sommes repartis aussitôt pour aller dîner dans un restaurant chinois de l'ancien quartier des ambassades. Le caractère à la fois tropical et soigné de ce quartier irradiait une beauté africaine, tel un Beverly Hills post-colonial. Nous devions aller chercher deux autres personnes employées par le Tribunal. Le gardien, nommé God (Dieu), nous a ouvert un impressionnant portail. Les portes de la maison étaient grandes ouvertes, et permettaient de jouir du jardin qui se déployait en contrebas. À cet instant précis, je me sentais bien avec mes compagnons, heureuse d'être au Rwanda. J'étais de retour en Afrique de l'Est, dont je conservais de mon enfance un souvenir vibrant, d'une intensité presque épique.

À mon réveil le lendemain, j'ai découvert que les faubourgs de Kigali correspondaient bien à ces souvenirs. La banlieue consistait en une multitude de collines vertes sillonnées de routes de terre et de vallées jonchées de maisons basses aux toits rouges. Partout, des fleurs s'épanouissaient. Le contraste entre le vert de la végétation et l'ocre de la terre était aussi tranché et lumineux qu'un paysage de l'Alexandrie de Lawrence Durrell. Même les jardins du modeste hôtel Kiyovu inspiraient un respect mêlé d'admiration ; de gros oiseaux semblables à des éperviers nichaient dans les arbres au milieu de plantes grimpantes aux larges fleurs pourpres. Parfois ils piquaient au-dessus de la vallée, entrant dans mon champ de vision tandis que j'observais la ville à la jumelle en me demandant comment elle s'harmonisait avec tout cela.

Nous avons passé un jour et demi à Kigali afin de rassembler notre matériel d'exhumation dans les bureaux du Tribunal et l'emporter à Kibuye en voiture. Les rues du centre étaient en excellent état et permettaient à Bill de rouler vite, les ronds-points devenant alors une source de frisson supplémentaire. Quand je n'étais pas trop ballottée à l'arrière, je pouvais voir que les collines de Kigali, par leur topographie, dessinaient naturellement des quartiers. Des gens marchaient sur le bas-côté, certains portaient des récipients sur leur tête, d'autres prenaient soin des buissons de lauriers-roses sur les terre-pleins.

Le QG du Tribunal était un petit immeuble à plusieurs étages qui n'offrait qu'un maigre refuge contre la chaleur et l'humidité croissantes. Nous avons commencé à déballer les innombrables caisses de matériel expédiées à Kigali quelques semaines plus tôt. En triant et en inventoriant leur contenu, il est rapidement apparu que de nombreux éléments étaient soit inadéquats, soit simplement manquants : nous avions bien des fournitures de bureau et des bottes en caoutchouc de différentes pointures, mais les gants chirurgicaux étaient beaucoup trop grands ; les poignées des scalpels étaient énormes et leurs lames si épaisses que je me suis demandé si elles n'étaient pas plutôt destinées à des pathologistes vétérinaires. Les « tamis » ne convenaient pas du tout, ils ne ressemblaient pas aux claies nécessaires pour passer au crible des seaux entiers de terre et recueillir de petits os et des objets. Nous n'avions pas le temps de remédier à cette situation et allions donc devoir nous montrer créatifs une fois à Kibuye.

Nous avons pris un déjeuner tardif à l'hôtel Meridien. Bill nous a incités, Dean, David et moi, à réfléchir au but que l'on poursuit quand on travaille pour les Médecins pour les droits de l'homme et pour le Tribunal. Il nous a rappelé que notre priorité en tant qu'anthropologues médico-légaux à Kibuye serait de déterminer l'âge et le sexe des victimes, de rassembler des preuves matérielles de la cause de la mort, et de chercher des blessures défensives. Comme nous n'avions pas encore commencé les exhumations, la conversation était éloignée de toute réalité, elle tenait plus de la prévision, presque du détachement académique. Bill nous demanda même à quel type de déformation osseuse nous pouvions nous attendre chez des gens habitués à porter de lourdes charges sur leur tête.

Quand nous sommes revenus aux droits de l'homme et au droit à une vie décente, David nous a raconté l'exhumation de restes humains dans une mine au Chili, où il avait participé à la fondation de l'Équipe d'anthropologie médico-légale chilienne. Il nous a expliqué qu'il fallait des heures pour descendre à la corde dans la fosse profonde de deux cents mètres, rassembler les squelettes os par os, et remonter. Il fallait alors affronter la douleur des familles assises au bord du puits de la mine. Et, bien que ce moment passé ensemble à discuter ait été le moment essentiel de cette journée, assis à l'ombre de l'hôtel, je me sentis peu à peu glacée.

Au dîner, ce sentiment ne m'avait pas complètement quittée. Nous étions dans un restaurant éthiopien en plein air installé entre des bâtisses sur une petite route de terre. À un moment, quatre hommes vêtus des uniformes disparates de l'armée rwandaise sont entrés. Ils portaient des fusils d'assaut. Qu'allait-il se passer, étaient-ils venus dîner ou arrêter quelqu'un ? Tout le monde les observait. De leur côté, ils ont simplement jeté un coup d'œil alentour et sont ressortis. Était-ce la tension ou le décalage horaire, cet épisode m'a brusquement coupé l'appétit. Dean et David n'ont pas beaucoup mangé non plus. Nous avons regardé Bill engloutir son dîner. En rentrant à l'hôtel, David m'a dit : « Tu n'as presque rien mangé. Tu dois avoir encore faim. » Ce n'était pas une question.

Je fus réveillée plusieurs fois dans la nuit par des petits lézards qui cherchaient refuge dans ma chambre et par le bruit du linoléum qui se détachait du sol (je m'imaginais une chenille grosse comme un petit chien mastiquant des feuilles mortes). Après cette nuit agitée, j'ai rejoint Dean et David pour aller au quartier général de l'ONU chercher nos permis de conduire et nos cartes d'identité onusiennes. J'ai ainsi eu mon premier contact avec le caractère international de l'ONU et mon premier aperçu de sa tristement célèbre bureaucratie. Le quartier général, installé dans le vieil hôtel Amohoro, bourdonnait d'activité ; des voitures entraient et sortaient par le portail gardé ; des soldats en armes venus de tous les horizons nous escortaient ; des gens couraient partout, apparemment occupés à régler des affaires ;

tout ce monde portait le béret bleu de l'ONU crânement incliné sur l'oreille.

Pendant que l'on préparait nos documents, Dean, David et moi nous sommes rendus au Bureau des transports afin de passer notre permis de conduire. Il fallait remonter une rue, prendre un rond-point et revenir. Nous avons tous réussi. L'inspecteur a récapitulé les règles de conduite d'un véhicule de l'ONU. Il a surtout consacré la plus grande partie du temps à nous faire la leçon sur les infractions comme si nous les avions déjà commises.

Plaisanteries mises à part, ces deux papiers officiels étaient essentiels : carte d'identité et permis de conduire nous assuraient l'immunité, la liberté de déplacement et la protection contre les fouilles personnelles ou celles du véhicule. Nous devions les porter en permanence, accrochés à une petite chaîne autour du cou. Avec nos nouvelles cartes plastifiées collées sur nos poitrines moites, nous sommes retournés au bâtiment du Tribunal où nous avons chargé la Land Rover et la remorque pour partir à Kibuye. Comme Bill restait à Kigali ce soir-là, il avait été convenu que deux inspecteurs du Tribunal, Dan et Phil, nous escorteraient. Kibuye n'était qu'à quatre-vingt-dix kilomètres environ à l'ouest, mais le voyage allait prendre quatre heures, ralenti par les barrages répétés de l'Armée patriotique rwandaise et les sections inachevées de la route.

Mes premières impressions du Rwanda au-delà de Kigali furent accompagnées par les chansons d'ABBA que déversait bruyamment la stéréo de la voiture sur laquelle était branché le baladeur de Dan. Les quarante premières minutes du voyage se firent sur une route pavée, les trois heures suivantes sur une route au nivelage inachevé, pour finir sur des chemins de terre grêlés d'ornières. Ceux d'entre nous qui étaient assis à l'arrière ne pouvaient regarder par la fenêtre qu'aux moments où ils n'étaient pas trop secoués. Pendant le voyage, je me sentais légère, pleine d'espérance et impatiente de découvrir la suite, à tel point que je crois avoir à peine cligné des yeux et n'avoir cessé de sourire intérieurement.

Le paysage encourageait de tels sentiments. Le fait de me retrouver en Afrique de l'Est me faisait penser à mes parents, avec une certaine reconnaissance. J'étais heureuse de revoir les Africains, leur port altier me donnait envie de me tenir droite. À travers la vitre, tout était d'une beauté majestueuse : je voyais la transition s'opérer entre les plaines de Kigali et les hautes montagnes de l'ouest vers lesquelles nous nous dirigions. Les collines disparaissaient sous les plantations de thé, de bananes, de café, mosaïque infinie de versants parsemés de huttes à toit de chaume et de maisons d'adobe. Les femmes qui marchaient le long des routes entre les villages portaient des récipients ou des gerbes sur leur tête et leur bébé dans leur dos. Les enfants nous saluaient de la main au passage.

À chaque ville, nous étions arrêtés par un barrage. Un jeune soldat sortait d'une petite maison, nous faisait signe de reculer de trois mètres, de nous ranger, ou de faire une autre manœuvre, puis il s'approchait pour vérifier tous nos documents, nous demandait en français où nous allions, d'où nous venions et ce que nous faisions. Une fois établi que c'était lui qui commandait, puisqu'il avait immobilisé la voiture plusieurs minutes, il faisait signe à un autre soldat d'abaisser la barrière de corde pour nous laisser passer.

Nous avons fini par apercevoir le lac Kivu. C'était une vision à couper le souffle. La route faisait comme des montagnes russes, elle dégringolait en pente raide avant de reprendre l'escalade vers la ville. Nous sommes passés alors devant l'église de Kibuye, très différente de ce que j'avais imaginé. Quand j'ai visité le pays, plus tard, j'ai reconnu l'architecture typique d'une église catholique rwandaise construite dans les années soixante par des prêtres belges : haute, massive, finitions en pierre, vitraux et clocher. Mais les dépositions des témoins de Kibuye ne m'avaient pas préparée à sa situation isolée : depuis la route, l'église semblait être la seule construction sur la crête d'une péninsule en forme de doigt qui s'avançait sur le lac Kivu, accessible seulement par bateau ou par l'unique route.

Plus bas, nous avons confié la remorque du matériel à notre unité de Casques bleus de l'ONU basée à l'hôtel Eden Roc, avant de poursuivre jusqu'à la Résidence de Kibuye. Cette dernière comprenait un grand bâtiment principal avec réception, restaurant, cuisine et véranda au bord du lac. Des allées gravillonnées menaient à neuf ou dix huttes rondes à toit de chaume disséminées dans un jardin bien tenu alternant pelouse et capucines. Le cadre était idyllique, ce qui convenait à une résidence qui avait été, avant le génocide, une station de ski nautique. Comme je n'avais jamais séjourné dans ce genre d'endroit, j'ai été époustouflée par tant de luxe : les palmiers et les pins, le gazon luxuriant (coupé à la main, quelques brins à la fois, avec un instrument comme un *panga*), la petite plage, et le clapotis de l'immense lac qui s'étendait vers l'ouest jusqu'aux montagnes du Zaïre, très loin à l'horizon.

À peine engagés dans l'allée, nous avons fait la connaissance de nos cinq coéquipiers qui étaient venus nous accueillir. Ralph Hartley, Melissa Connor et Doug Scott, son mari, venaient du Centre archéologique du service du parc national américain du Midwest au Nebraska. Ils travaillaient à Kibuye, depuis un mois, au relevé de la péninsule de l'église. La quatrième, Roxana Ferllini Timms, était une anthropologue costaricaine. Je la considérai avec un intérêt particulier car Bill m'avait assuré que nous étions faites pour nous entendre. Elle était arrivée quelques jours plus tôt avec Stefan Schmitt, l'un des membres fondateurs de l'Équipe médico-légale guatémaltèque. Ils m'ont tous fait une bonne impression, surtout Ralph qui, avec une discrète gentillesse, porta mes valises ridiculement lourdes jusqu'à ma hutte, sans me demander si j'avais besoin d'aide et sans attendre que je le remercie. Toutes les huttes étaient divisées par un mur en deux pièces semi-circulaires, chaque pièce comprenant sa propre salle de bains. Bien que celle-ci laissât beaucoup à désirer – la douche ne fonctionnait pas, les toilettes n'avaient pas de réservoir, il n'y avait pratiquement jamais d'eau courante –, j'ai adoré ma chambre avec ses portes-fenêtres donnant sur le lac. Elle contenait un lit étroit, une chaise longue, un bureau avec une autre chaise et une penderie fermant à clé.

Une fois installée, j'ai ressenti le besoin de comparer mes premières impressions de l'église de Kibuye avec ce que j'avais lu dans les dépositions des témoins. Dès que j'ai commencé à relire ces déclarations familières, je me suis rendu compte que je me trouvais précisément à côté de l'endroit où ces événements avaient eu lieu moins de deux ans auparavant. J'en suis alors venue à me demander ce qui s'était passé dans cette résidence en 1994. Des gens s'y étaient-ils cachés? Je regardai de nouveau la chambre, mue par un sentiment étrange.

J'ai appris ce soir-là qu'il ne fallait pas relire les dépositions de témoins quand on se trouvait sur place. Mon imagination est suffisamment vive pour que je n'aie aucun mal à visualiser les événements, même si je ne me suis pas rendue sur les lieux. Maintenant que j'ai participé à plusieurs missions, je sais que je peux me représenter les gens durant les derniers instants de leur vie, jusqu'aux détails des vêtements, des cheveux, des doigts ou des clés de leur maison. Lorsque je travaille sur un charnier, je cours le danger de ne plus parvenir à préserver ma position d'anthropologue, laquelle m'impose théoriquement de considérer les restes comme un puzzle que je dois résoudre. Au lieu de cela, je les vois comme des gens qui ont connu la peur, le chagrin et la douleur de mourir de mort violente. Je m'identifie à eux dans leurs derniers instants. Pourtant, je suis là, bien en vie, je gratte la terre pour nettoyer les plis de leurs vêtements, je maintiens leur cuir chevelu sur leur crâne de ma main gantée, et je recueille dans un sac les ongles qui se sont détachés, éparpillés et collés dans l'ordre sur les vêtements d'un cadavre voisin.

Il faut garder une distance avec les corps eux-mêmes afin d'apprendre quelque chose de leur vie, sous peine de ne pouvoir juguler suffisamment la tristesse, la peur, l'empathie et le désespoir pour leur rendre justice. Et « rendre justice » à ces corps est mon travail, mon devoir.

Ce premier soir à la Résidence, j'ai rangé les dépositions de Kibuye dans un compartiment de ma valise, et je ne les ai plus consultées de tout mon séjour au Rwanda.

2

« Ils l'ont tué comme s'ils ne le connaissaient pas »

À Kigali, Bill m'avait dit que notre première tâche à Kibuye consisterait à retrouver et à analyser des squelettes de « surface » (qui n'avaient pas été enterrés) sur les coteaux autour de l'église. Le lendemain matin avant que nous n'entamions nos travaux, Doug nous fit visiter l'église, le logement des prêtres juste derrière le bâtiment, les latrines en bas de la pente, les environs de la péninsule et, à son extrémité, le Home Saint-Jean et l'ancienne maison des religieuses belges. Nous nous sommes alors répartis en équipes de deux pour localiser les squelettes dans les broussailles sur les pentes. Ralph, en sa qualité de photographe, circulait seul d'un tandem à l'autre pour établir une documentation photographique sur les différents stades de nos fouilles.

Nous avons commencé à dégager la végétation partout où nous trouvions des ossements sur le coteau. Très vite, il est apparu évident qu'il s'agissait des restes de personnes qui avaient tenté d'échapper aux tueries dans l'église et qui avaient été massacrées alors qu'elles se cachaient dans les bananeraies ou apportaient de l'eau pendant la nuit aux survivants blessés de l'église. Les faits remarquables étaient qu'ils gisaient là où ils étaient tombés sur la colline et qu'ils présentaient tous de violents traumatismes crâniens. Je travaillais avec Roxana sur un squelette dont les éléments post-crâniens indiquaient un âge inférieur à vingt-cinq ans. J'ai ressenti une grande tristesse liée à la perte d'un être jeune, mais mon chagrin a été tempéré par la satisfaction de ce que j'entreprenais. J'étais en train de faire ce à quoi j'avais tant aspiré, et je savais que nous avions ici la possibilité d'identifier ces victimes et d'aider à retrouver du sens au-delà de tout ce carnage.

J'ai souvent repensé à ce premier jour sur le coteau de l'église de Kibuye. Aujourd'hui encore, ce souvenir m'insuffle une énergie positive, une sorte d'exultation comme celle que j'ai connue à ce moment-là. Cela peut sembler étrange, vu le contexte de mort putrescente et d'espoir perdu. Mais je savais que je pouvais y apporter ma contribution. D'abord, j'allais exhumer les restes de personnes d'une sépulture qui était au mieux provisoire et au pire incapable de leur offrir le dernier repos, la faune étant libre de les piller. Ensuite, j'allais étudier leurs restes pour aider à déterminer qui ils étaient et ce qui leur était arrivé. Ce processus impliquerait aussi l'assemblage des parties de leur squelette en position anatomique (la tête à un bout, les pieds à l'autre, et tous les os intermédiaires à leur place appropriée), restituant ainsi un aspect de leur « humanité » à défaut de leur identité. Enfin, même si nous ne pouvions pas les identifier à coup sûr et les rendre à leur famille, ces restes allaient parler du massacre de l'église de Kibuye au nom de ses victimes.

Tous ces éléments se précipitaient dans ma tête en ce premier jour et je pense que c'est ce jour-là que j'ai commencé à sourire. On m'a souvent demandé comment je pouvais sourire à ce point au milieu d'un charnier ou d'un champ jonché d'ossements. C'est parce que je ne vois pas seulement la mort – contre laquelle je ne peux rien – mais des os, des dents, des cheveux, avec lesquels je peux effectivement faire quelque chose pour servir les défunts et peut-être même une plus vaste communauté, pas seulement la leur, mais la communauté humaine.

Cette façon qu'avaient les ossements d'alimenter la conscience de ma tâche m'a rassurée. Les peurs nées de la lecture des dépositions des témoins de Kibuye n'allaient plus s'emparer de moi pendant mon travail sur le terrain. Bizarrement, ce qui me touchait davantage que les squelettes, c'étaient les empreintes de mains – de toutes petites mains – ensanglantées dans le logement des prêtres, les traces de machette sur les portes des latrines à l'extérieur, les éclaboussures de sang au plafond – oui, au plafond – du vestibule de l'église, l'entaille faite à la machette en travers de la statue d'argile de la Vierge Marie et sur l'extrémité inférieure d'un ange reposant sur le rebord de la fenêtre. La puissance d'évocation de ces vestiges de violence était différente de celle des ossements.

Nous avons passé des jours à rechercher d'autres squelettes en surface. Au début, nous plantions des drapeaux rouges dans le sol, mais nous avons vite localisé un tel nombre d'ossements que nous avons dû circonscrire des zones entières avec du ruban jaune que l'on faisait passer autour de troncs d'arbre. Des ossements de différentes personnes étaient éparpillés sur plusieurs mètres, le plus souvent en raison de l'écoulement des eaux sur la pente, mais aussi à cause de perturbations dues aux animaux et peut-être aux hommes lors de la cueillette des bananes et des avocats. Sur ce flanc de colline, nous avons retrouvé une cinquantaine de corps. Pour les analyser, nous avons installé des tables le long de l'église, sur une sorte de belvédère à hauteur de la cime des arbres et du chant des oiseaux. De là, nous pouvions goûter le spectacle des rayons du soleil qui, tout en bas, se reflétaient sur le lac Kibuye. L'analyse anthropologique des squelettes consistait à disposer les os sur la table en position anatomique, puis à déterminer l'âge, le sexe, la stature de la personne et la cause de la mort, selon les procédures habituelles.

Un jour, la plupart des squelettes que nous devions examiner étaient ceux d'enfants présentant des blessures à la tête causées par un objet tranchant ou contondant. Mentalement, j'ai remercié Lori Hager, mon maître de recherche à Stanford, pour tout le travail accompli sur des dentitions « mixtes », c'est-à-dire des dents définitives poussant chez des enfants qui ont encore des dents de lait. Ayant procédé à des analyses répétées de ce type de dentitions, j'étais en mesure de déterminer relativement vite l'âge des enfants rwandais. Mais j'ai senti que j'aurais eu besoin d'une mise à niveau pour faire la différence entre la droite et la gauche de tibias et de péronés. Chez un enfant très jeune, ces os inférieurs de la jambe ont l'air de baguettes toutes lisses.

Sur le belvédère, à côté de la section anthropologique, Ralph avait installé la section photographique : une table recouverte de velours noir en guise de toile de fond. Il prenait là des photos de tous les restes de squelettes de surface en position anatomique, puis il faisait un gros plan sur chaque traumatisme. Je me suis approchée au moment où il photographiait une personne dont l'arrière de la partie distale du tibia était creusé d'un trou, blessure que nous avions déjà vue un certain nombre de fois. Nous avons commencé à bâtir une théorie selon laquelle les auteurs du carnage auraient sectionné le tendon d'Achille des personnes que nous avions trouvées sur le coteau pour les empêcher de s'enfuir. Puis ils seraient revenus à un autre moment pour les tuer. Nous avons établi que les coups portés aux tibias n'avaient pas causé la mort, car nous avions trouvé sur ces squelettes de violents traumatismes à la tête.

Parmi les squelettes que j'ai analysés ce jour-là, il y avait celui d'un homme vêtu d'une tenue bleu foncé, comme celle des pompistes aux États-Unis. Le nom brodé sur la veste était « Matt ». Dessous, on lisait, en lettres blanches partiellement effacées, « Frau... » ou « Fran... Pièces détachées » avec un numéro de téléphone. J'ai aussi analysé le squelette d'un enfant qui portait des vêtements de bébé. Stefan observait un traumatisme sur le crâne d'un autre enfant de Kibuye. Il a pris une machette du type cité dans l'acte d'accusation : la correspondance était parfaite entre la lame recourbée et les marques sur les deux côtés de la tête de l'enfant. Aussitôt, il lança, comme à son habitude : « Ma parole, nom de Dieu ! »

Au fur et à mesure que notre travail avançait, je me sentais de plus en plus mal quand je me retrouvais seule dans l'église. J'avais eu entre les mains les ossements de personnes qui y avaient été tuées. Je n'arrivais pas à détourner mon regard du sang au plafond, même si j'en étais pénétrée d'horreur. Ralph disait avoir éprouvé la même sensation lorsqu'il était allé photographier les combles de la maison des religieuses belges, à l'extrémité de la péninsule, dans lesquels les gens avaient essayé de se cacher. Le plafond était criblé de trous percés par les instruments tranchants dont les tueurs s'étaient servis pour saigner ceux qui s'y trouvaient.

Un jour, l'un des techniciens de l'équipe logistique, Willie, un Ougandais, resta près de moi pendant que j'analysais un squelette. Willie et moi étions amis depuis que je lui avais dit que la mère de ma mère – ma *Jaja* – était de Kampala. Chaque fois qu'il me voyait, il éclatait de rire parce que j'avais employé un mot swahili. Il s'exclamait : « Ha, ha, les jajas ! Ho, ho, les jajas ! » Cette fois, pourtant, Willie contempla le squelette pendant quelques minutes avant de dire avec sérieux : « Il y a un homme, d'abord il a une voiture et il se plaint, même si l'autre homme ne peut pas se payer un vélo. Et puis il veut une deuxième voiture, et il se plaint et en veut une troisième, et puis ça ne lui suffit pas et il lui faut un avion. Et l'autre homme ne peut toujours pas se payer un vélo. Tu regardes ce corps-là, et tu vois cette personne qui était très riche ou très pauvre, mais quand c'est arrivé, ils sont tous pareils, personne ne conserve un sou en poche. Ces gens ont tué leur ami comme s'ils ne le connaissaient pas. »

Pendant les premières semaines de la mission, j'avais sommeil de plus en plus tôt. J'ai fini par ne plus pouvoir garder les yeux ouverts après neuf heures du soir. Mon épuisement était dû au fait que, travaillant sur une pente, je restais debout toute la journée devant une table d'anthropologie, et j'attrapais des coups de soleil sur la nuque. À la Résidence, nous nous « douchions » à l'eau très froide que nous remontions du lac dans des seaux. Nous nous dépêchions de la puiser avant la tombée de la nuit afin de réduire le nombre des vairons – ou toute autre faune lacustre frétillante – qui prenaient part à la douche. Quand je me versais le seau sur la tête, je repensais à Jaja disant : « C'est du beau travail ! » C'était sa formule pour les choses qui laissaient à désirer et les actions accomplies sous la contrainte. L'eau froide n'arrangeait pas le mal de dos que j'avais contracté à force de m'accroupir sur le coteau, ce que la dureté du petit lit compensait. Pour se laver les dents, il fallait dissoudre un comprimé dans l'eau du lac afin d'éviter les maladies qu'elle pouvait renfermer, et veiller à ne pas en avaler une goutte.

Même au paroxysme de la faim, l'équipe avait pris l'habitude d'attendre longtemps avant le dîner qui était orchestré par le concierge/maître d'hôtel/serveur, Ephrem. Dean m'avait raconté qu'Ephrem se trouvait à Kigali au moment du génocide, et que toute sa famille avait été exterminée. Il avait demandé à Dean ce que nous faisions dans l'église, et celui-ci lui avait répondu : « Nous étudions ce qui est arrivé ». Quoique très ému, Ephrem s'était contenté de dire : « C'est bon... C'est bon. » Quant à Gistav, le second concierge qui nous avait accueillis à la Résidence à notre arrivée, il refusait d'aborder le sujet du génocide avec Dean. Je n'avais pu me résoudre à les questionner ni l'un ni l'autre. J'avais seulement parlé avec Gistav de l'époque où il allait à l'école dans le Sud et apprenait le français et l'anglais. Sa vie « avant ».

À l'arrivée de Bill à Kibuye, nous avons pris l'habitude de dîner tous ensemble sur la véranda du bâtiment principal. Quand je regardais l'équipe autour de la table, j'avais un sentiment particulier. Il s'expliquait par le fait que nous étions peu nombreux et que chaque membre du groupe était un scientifique impressionnant dont j'appréciais les qualités. Ralph et son équanimité, Stefan et son aspect bourru, Melissa et son côté fonceur, Doug et sa tendance, lorsqu'on lui posait une question, à se carrer dans la réponse comme s'il s'enfonçait dans un fauteuil avec une pipe et un bon livre. J'ai sans doute trop ri lorsque Bill nous a raconté comment il avait récupéré les bagages de Dean et de David à la douane de l'aéroport de Kigali.

Le douanier : — Ouvrez ça !

Bill : — Je n'ai pas la clé !

Le douanier : — Ouvrez ça !

Bill : — Je n'ai pas la clé !

Le douanier : — Ouvrez ça !

Bill : — Je n'ai pas la clé !

Le douanier : — Bon, allez-y !

C'était tellement africain, en un sens. Je me représentais le douanier chassant Bill d'un geste irrité et Bill plus amusé qu'énervé.

Parfois, nous prenions nos repas autour de tables en plastique blanc installées sur la pelouse près du lac. Après quoi j'allais m'asseoir sur la véranda avec Dean, Ralph et Roxana, pour bavarder, plaisanter et contempler le lac qui faisait le gros dos comme une mer agitée sous l'effet d'un grain. Un soir, un homme que nous connaissions sous le nom de Capitaine Eddy et qui appartenait au détachement local de l'Armée patriotique rwandaise nous imposa sa présence tandis que son escorte de jeunes soldats prenait position autour de la véranda et de la pelouse. Je savais que le Capitaine Eddy avait essayé de monter jusqu'à l'église quelques jours plus tôt, mais que nos Casques bleus lui avaient barré le passage. Ce soir-là, il empestait l'alcool, ce qui m'a inquiétée, d'autant qu'il était armé. J'évitais de le regarder, mais il me fixait dans l'intention manifeste d'arranger un « mariage » avec l'un des hommes de son escorte. Le jeune soldat s'efforçait de le convaincre de quitter la Résidence, mais à chaque fois, le Capitaine Eddy le remettait à sa place avec une brutalité croissante. J'ai fini par le regarder en face et j'ai vu ses yeux injectés de sang. Il dit alors que sa mère était enterrée à l'église et qu'il voulait monter la voir. J'ai considéré son ivresse sous un nouveau jour. Je me suis également demandé pourquoi il nous parlait de sa mère à ce moment plutôt qu'à un autre, et si nous étions en danger.

Techniquement, la présence près de nos tentes de trente Casques bleus, tous Ghanéens, était censée éviter tout risque de cet ordre. Ils se relayaient par escouade de douze toutes les vingt-quatre heures. Deux tentes militaires leur servaient de camp devant l'église, mais je n'avais aucun moyen de juger de leur efficacité. Certes, ils ne se séparaient jamais de leur fusil d'assaut. Cependant ils avaient convenu, conformément aux accords de cessez-le-feu, de ne pas s'en servir et ils en avaient obturé les canons avec du coton pour les protéger de la poussière. Les petites houppes blanches qui dépassaient des armes leur donnaient un aspect absurde. Les Casques bleus veillaient sur les lieux pour empêcher toute intrusion animale ou humaine. Mais si nous mettions les corps au jour, l'un d'eux me l'avait dit, leur mission deviendrait difficile, surtout la nuit : ils croyaient aux esprits des morts du charnier qui erraient sans trouver la paix, puisqu'ils avaient été massacrés sans recevoir de sépulture décente.

La plupart des Casques bleus étaient professionnels et sympathiques. Lorsque le capitaine du détachement me demanda si j'étais déjà allée en Afrique et que je lui expliquai que oui, pour rendre visite à ma famille, il répondit : « Ah bon ! Alors, tu es une vraie sœur ! Ha, ha ! » Puis il eut un bon rire. Chaque fois que je le rencontrais, je recevais une chaleureuse poignée de main. Nos rapports étaient très plaisants. En revanche, certains soldats se montraient gênants, notamment lorsque je m'isolais pour uriner : ils surgissaient sous le feuillage. Quand je m'apercevais qu'ils m'épiaient, je leur disais de s'en aller et ils répliquaient : « Je t'aime ».

Melissa et moi avions pris l'habitude d'y aller ensemble, l'une se soulageant pendant que l'autre faisait le guet. Mais l'un d'entre eux semblait résolu à me faire des avances et se montrait de plus en plus agressif. Il approchait presque chaque fois que j'étais seule sur la colline avec un squelette et il me faisait comprendre qu'il irait jusqu'à employer la force pour me prendre dans ses bras. Je le rabrouais en utilisant mon français le plus châtié. Je n'avais pas vraiment peur de lui. Mais un soir on m'apprit qu'un soldat était venu me chercher. Le fait était sans précédent, les Casques bleus ne venant jamais à la Résidence. Je ne savais pas si c'était ce fameux soldat, mais j'ai tout de même dormi dans la chambre de Roxana pendant plusieurs nuits.

Et quand Bill a annoncé qu'il envisageait que quelques Casques bleus vivent à la Résidence pour nous protéger contre tout individu indisposé par les preuves que nous mettions au jour autour de l'église, j'ai été prise d'inquiétude. Comment se protège-t-on de quelqu'un qui est censé vous protéger ? À quel point traitez-vous la chose comme une menace sérieuse, après avoir passé toute la journée à exhumer les ossements de personnes tuées par leurs prétendus protecteurs ? En comparaison, ma situation ne présentait guère d'intérêt et pourtant je me sentais menacée.

❧

Sur le chantier, je voyais que Bill tirait un réel plaisir de sa position de chef de mission. Les rouages de son fonctionnement intellectuel étaient sans cesse sollicités, la plupart du temps dans l'urgence, comme à l'aéroport de Kigali quand il supervisait le déchargement de l'équipement qui arrivait dans un état plus ou moins piteux. La pompe à eau tombait du camion de livraison et se cassait ; les housses mortuaires étaient deux fois trop grandes ; la remorque qui transportait le gros générateur perdait un pneu ; les toilettes italiennes préfabriquées, même si elles avaient des sièges, n'étaient pas chimiques ; les douches préfabriquées n'arrivaient toujours pas. Pendant la deuxième semaine, nous nous sommes retrouvés sans rien d'autre pour déjeuner que ce que nous avions pu acheter au marché : tomates, carottes, oignons et avocats. Impossible de nous procurer du pain et, sans eau, impossible de nous laver les mains avant les repas. Mais Bill persévéra. Il organisa des navettes par hélicoptère avec Kigali et reçut la visite imprévue de dignitaires religieux venus lui demander le versement d'un droit pour l'exhumation des tombes pour le Tribunal. À l'intérieur de l'église et du logement des prêtres, il établit des sections – preuves, rayons X, équipement archéologique – puis il assigna une portion de terrain plat à la tente gonflable destinée à servir de salle d'autopsie.

Le 15 janvier, nous en avions presque terminé avec la récupération des squelettes sur la colline de l'église. C'est alors que Roxana et moi avons découvert, tout à fait à l'écart, le corps d'un bébé à l'état squelettique, avec une minuscule tétine près de lui. Les os étaient ensevelis sous une mince couche de terre et cela avait suffi à conserver le corps intact, en position anatomique. Quand nous avons signalé à Bill le parfait état des restes, il s'est réservé l'exhumation du corps, disant qu'il pourrait y travailler lentement et, ce faisant, se détendre. Il m'ordonna de travailler avec lui sur ce cas, afin qu'il puisse me former à l'exhumation des corps, puisque j'avais essentiellement la pratique de l'analyse des restes en laboratoire.

Au sujet de mon travail avec Bill, je n'ai consigné qu'un seul mot dans mon journal : « Excellent ». Nous avons consacré de nombreuses heures à une lente exhumation du bébé. Assis dans la paisible bananeraie, nous avons élaboré une théorie pour expliquer comment un enfant si jeune – deux ans peut-être – avait pu être séparé d'adultes ou d'enfants plus âgés. Notre discussion était dépourvue de toute émotion. Quelque chose dans notre conversation m'isolait, m'empêchait de me représenter l'horreur de ce qui avait pu se produire : le parent qui tient l'enfant s'en trouve séparé, il est attaqué et sait qu'il ne pourra pas le sauver ; le bébé, tout seul sur le coteau, souffre de la faim, du froid ou de la chaleur. Pendant combien de temps ? Au lieu de cela, Bill et moi avons noté que le squelette n'était recouvert que de terre éboulée du sommet du coteau et qu'il n'était pas véritablement enterré. Aussi avons-nous fouillé dans les alentours à la recherche d'objets ou d'autres ossements dont l'emplacement aurait pu permettre d'ébaucher un scénario. J'ai beaucoup appris en matière d'exhumation pendant ces heures avec Bill. Ce fut un moment privilégié où j'étais seule avec lui et que je n'étais pas sûre de revivre un jour.

3

Le charnier

À notre arrivée à Kigali, Bill nous avait prévenus que quatre pathologistes médico-légaux allaient nous rejoindre quelques semaines plus tard. Ils autopsieraient tous les corps trouvés et détermineraient la cause et les circonstances de la mort. Les anthropologues, eux, devaient établir l'âge, le sexe, la stature et analyser le traumatisme des cadavres et des squelettes. Les pathologistes ne resteraient avec nous que trois semaines, durant lesquelles nous étions censés exhumer l'intégralité du charnier qui, estimait-on, contenait jusqu'à mille corps. En attendant, il nous faudrait suffisamment l'excaver pour que l'enlèvement des corps puisse se faire dès l'arrivée des pathologistes. Le 17 janvier, après avoir terminé le repérage des restes de surface sur le coteau, nous nous sommes attaqués au charnier proprement dit.

Comme les corps avaient été enterrés par les habitants de Kibuye après le génocide, l'emplacement approximatif du charnier principal était connu : une vaste dépression de terre herbeuse en contrebas du logement des prêtres, à l'extrémité du versant nord qui descendait vers le lac. Avec Stefan aux commandes de la pelleteuse depuis un ou deux jours, les couches superficielles avaient déjà été enlevées. Quatre d'entre nous se sont mis au travail avec des pioches, des pelles et des truelles pour exhumer les restes humains les plus en surface. Doug s'occupait de la station électronique de cartographie qu'il avait installée, qui permettait de tracer les contours du site et fournissait une image tridimensionnelle de chaque corps et de son emplacement dans le charnier. L'établissement de cartes hautement détaillées, nécessaires pour le procès, était la spécialité de Melissa. Ralph faisait la navette entre le charnier et les sections d'analyse à côté de l'église, photodocumentant les deux activités.

Pendant que Dean et Roxana terminaient l'analyse des squelettes de surface, le reste de l'équipe passa plusieurs jours à essayer de déterminer les limites du charnier, en se fondant sur les différences qualitatives de la terre. Un œil exercé perçoit la différence entre la terre stérile, non retournée hors des limites du charnier, et la « terre retournée », creusée puis replacée à l'envers dans la fosse même. Certains charniers sont facilement délimités grâce à un tracé très clair : plus tard dans l'année, nous en avons trouvé un aux contours très nets à Ovcara, en Croatie, qui présentait même une différence de couleur.

Il est important de « nettoyer » une surface plane près de la limite présumée du charnier avec le côté de la truelle : on gratte une couche de terre, puis on recule pour observer un éventuel changement de couleur. On peut aussi avoir recours à une sonde, longue tige métallique au bout pointu que l'on plante dans le sol là où l'on soupçonne que des restes humains sont enterrés. Si la sonde s'enfonce brusquement dans des couches plus profondes sans paraître rencontrer de résistance, cela suggère la présence d'une poche d'air ou simplement de terre meuble – autrement dit de la terre retournée – signe possible d'une anomalie pouvant indiquer l'emplacement d'un charnier, mais aussi la présence d'un tunnel de rongeur ou d'un objet organique comme une branche d'arbre désintégrée. Renifler le métal de la sonde après l'avoir retirée donne des indications : s'il dégage une odeur de décomposition, il peut y avoir des corps à proximité. Bien sûr, si la sonde heurte une substance molle, c'est qu'il y a quelque chose sous la terre. Il est important de la manipuler délicatement, sous peine d'infliger à un cadavre un traumatisme *post-mortem*. En sondant systématiquement une zone, on peut évaluer le pourtour d'un charnier.

Il est plus facile d'en délimiter les contours quand on a déjà une idée de l'emplacement éventuel d'une fosse. Dans ce cas, l'usage d'une sonde est plus efficace. Il est très difficile d'entrer dans un champ et de sonder systématiquement dans toutes les directions à chaque pas, sauf à disposer de temps et de moyens en termes de sécurité. Pour les charniers de Nova Kasaba, près de Srebrenica, des photos-satellites nous ont permis de repérer les endroits où des quantités significatives de terre avaient été remuées durant un court laps de temps pendant la guerre en Bosnie, entre 1992 et 1995. Même si nous savions plus ou moins où se situait le charnier de Kibuye, il nous fallait encore en déterminer les limites. Une fois cette tâche accomplie, nous avons pu creuser avec la pelleteuse hors du périmètre et ainsi nous n'avions plus que le sommet de la fosse à dégager à la main.

En ouvrant le charnier, les premiers corps que nous avons trouvés étaient à l'état de squelettes ou de momies, habillés, portant parfois des bijoux. Dans ces couches supérieures, ils étaient séparés par de la terre, ils ne reposaient pas les uns à côté des autres. Nous avons utilisé ces bandes de terre comme des passerelles pour circuler sans marcher sur les restes humains. Beaucoup de corps étaient étendus de tout leur long, certains avaient les bras écartés. Les pathologistes qui devaient arriver avaient également besoin de cadavres pour effectuer leurs autopsies. Bill voulait donc atteindre des couches plus profondes aussi vite que possible, dans l'espoir de trouver davantage de cadavres entiers. Pendant que nous travaillions avec nos pioches et nos pelles, Bill me faisait penser au père qui, dans le film *À l'Est d'Eden,* parle au transport des laitues congelées et marmonne constamment : « Si on tient le rythme… Je suis sûr qu'on en aura toutes les deux minutes… Si on tient le rythme. »

Bill était tellement préoccupé par l'arrivée des pathologistes qu'il nous a supprimé des demi-journées de repos parmi les quatre jours auxquels nous avions droit après dix jours de travail consécutifs. Nous avons fini par récupérer deux jours de repos. Certains membres de l'équipe, dont moi, en ont profité pour aller voir les gorilles au parc des Volcans de Ruhengeri, à deux heures de route au nord de Kigali. Nous sommes revenus travailler une demi-journée, simplement pour assister à la visite sur le site de l'ambassadrice américaine à l'ONU, Madeleine Albright. À ce moment-là, le charnier se résumait essentiellement à un profond cratère orné de drapeaux rouges plantés là où des restes humains étaient visibles.

Le matin de la visite, nous avons pris notre petit déjeuner à six heures et demie, avec des samosas rapportés de Kigali, puis nous sommes montés préparer le site pour la délégation de l'ONU. Selon les instructions de Bill, ceux qui se trouvaient sur le charnier devaient « continuer à travailler » pendant que lui, Bill, présenterait le site aux visiteurs. Afin de le rendre plus accessible aux profanes, nous avons effacé nos empreintes de pieds et posé des numéros en plastique pour indiquer les restes mis au jour. Puis nous avons attendu le convoi. Les hélicoptères sont arrivés de l'est et l'un d'entre eux a directement survolé le site. Finalement nous avons entendu des voitures, puis des gens approchant du charnier.

J'ai continué à travailler, selon les instructions de Bill, et j'ai déposé l'écharpe et le crâne d'une femme sur le bord du charnier. Elle était couchée sur le côté gauche, le dos à la paroi. Les fractures en étoiles qui partaient d'un trou sur le côté gauche de sa tête sillonnaient son crâne comme des lignes de faille. Son corps était mieux exposé que la plupart des autres : elle se trouvait à ce qui était manifestement l'extrémité ouest du charnier. À l'est de la femme, des drapeaux rouges indiquaient des jambes ou des têtes qui commençaient juste à saillir de la terre plane du sommet du charnier. J'ai alors senti la présence de nombreux autres corps juste en dessous de l'endroit précis où j'étais accroupie.

Les mouches étaient envahissantes – elles l'étaient depuis que les premiers restes avaient été mis au jour – mais tant que nous avons eu de la visite, je les ai ignorées. Elles se posaient sur les cadavres, sur ma bouche, mon chapeau, mes bras. J'entendais vaguement Bill, à six mètres de là au bord sud du charnier, expliquer ce que nous faisions, et d'autres voix évoquer l'importance de cette exhumation pour étayer et corroborer les dépositions des témoins. Puis j'ai entendu des obturateurs d'appareils photo se déclencher et des gens poser des questions à Bill. Il y avait donc aussi des journalistes.

À cause de la chaleur et de l'odeur, je trouvais pénible de travailler accroupie. Si j'avais pu, j'aurais alterné les positions en maniant la pioche ou la truelle. Et pourtant, dès que j'ai trouvé des colliers roses autour des vertèbres cervicales et de quelques cheveux du squelette, j'ai oublié mon inconfort. J'étais maintenant totalement concentrée. Cette femme avait été vivante autrefois, il n'y avait pas si longtemps, et elle avait choisi ces colliers. Ralph se demanderait plus tard si le plus petit des deux n'était pas plutôt un chapelet en plastique comme celui que j'avais trouvé sur un squelette de surface. Accroupie au-dessus de son corps, je n'avais aucun moyen de connaître la signification de ce collier rose pour cette femme.

Plus tard, Melissa nous a donné le signal pour quitter le charnier si nous le souhaitions. Je me suis relevée, mais j'ai dû rapidement m'accroupir à nouveau, prise de vertige après être resté penchée si longtemps. Avant de m'éloigner, j'ai jeté un dernier regard sur le charnier et il m'a paru encore plus poignant à cause de cette femme et de ses colliers. Je crois que cette découverte a changé à jamais ma façon de considérer le sol : ce n'est plus simplement une surface solide sur laquelle on se tient debout ; dans ses profondeurs, il peut receler des centaines de corps. Depuis mon enfance, je pensais que la terre était susceptible de contenir une foule de choses intéressantes, mais je ne me l'étais jamais représentée ainsi. Cela a certainement été déterminant dans ce qui s'est passé par la suite.

J'ai remonté la côte et je suis passée devant le logement des prêtres jusqu'à la section anthropologique sur le côté de l'église. J'ai vu qu'il restait des journalistes. Comme nous devions « continuer à travailler » pendant qu'ils étaient là, Roxana et moi avons commencé à analyser les dents d'un squelette de surface. Nous avons déterminé son âge : huit ans, à deux ans près. Nous étions filmées et un journaliste suisse nous a demandé ce que nous faisions (estimer l'âge d'après l'éruption et la calcification dentaires) et ce que cela allait nous indiquer (données démographiques).

Puis Bill s'est approché en compagnie d'un journaliste de Reuters, Elif Kaban, qui a nous surtout posé des questions personnelles, dont l'une sur notre manière d'aborder la mort et les familles des défunts. Nous avons tous répondu que nous étions des scientifiques, présents pour mener à bien une tâche tout en essayant de fournir un service, et que l'émotion n'a pas sa place sur le terrain. Bill a observé que nous n'arriverions jamais à rien si nous pensions à la tragédie elle-même pendant notre travail, et que cela ferait de nous des « idiots pleurnichards ». Nous n'avions pas encore eu de contact avec les familles. Cela n'aurait lieu que plus tard.

Mais quand Elif Kaban m'a demandé à quoi je pensais quand j'étais dans le charnier, la femme au collier rose m'est immédiatement revenue à l'esprit, elle et la façon qu'elle avait eu de personnaliser le charnier en individualisant son « contenu ». Je me suis alors rappelé que chaque fois que je maniais la pioche pour briser la terre à la surface du charnier, j'en entendais le bruit sourd, j'en percevais les vibrations à travers mes semelles et je m'étais parfois demandé si les corps pouvaient sentir notre présence au-dessus d'eux. J'ai donc répondu à Elif Kaban quelque chose du genre : « Je me dis "On arrive". On va vous sortir de là. » Mes coéquipiers autour de moi hochaient la tête en signe d'assentiment.

Apparemment, Elif Kaban a cité ma réponse dans son article publié par le *Irish Times*. Les Médecins pour les droits de l'homme ont dit à Bill que ma réflexion avait provoqué pas mal de réactions et que des gens qui cherchaient à me parler avaient appelé le siège de l'organisation à Boston. Je n'ai rien su de tout cela à l'époque. Mes coéquipiers, eux, se sont moqués de moi. Bill a ouvert la brèche en tournant mes propos en dérision : « On arrive... On va vous sortir de là et vous emmener dîner en ville. » Au début, j'en ai ri aussi. Mais au bout de quelques semaines de ce régime (Bill avait composé une chanson : « Clea, Clea, au beau sourire Pepsodent/entend des voix tout le temps ! »), je me suis demandé pourquoi ils avaient acquiescé à une déclaration aussi ridicule. Il se trouve que je pouvais faire preuve à la fois de détachement scientifique et de compassion et j'ai vraiment eu du mal à comprendre pourquoi je n'aurais pas dû évoquer cette compassion.

J'avais jeté un coup d'œil dans l'église de Kibuye avant de parler au journaliste de Reuters et j'avais vu que Madeleine Albright avait apporté une énorme couronne de fleurs (des freesias, je crois). A-t-elle su que le maire de Kibuye avait déposé sa couronne près des housses mortuaires après la fin de notre travail ? En tout cas, de tous les dignitaires étrangers qui ont visité les charniers où j'ai travaillé, Madeleine Albright est la seule à avoir jamais apporté quelque chose.

Moi, sauf quand j'ai dirigé la visite, j'ai toujours suivi les instructions de mon chef de mission et ignoré la présence des visiteurs. Je regrette aujourd'hui de n'avoir pas levé plus souvent la tête, car j'aurais aimé voir les regards et entendre les paroles des profanes quand ils se tenaient à quelques centimètres de tant de morts. Je crois bien que beaucoup auraient eu les mêmes paroles et les mêmes sentiments que moi.

Les pathologistes médico-légaux et les techniciens légistes sont arrivés le jour de la visite de Madeleine Albright. Nous avons entamé l'exhumation des corps dès le lendemain et avons établi un protocole que l'équipe a appliqué pendant plusieurs semaines. Je l'ai décrit à l'époque dans une lettre à mes parents :

Nous sommes réveillés vers six heures et demie par les cris des corbeaux qui vivent dans les palmiers autour de la Résidence. En nous levant, nous espérons toujours avoir de l'eau courante dans la salle de bains, et c'est toujours agréable de voir quelque chose d'autre que les borborygmes de la tuyauterie sortir du robinet. À sept heures et demie, au plus tard, nous nous installons sur la pelouse pour prendre le petit déjeuner, avec vue de l'autre côté du lac sur les montagnes lointaines de l'île Ijwi et du Zaïre. C'est toujours magnifique, parce que le lac est immense, clair et désert. Ephrem, le concierge, finit par apporter du thé, du lait en poudre, un succédané de café, du sucre et (dans la mesure où quelqu'un a réglé sa note et donné ainsi à Ephrem la possibilité de s'approvisionner) une ou plusieurs des choses suivantes : des tartines (pain maison), de la margarine, de la confiture, des bananes ou des ananas, et, quand il n'y a pas de pain, des crêpes. Nous ne savons jamais à quoi nous allons avoir droit.

Parfois, il n'y a rien à manger du tout. Seulement à boire. Nous essayons de finir vers huit heures et nous rentrons dans nos chambres pour nous brosser les dents et rassembler nos affaires. Vers huit heures vingt, celui qui a les clefs d'une des trois Land Rover l'ouvre et nous nous y entassons. Il nous faut cinq minutes pour atteindre le site par la route de terre, très cabossée et défoncée, qui monte tout le temps. Au tournant avant l'église, des gens du pays qui cherchent du travail nous attendent, mais nous n'employons que sept personnes pour nous aider au terrassement et au blanchissage. Nous franchissons le ruban jaune de scène du crime que nos gardes ghanéens abaissent pour nous, puis nous atteignons l'église où nous nous garons à côté des tentes des soldats.

Ceux d'entre nous qui travaillent dans le charnier ou vont pratiquer des autopsies endossent leur tenue de protection puante à force d'être utilisée, une combinaison et des bottes de caoutchouc. Ceux qui vont dans le charnier empoignent aussi seaux, pelles, pioches, machettes (pour se frayer un passage à travers les branchages), truelles, brosses, genouillères, housses mortuaires, sacs en papier (pour les petits os, les lambeaux de vêtements et les objets) et ils se rendent de l'autre côté de l'église pour descendre dans le charnier. On passe un certain temps à placer les excavateurs, saluer les soldats et installer le Caméscope (nous sommes filmés plusieurs heures par jour par ce Caméscope fixe qui enregistre les progrès de l'exhumation).

Nous sommes trois – sans compter Bill – à descendre chaque jour dans le charnier. Chacun a son emplacement où il travaille en toute indépendance et consulte les autres à l'occasion. Un numéro est attribué à chaque crâne, afin de nous aider à déterminer le nombre minimal d'individus (nous n'avons tous qu'une tête). Un corps ne reçoit pas de numéro tant qu'il n'a pas été suffisamment mis au jour pour être exhumé sans être gêné par les membres d'un autre corps. Une fois le corps mis au jour et numéroté, on appelle Ralph pour qu'il le photographie avec une règle, une flèche pointant au nord et une étiquette numérotée. À l'extérieur, Doug supervise le Sokkia pendant que nous « pointons » chaque corps, annonçant à haute voix « épaule gauche » ou « genou droit » en tenant la baguette en position. Doug enregistre ces mesures électroniquement. Puis, à plusieurs, nous soulevons le corps mis au jour, numéroté, cartographié et photographié. Une fois exhumé et placé dans une housse numérotée, il est transporté à l'église sur un brancard, soit par deux manœuvres rwandais, soit par l'un de nous aidé d'un manœuvre.

Le reste du temps, les manœuvres rwandais transportent, dans des seaux, la terre que nous avons récupérée en dégageant les corps et ils la déversent plus loin. La plupart ne parlent que le kinyarwanda (la langue du Rwanda), mais un jeune homme nommé Robert parle kinyarwanda, français et anglais. C'est une sorte de contremaître qui communique avec nous tous dans le charnier. Cela entraîne des discussions animées et sans fin sur le montant de la « dot » que mon père demanderait pour que j'épouse un ou plusieurs d'entre eux. (J'ai cru que c'était une plaisanterie jusqu'au jour où j'ai fixé le montant à cinq cents vaches ; une semaine plus tard, ils sont revenus avec une offre de deux cent cinquante dollars et deux cent cinquante vaches. Ce n'était pas une plaisanterie. J'ai monté le prix à un million de vaches et ils se sont exclamés : « Un million de vaches ! » en demandant immédiatement comment je pouvais les valoir. J'ai répondu en français : « Vous aimeriez bien le savoir, hein ? »)

Nous travaillons jusqu'à midi, la pause du déjeuner. Les locaux rentrent manger chez eux et nous nous installons dans un coin éventé sur le côté de l'église qui était naguère la section des anthropologues. Il nous faut un coin éventé parce que nous sentons abominablement mauvais. Pour la plupart, nous nous contentons de rouler notre combinaison sur la taille de façon à ce qu'aucun tissu en décomposition n'entre en contact avec la nourriture, mais la puanteur persiste, même sur les sous-vêtements. De là où nous sommes, au niveau du feuillage des arbres, nous dominons le lac, la ville de Kibuye et l'unique route qui mène à Kigali. Même de si loin, nous entendons les pêcheurs qui chantent sur leur bateau, les gens qui marchent sur la route, n'importe quelle voiture ou camion qui approche. Pour le déjeuner, nous mangeons les denrées rapportées de Kigali : du beurre de cacahuète, des biscuits, du fromage genre La Vache qui rit, *des pommes. Plus ce qu'on s'achète dans les épiceries du marché près de la prison de Kibuye.*

Les manœuvres reviennent vers treize heures. Nous reprenons le travail dans le charnier jusqu'à dix-sept heures environ, si Bill est à Kigali, jusqu'à dix-huit ou dix-neuf heures s'il est à Kibuye (Doug et Melissa ont fixé l'arrêt à dix-sept heures; leur expérience leur a appris que l'on travaille mieux quand on se repose plus). Après avoir installé une bâche sur les corps mis au jour (pour les protéger de la pluie ou de chiens éventuels), nous nous traînons vers le côté de l'église opposé à l'endroit où nous déjeunons. Nous prenons une douche dans de jolies cabines italiennes préfabriquées qui nous offrent une eau délicieusement chaude apportée par camion par le chef britannique de l'équipe logistique, Geoff Bucknall.

En rentrant à la Résidence, chacun s'isole pendant un moment, puis on gagne la véranda de derrière et on commande son dîner, qui met plus d'une heure à arriver. Je crois qu'il n'y a qu'un seul cuisinier. Andrew Thompson, notre coordinateur néo-zélandais, nous avait dit en plaisantant que la Résidence avait un choix de quatre plats, dont deux toujours manquants. Ce n'est pas si mal pourtant : il y a du bon kebab de chèvre, des spaghettis et du filet de bœuf. La carte occupe deux pages, mais la majorité des plats n'existe plus. Les jours de chance, on a du tilapia, le poisson du lac. Si on souhaite dîner léger, il y a des toasts au fromage. Tout est servi avec du riz ou des frites, sauf les toasts au fromage. Ephrem a décidé que les frites ne vont pas avec. Alors, quand je commande les deux, il n'apporte jamais les frites. Il y a toujours une erreur dans la commande, mais on mange ce qu'on nous sert tellement c'est long. Comme boissons, il y a du Fanta (orange ou citron), du Coca-Cola ou de la bière.

Pas de dessert, même s'il figure sur la carte. Par exemple, « Gâteau » *. *Je dis à Ephrem dans mon meilleur français :* « S'il vous plaît, je voudrais du gâteau » *et je lui montre sur la carte pour que ce soit bien clair. La réaction est immédiate : il prend une expression peinée, penche la tête d'un côté, montre la même chose sur la carte, répète « Ah… le gâteau… », il agite les mains d'avant en arrière, inspire, expire et dit « Kigali ». Ce qui veut dire : « Il y a du gâteau à Kigali, mais pas à Kibuye. Nous avons du gâteau si quelqu'un en rapporte de Kigali. Personne n'est allé à Kigali depuis deux ans. »*

Dans l'équipe, il y a une rumeur qui circule selon laquelle nous allons toucher des rations militaires périmées (et donc gratuites) pour améliorer notre ordinaire. En attendant, nous faisons du troc entre « commensaux » ou avec quiconque possédant une monnaie d'échange, comme du fromage ou du chocolat. Quand nous n'étions que huit, nous dînions tous ensemble à la même table, mais maintenant nous nous divisons en petits groupes. Sauf si Bill veut parler boulot, auquel cas nous nous sentons obligés de nous asseoir ensemble. Après le dîner, certains restent sur la véranda pour bavarder, d'autres se retirent pour lire ou travailler sur leur ordinateur. C'est très, très beau ici, l'eau limpide et paisible, le ciel clair – presque aussi constellé la nuit qu'à Dar Es-Salaam –, le clapotis de l'eau et parfois le bêlement d'un chevreau. On se réveille le lendemain pour le même emploi du temps. La seule chose qui semble changer est l'état des corps dans le charnier.

Au fur et à mesure que l'on découvrait les couches plus profondes du charnier, l'état des corps passait du squelette à la momie puis à la

* En français dans le texte.

simple décomposition. L'exposition au soleil pendant notre travail accélérait la décomposition, suscitant une puanteur et en même temps une sensation d'immobilité. Quand les numéros des corps ont dépassé la centaine, il ne s'est presque plus trouvé de terre entre eux, tant ils étaient pressés les uns contre les autres. La « terre retournée » à enlever se faisait plus rare et l'exhumation s'en trouvait accélérée. C'était important, car nous n'avions aucune idée du nombre de cadavres qui restaient dans le fond : un millier, comme nous l'avions estimé sur la base des dépositions des témoins ? Moins un corps était squelettique, plus son exhumation était rapide car on pouvait le soulever presque entier, sans avoir à rassembler avec précaution plus de deux cents os. Nous étions souvent ralentis par l'enchevêtrement des dépouilles ; certaines semblaient avoir été poussées par un bulldozer ou quelque autre engin pour faire plus de place, ce qui avait tordu les corps et bouleversé les strates. Par ailleurs, à un certain stade de décomposition, les corps ont la peau fragile (le terme technique est saponification). Si on la perfore, il en sort une mousse de la consistance du fromage blanc et qu'il faut alors nettoyer aussi.

À un moment, Bill s'est inquiété parce que nous ne travaillions pas assez vite d'après lui. Ce jour-là, il faisait plus chaud que d'habitude, à tel point que dès dix heures du matin je mourais de soif alors que d'ordinaire on faisait une pause pour boire de l'eau vers onze heures et demie. En outre, deux sortes d'odeurs de décomposition émanaient du charnier : l'une puissante et faisandée, l'autre lourde et entêtante. Cette dernière était encore moins supportable et c'était celle qui pesait autour de moi. Je me suis arrêtée tôt pour déjeuner, consciente que le rhume que j'avais attrapé m'épuisait, mais fière de voir qu'à quatre ou cinq, nous avions exhumé dix-neuf corps en quelques heures en dépit de conditions aussi difficiles. À la fin de la journée, nous en avions dégagé un total de trente-deux. Ce qui faisait ceux de plus que l'objectif fixé par Bill le matin. À l'époque, il nous semblait important de remplir des objectifs journaliers qui nous permettaient d'évaluer notre progression dans l'énorme masse de travail révélant des défis inattendus à chaque nouvelle strate. Mais le bon résultat du matin incita Bill à augmenter le quota à quarante à l'heure du déjeuner : il nous manquait donc huit corps. Cette brutale augmentation était exaspérante. Nous étions las de courir et nous nous disions que nous pouvions tout aussi bien marcher, puisque nous étions si loin du compte.

Cet après-midi-là, tout me contrariait : la fébrilité autour de Bill chaque fois qu'il maniait une pioche ou extirpait les jambes d'un corps de celles d'un autre, l'inefficacité de l'empilement des housses remplies trois par trois entre les bancs de l'église (je voyais bien qu'on allait manquer de place, par-dessus le marché je trouvais cette façon de procéder épouvantable, car cela revenait à ramener les gens là où ils avaient été tués), le désagrément d'avoir à porter des gants trop grands et une combinaison toute la journée. Sans compter le comportement insultant de notre pathologiste en chef qui refusait que ceux qui travaillent dans le charnier portent des combinaisons (« Elles sont pour les pathologistes ! » avait-il hurlé, comme si nous n'étions pas confrontés à la même décomposition) ; ces rêves obsédants dans lesquels je retrouvais des jambes démembrées dans mon lit ou des truelles grattant la chair saponifiée ; la manière dont le stress de Bill contaminait Melissa et Doug, les poussant à manifester un autoritarisme forcené (ils hurlaient, en fait) vis-à-vis des ouvriers ; le fait que mon corps complètement détraqué m'avait infligé des règles deux fois en un mois. Enfin, je n'en pouvais plus de la puanteur de la mort qui envahissait tout.

Quelques jours plus tard, ça n'allait guère mieux. J'ai écrit dans mon journal :

Jeudi (mais qui le saurait) 25 janvier 1996

Résidence de Kibuye, 21 h 17

*Ah ! Quelle journée ! Hier matin, nous étions totalement civilisés, nous dégagions et nous nettoyions tandis que Bill vaquait à ses affaires. Mais l'après-midi s'est détérioré quand Bill nous a « aidés » à exhumer les corps que nous avions dégagés plus tôt. Nous avons passé tout l'après-midi à courir après Bill. En fait, pas David, parce qu'il était à l'autre bout où les corps compressés forment une muraille, mais Melissa et moi, oui. Bill a adopté un rythme d'enfer, ôtant des morceaux de corps, tirant dessus, me faisant enfoncer la main le long des lambeaux de vêtements pour tâter les os, et ainsi de suite. Il appelle ça « accoucher » le corps. Je courais après lui, établissant les cartes (jamais assez vite pour lui, mais je refuse d'omettre des repères), maniant la truelle, empoignant des seaux (*ndobo *– mon vocabulaire kinyarwanda spécialisé), pendant que Melissa courait dans tous les sens pour attribuer des numéros et étiqueter les housses. C'était absurde. Heureusement que nous avions suivi la bonne méthode le matin – et que tout était donc bien préparé. Ça s'est bien passé avec les deux premiers corps, car ils avaient été presque mis à découvert et ils étaient « prêts à sortir », comme dit Melissa. Mais après ça, au lieu de revenir à la méthode, Bill a adapté ses actions à la rapidité de ses pensées. Bim, bam, boum. J'en étais presque gênée et je me suis demandé ce que les locaux pensaient. Ils nous appellent déjà des *wazungu *(étrangers ou hommes blancs en swahili). La plupart du temps, Bill ressemble à un savant fou sorti d'un film de série B des années cinquante, mais cette fois, en plus, il fallait que je l'aide. Il exhumait un enfant, et lui arrachait quasiment la mandibule afin de regarder l'âge de ses dents pour notre rapport de fouille. Cela m'a rappelé la première fois que j'avais vu Walt scier un maxillaire au Bureau des examinateurs médicaux en Arizona. Une horreur. C'est vrai que c'est affreux d'avoir à extraire des pubis pour déterminer le sexe ou à scier des morceaux de fémur pour prélever un échantillon d'ADN. Mais c'est à ce* *prix qu'on peut restituer l'identité individuelle. Intellectuellement, je sais bien que Bill n'arrache pas cette mandibule avec force pour avoir l'air d'un fou, mais techniquement parce que ce sont les os qui adhèrent aux derniers lambeaux du muscle temporal momifié et qu'il faut un peu d'huile de coude pour pouvoir examiner les dents et déterminer ainsi un âge préliminaire. Au bout du compte, qu'est-ce qui est plus ignoble, nos techniques de travail ou les causes et les circonstances effectives de la mort? Serions-nous là si ces gens n'avaient pas été attaqués à coups de machette pendant qu'ils priaient un dieu quelconque de les protéger?*

À partir du 29 janvier, nous avons appelé le charnier « la pouponnière » tant nous y avions trouvé d'enfants et c'est Stefan qui en a pris la direction. Il a creusé une tranchée pour drainer les eaux de pluie et y déposer la terre retournée – la fosse était désormais si profonde que nous ne pouvions plus rejeter la terre nous-mêmes. Ce fut pour nous une ère nouvelle. Stefan instaura des pauses pendant la journée, oui, des pauses; il descendait dans la tranchée, s'appuyait à la paroi, distribuait des cigarettes aux locaux et en allumait une pour lui.

Au début, je continuais à travailler et il me disait :

– Clea, tu dois faire une pause. Prendre un peu de distance.

Et je lui répondais :

– Évidemment, toi, tu as quelque chose à faire, tu fumes une cigarette. C'est dur de rester à regarder le charnier quand il y a tant à faire.

– Tu devrais peut-être te mettre à fumer, disait-il en souriant.

Stefan me taquinait, mais il avait raison. Il est important de ménager ses forces, particulièrement quand on travaille dur et qu'on transpire abondamment, dans un endroit où la puanteur est si forte qu'elle peut faire monter les larmes aux yeux. À cette profondeur, les corps avaient encore des intestins plus ou moins intacts qui émettaient de fortes vapeurs ammoniacales au contact d'un instrument ou de l'air.

Ces vapeurs n'étaient pas les seules odeurs à imprégner nos vêtements, même à travers nos combinaisons de protection. Or, jusque-là, je n'avais que trois soutiens-gorge : j'en portais un pendant que l'autre était au sale puis un troisième pour le sport. J'en avais donc emporté trois au Rwanda, c'était tout à fait insuffisant. J'en mettais un au travail – mon « soutien-gorge de charnier » qu'il me fallait enfermer dans un sac en plastique car, même après l'avoir fait tremper dans de la lessive, il sentait mauvais. Puis il m'en fallait un autre à mettre juste après le travail quand nous ne pouvions pas, les premiers temps, nous doucher convenablement. Le troisième était sacré, à ne porter qu'après une douche chaude avec brossage complet, exfoliant et parfum. Ce rationnement était tellement contraignant que j'ai bien noté que si je repartais en mission, j'en emporterais une quantité. D'ailleurs, lors de voyages ultérieurs, je ne me suis pas contentée d'emporter plusieurs soutiens-gorge de travail et de « repos », mais aussi des soutiens-gorge pour les jours de congé, des soutiens-gorge de « retour-à-la-civilisation-pendant-le-week-end et de-relaxation-dans-ma-chambre » et ainsi de suite.

Quant à mes règles, j'ai appris, après les avoir eues deux fois de suite dans le même mois, que la solution est d'accomplir autant d'efforts physiques que possible dans le charnier : piocher, jouer de la truelle, brouetter un tonneau, tout ce qui peut faire baisser la masse graisseuse pour qu'elle soit aussi légère que possible. Cela pour avoir des crampes moins fortes et moins de tracas quand il n'y a aucune chance d'utiliser des toilettes correctes avant la fin de la journée. Ce besoin d'effort physique est devenu un problème par la suite, quand

J'ai travaillé avec des coéquipiers du genre macho qui se sentaient gênés de voir une femme manier la pioche. Certains quittaient leur portion de chantier pour venir piocher dans la mienne, malgré mes protestations. Ils ignoraient que j'essayais d'endurcir mon corps pour une raison très précise. Qu'importe, je protège jalousement mon emplacement, c'est le mien et je veux en prendre un soin exclusif, qu'il s'agisse au début d'utiliser une pioche pour enlever la terre de surface ou à la fin une baguette pour déloger la terre entre les phalanges d'une personne enterrée.

J'éprouve une grande plénitude quand je retire moi-même du charnier les corps sur lesquels j'ai travaillé. Ce sont des personnes dont on a tenté d'effacer toute trace, en allant jusqu'à cacher leurs corps. J'attache un prix tout particulier à participer au transport de mes corps loin du charnier sur un brancard. C'est comme si je les avais menés à bonne fin, de leur mise au jour initiale à leur libération.

L'anthropologue que je suis, formée en laboratoire, ressent une grande satisfaction à analyser les restes pour recueillir des informations biologiques qui fournissent les premiers éléments descriptifs d'un charnier après un conflit. Combien d'hommes, de femmes et d'enfants ? Quel âge avaient-ils ? Ont-ils été exécutés ou tués au combat ? Ces statistiques sont importantes, par exemple, pour prouver un crime contre l'humanité. Au cours de missions ultérieures pour l'ONU, j'ai souvent demandé à pouvoir ne serait-ce que commencer sur le terrain, pour retirer les gens des charniers. La tombe fournit un contexte pour les corps et ce contexte permet une meilleure compréhension des détails qui seront révélés par l'examen à la morgue.

4

L'HOMME À LA PROTHÈSE

PENDANT QUE NOUS EXCAVIONS LE CHARNIER, les pathologistes avaient rassemblé les corps dans l'église et les autopsiaient sous la tente. Le pathologiste en chef était Bob Kirschner, directeur des programmes médico-légaux internationaux de Médecins pour les droits de l'homme. Dean travaillait avec eux pour déterminer l'âge, le sexe et la stature de chaque corps. Un matin, Bill déclara qu'il m'affectait à la tente. Dean, lui, irait travailler dans le charnier. À deux reprises, Bill me demanda si je me sentais prête : « La raison pour laquelle je n'ai pas demandé à d'autres d'y aller, c'est que je ne veux que des gens rapides, capables d'effectuer une analyse en dix minutes. » Dean avait été le seul anthropologue affecté à la tente jusqu'ici, et Bill pensait que personne d'autre n'était suffisamment rapide. Je me dis alors : « S'il y a une chose que je sais faire, c'est une analyse de laboratoire. J'ai été formée par Walt Birkby. » Bien entendu, aux États-Unis, les anthropologues médico-légaux disposaient de plusieurs heures pour analyser un seul cas, mais l'état des corps dans ce charnier favorisait une étude rapide car les tissus décomposés se détachaient des os avec une relative facilité, ce qui permettait d'entamer l'analyse sans délai. Ce matin-là, je suis allée à l'église avec le sentiment que j'avais quelque chose à prouver et le besoin de rappeler à Bill pour quelle raison il m'avait recrutée.

La tente des autopsies n'était qu'une grande arche de Nylon gonflable installée sur l'herbe qui se dressait entre l'église et le logement des prêtres. Une fois que le radiologue avait pris des clichés de chaque corps et les avait développés dans la chambre noire qu'il avait installée dans l'une des toilettes italiennes préfabriquées, les techniciens légistes portaient les corps sous la tente où il y avait trois établis de métal pour les autopsies, ainsi qu'une table pour l'anthropologue et une pour le nettoyage du matériel. Une autre table supportait le matériel d'autopsie : lames et manches supplémentaires pour les scalpels, ciseaux médicaux et pinces.

Sur la table de l'anthropologue se trouvaient la planche ostéométrique en bois (pour mesurer les os longs), des scalpels, des lames, de grosses pinces (pour détacher la chair et les muscles des os) et des compas de calibre (pour mesurer le diamètre des os). Nos feuilles de critères anthropologiques se trouvaient aussi sur la table, protégées par du plastique. Ainsi, après avoir noté le stade de l'éruption dentaire, par exemple dans la bouche d'un sujet juvénile, nous pouvions les consulter sans ôter nos gants sales pour vérifier la fourchette de l'âge et consigner le tout dans notre journal de bord. Bien entendu, quand nous devions déterminer la fourchette finale, nous prenions en compte tous les indicateurs d'âge du reste du corps. Lorsque le pathologiste avait fini une autopsie, il n'avait plus qu'à se tourner vers l'anthropologue pour lui demander : « Quel âge pour le 291 ? » avant de l'inscrire sur la ligne prévue dans son rapport.

Sous la tente, nous effectuions environ trente autopsies par jour. Nous faisions d'autres examens externes dans l'église. L'anthropologue devait participer à l'autopsie au bon moment pour examiner des os particuliers. Dans certains cas, quand le cadavre présentait encore tant de chair qu'il fallait extraire les os pour les examiner, l'un des deux techniciens légistes dénudait leur surface et préparait la scie. Il pouvait même scier et dégager les os s'il en avait le temps (Peter « Le Grand Danois » et Alex « L'Incompréhensible », un Écossais, étaient aussi efficaces qu'amusants, c'était facile de travailler avec eux). On emportait alors les os sur la table et on enlevait suffisamment de tissu pour effectuer les diverses opérations. Un tuyau d'eau à haute pression se trouvait à l'extérieur de la tente. Là, on plaçait les os dans un tamis fin et on les aspergeait pour éliminer d'autres tissus. C'était aussi là que l'on nettoyait tout le matériel d'autopsie. Les anthropologues mettaient leurs rapports au propre pendant la pause du déjeuner ou à la fin de la journée, puis ils les confiaient au pathologiste qui les joignait au rapport d'autopsie.

En fin d'après-midi, les pathologistes travaillaient à leurs rapports dans l'église pendant que les techniciens légistes nettoyaient leur poste et leur matériel. Quand les anthropologues avaient terminé leurs analyses et leurs rapports, ils nettoyaient leur propre équipement. Quand tout le monde avait fini, les gens chargés de mettre le charnier au jour remontaient le coteau. La rotation des douches commençait, les pathologistes s'étant douchés les premiers.

Le premier jour sous la tente des autopsies, à l'heure du déjeuner, j'avais atteint les dix minutes demandées par Bill. Nizam Peerwani, le chef des examinateurs médicaux originaire du comté de Tarrant au Texas, très sympathique, s'est exclamé : « Clea, tu as vite pigé! » Je me suis contentée de rire, sans lui dire que j'étudiais l'ostéologie humaine depuis quatre ans et que je pratiquais la médecine légale et l'analyse ostéologique depuis 1993. Ma tâche était facilitée parce que la plupart des cadavres adultes étaient âgés de moins de quarante ans, que le stade de développement de leur pubis et de leurs côtes était parfaitement lisible et que, bien sûr, les enfants présentaient de nombreux indicateurs d'âge. J'appréciais la rapidité et l'efficacité qui tenaient au fait que j'étais la seule anthropologue sous la tente avec trois pathologistes. Quant à la pression permanente d'avoir à prendre des décisions, elle me réussissait plutôt. Dean m'avait dit que les pathologistes l'avaient mis sur les genoux quand il travaillait avec eux. Je me suis rendu compte que j'étais moins épuisée après une journée de travail sous la tente que dans le charnier, car elle engendrait moins de stress physique. Le stress y était plutôt mental. Je ne m'occupais que de trois corps à la fois, alors que le charnier présentait un puzzle sans fin de corps emboîtés.

Sous la tente, nous étions moins nombreux, juste trois ou quatre pathologistes et peut-être deux techniciens légistes qui étaient souvent dans l'église pour enlever les corps de la table des radiographies. Quelquefois, j'étais seule, nettoyant et analysant les os dans le silence. Grâce à ceux avec qui je travaillais, il y régnait une atmosphère agréable. Peter Vanezis, un pathologiste écossais renommé, fumait un cigare entre chaque cas. Il souriait sous ses sourcils broussailleux en déchiffrant les nuances d'un traumatisme. Nizam chantait des chansons de variétés en se préparant pour la pause du déjeuner. Après le repas, Mitra Kalelkar, du Bureau des examinateurs médicaux de Chicago, disait toujours : « Plus tôt on se remet au boulot, plus tôt on aura fini. » Je crois que cette énergie était due au fait qu'ils n'étaient pas à Kibuye pendant la phase d'installation, quand tout était en panne ou manquait, qu'il n'y avait ni toilettes ni eau courante. J'ai écrit dans mon journal qu'il était probablement plus facile aux pathologistes de « voir la lumière au bout du tunnel » parce que leur mission ne durait que trois semaines. Quoi qu'il en soit, travailler avec eux sous la tente après avoir été plongée dans l'énormité du charnier m'a aidée à comprendre que, si le charnier était la source de toutes nos activités, l'exhumation n'était qu'un rouage de la machine. Vu notre petite équipe, il était essentiel que chacun portât plusieurs casquettes.

Roxana, par exemple, effectuait maintenant un travail complètement différent de celui pour lequel elle avait été recrutée : elle s'était en effet portée volontaire pour établir l'inventaire des vêtements et des objets trouvés sur les corps et m'en parlait chaque soir, surtout depuis que nous partagions une chambre à la Résidence (comme Bob avait dit que les pathologistes ne « pouvaient pas » partager de chambre, nous le faisions pour économiser de la place). Mais au début du mois de février, Roxana contracta une grave maladie facilement diagnostiquée par Bob et Bill : la malaria. Ils hésitèrent à la faire évacuer par hélicoptère (Andrew et Bill le prenaient régulièrement pour se rendre à Kigali) afin de la faire hospitaliser à Kigali. Je ne sais pour quelle raison, c'était « hors de question ».

Un matin, je me suis réveillée après avoir encore rêvé qu'il y avait des morceaux de cadavre dans mon lit et j'ai vu Roxana qui toussait sans pouvoir s'arrêter. Elle s'efforçait de faire ses bagages et m'expliqua que Bill et Bob s'étaient arrangés pour qu'on la conduise en voiture à Kigali, quatre heures de cahots par la route. Elle était trop faible pour seulement fermer sa valise, je l'ai donc aidée, furieuse de la manière dont elle était traitée et égoïstement désolée de la voir partir. Nos conversations sur la vie et ses histoires sur la beauté de San José, sa ville natale au Costa Rica, allaient me manquer. À vrai dire, ce qui allait surtout me manquer, c'était sa façon de dire : « Écoute, ce n'est pas parce ce que je suis là-bas à creuser dans la terre et les cadavres toute la journée que je ne peux pas me mettre du rouge à lèvres après la douche. Ce n'est pas pour impressionner qui que ce soit, mais juste pour moi, tu vois ? »

Roxana est partie pour Kigali avant le petit déjeuner et Bill m'a annoncé que j'allais la remplacer à la section des preuves.

Quand je suis entrée dans ce qui était pour moi la « pièce de Roxana » derrière l'église, j'ai pris soin de ne pas regarder les empreintes de mains ensanglantées sur les murs et je me suis préparée à collecter des vêtements. Après avoir travaillé sous la tente des autopsies, j'avais déjà une idée précise de ce qui m'attendait : des vêtements, des passeports, des certificats de baptême, des livres. Ces objets seraient peut-être nos seules pistes pour établir l'identité des gens. Les radiographies des dents ne nous seraient pas très utiles : nous avions vu peu de caries, encore moins de traces d'intervention dentaire. Il nous fallait donc nettoyer chaque objet, l'inventorier et le photographier. Bill me dit qu'il nous serait peut-être possible d'organiser une Journée du vêtement au cours de laquelle les habits récupérés dans le charnier seraient exposés à l'église afin que les survivants des tueries de Kibuye puissent venir effectuer des identifications présumées. Avec un peu de chance, nous pourrions faire une prise de sang aux membres de la famille maternelle des victimes afin d'effectuer une comparaison d'ADN mitochondrial avec le cadavre trouvé à l'intérieur de ces vêtements.

Ce projet m'a insufflé tant d'énergie que j'ai redoublé d'efforts pour interpréter tous les sacs que Roxana avait laissés dans un désordre apparent au milieu de la salle de la section des preuves. C'est alors que je me suis rappelé qu'elle m'avait dit que beaucoup de vêtements n'avaient pu sécher à cause de la pluie. Et je me suis demandé comment elle avait pu rassembler ces détails au milieu des brumes de sa malaria. Lorsque j'ai enfin compris que les sacs contenaient les vêtements humides, j'ai consulté le protocole qu'elle avait laissé et je me suis mise au travail.

J'ai sorti les vêtements non photographiés de la veille pour que Ralph puisse le faire avant d'être trop occupé par les autopsies. J'ai placé la nouvelle planchette sur la table à l'extérieur, où l'on photographiait les vêtements, j'ai pré-étiqueté les sacs « KB-G1-_ » pour les autopsies du jour et les ai portés sous la tente. Déplier tous les vêtements qui avaient besoin de sécher (de « prendre le soleil », comme disait Roxana) a pris un temps qui m'a semblé interminable. Chacun des treize corps avait apparemment porté plusieurs couches de vêtements. Heureusement, j'avais un masque pour inventorier vêtements et objets, car ils dégageaient beaucoup de poussière et leur odeur était plus âcre que la décomposition. Dans l'intervalle, quatre ou cinq sacs supplémentaires s'entassaient.

Roxana m'avait prévenue que c'était très agité dans la section des preuves, qu'il n'était pas toujours facile de trouver Ralph pour les photos et que c'était très fatigant. Au début, cela ne s'est pas si mal passé, probablement parce que le rythme des autopsies s'est ralenti après le départ des deux techniciens, ce qui freinait d'autant l'arrivée de nouveaux sacs de vêtements. Pourtant, à l'heure du déjeuner, j'avais commencé à entrevoir pourquoi c'était épuisant : la puanteur âcre s'ajoutait à la conscience que les chairs décomposées qui y adhéraient soulevaient des nuages de particules qui brûlaient la gorge, les narines et l'estomac, comme de l'eau de Javel. Cette puanteur spécifique était omniprésente, elle durait toute la journée au cours de laquelle il nous fallait nous pencher, nous relever, nous accroupir sous un soleil de plomb.

À la fin de cette première journée, j'ai été ravie de pouvoir prendre une douche d'eau tiède derrière l'église en écoutant les locaux revenir du charnier pour aller se laver et bavarder avec les femmes qui nettoyaient les vêtements de l'équipe juste devant ma porte. Le kinyarwanda est une langue très musicale, avec beaucoup de « eh » et de claquements de langue. Je regrette de n'avoir pas enregistré Robert pour pouvoir l'écouter après mon départ. Je me rappelle son salut quotidien : « Salut, ma sœur ! *Bon Travail*! » Pendant que j'écoutais les conversations, je pensais à ma nouvelle affectation à la section des preuves : les objets en eux-mêmes étaient intéressants (cartes d'identité, épinglettes portant le portrait du président Habyarimana cachées dans les poches, quittances d'impôts, dons à l'église, actes de vente de maisons, clés) mais il me fallut en voir davantage pour en pénétrer la signification.

En dépliant les vêtements du cas « KB-G1-33_ », un homme avec une prothèse à la jambe droite, j'ai soudain pensé à ma mère, en particulier à son intérêt pour les infirmes dans la culture rwandaise et je me suis dit que cet homme était le premier affligé d'un handicap remarquable à avoir été exhumé jusque-là, l'un des rares infirmes que j'avais vus au Rwanda. L'intérêt que ma mère leur portait tirait sa source de sa propre expérience : à l'âge de quatre ans, alors qu'elle vivait à Kampala, elle avait attrapé la polio et sa jambe gauche était restée paralysée. Avant mon départ pour le Rwanda, elle m'avait demandé de bien examiner les infirmes, de lui décrire leur mobilité et l'aide qu'ils recevaient.

Alors, j'ai étudié « KB-G1-33_ » de près : j'ai noté les épaisseurs supplémentaires qu'il avait portées à cause de cette prothèse lourde, massive et encombrante : un bandage à la jointure de la prothèse avec la cuisse et un coussinet probablement posé à l'intérieur de la cavité qui maintenait en place le moignon arrondi de sa cuisse. Il avait la quarantaine, il était assez robuste et il avait dû l'être pour pouvoir supporter cet appareil. Cela m'a rappelé que lui aussi portait deux couches de sous-vêtements, de caleçons et de pantalons pardessus. Beaucoup de corps étaient habillés ainsi, même les enfants. Pourquoi ?

J'ai songé à ces gens qui quittaient leur maison sans savoir s'ils reviendraient, qui se disaient qu'il serait utile de porter des habits de rechange. Ils avaient emporté des documents importants. Pourquoi ? Parce qu'ils pensaient survivre, peut-être dans une autre ville, peut-être à leur retour d'un camp de réfugiés. Beaucoup de corps avaient des clés attachées autour de leur ventre par une ficelle. J'avais entendu dire qu'une ficelle serrée étroitement autour du ventre réduit la sensation de faim. Dans une fosse commune, ce sont là des témoignages de vie. Quand on sait observer, tous ces témoignages, comme le collier rose d'une femme, parlent de l'individu et de son identité. La Journée du vêtement devait se tenir le 17 février. J'espérais qu'il y aurait assez de survivants pour reconnaître ces indices modestes mais importants.

Les corps étant tous exhumés et la Journée du vêtement approchant, l'équipe était en piste. Bill apprit à ce moment-là qu'il devait partir pour localiser des charniers en Bosnie. Il nous restait trois heures avant l'arrivée de l'hélicoptère. Bill devait encore déléguer la responsabilité de l'achèvement du projet, transmettre mes dossiers aux enquêteurs de Kigali, organiser le départ du reste de l'équipe prévu pour le 25, répondre à des interviews avec les journalistes et rencontrer le préfet. Toute l'équipe s'est ainsi retrouvée happée par le « maelström » (terme de Melissa pour décrire le débit de paroles de Bill), essayant de terminer et d'imprimer des documents qui ne devaient pas être finalisés avant une semaine. Nous nous y sommes tous mis, nous avons bouclé les tâches et nous nous sommes embarqués dans une Land Rover pour emmener Bill au « spot hélico » (en fait, une clairière). Stefan conduisait comme un fou sur la route défoncée et nous nous cramponnions en priant pour avoir la vie sauve. Arrivés au « spot hélico », pas d'hélicoptère ! Apparemment, il y avait une tempête sur Kigali.

Nous avons patienté sur la piste pendant plus d'une heure avant de le voir arriver. Bill m'avait demandé de venir avec lui en Bosnie et j'avais accepté. Nous avons donc parlé logistique. Mais à ce moment-là, mon esprit était préoccupé par un événement plus immédiat : la Journée du vêtement dont Bill m'avait confié l'organisation. Il avait décidé qu'elle se tiendrait dans la cour devant l'église et concernerait seulement des vêtements ou objets identifiables. Les vêtements devraient provenir de sujets qui avaient subi à la fois une autopsie et un examen externe, c'est-à-dire que je ne pourrais utiliser que le registre de vêtements de Roxana et le mien pour sélectionner du matériel encore commodément entreposé dans la salle de la section des preuves. Il me faudrait passer en revue plus de quatre cent cinquante rapports pathologiques pour déterminer s'il y avait eu autopsie ou examen externe (la plupart du temps, la bonne case n'était pas cochée), puis d'après la description des vêtements lors de l'examen externe, déterminer s'ils comportaient quelque chose d'éventuellement identifiable ou s'ils étaient accompagnés de bijoux ou d'autres objets. Il me faudrait ensuite examiner chacun des sacs entreposés dans les pièces attenantes à l'église (on avait fini par les retirer d'entre les bancs) et rechercher les numéros des examens externes pour en récupérer les vêtements. Pour compliquer les choses, les sacs n'étaient pas rangés dans l'ordre et je me suis retrouvée avec deux salles pleines de housses mortuaires sur deux mètres de hauteur.

Le travail ne me fut vraiment facilité que parce que j'avais enrôlé quatre de nos meilleurs ouvriers : Robert, Ignace, Macombe (un surnom, parce qu'il buvait trop, apparemment ; en fait, il s'appelait Bernard) et un autre type dont je n'ai jamais su le nom. Ensemble, nous nous sommes occupés des housses mortuaires : Ignace appelait les numéros en kinyarwanda ou en anglais, au hasard, ensuite Robert et moi vérifiions ma liste de cas prévus et nous lancions « *Yego!* », « Oui! », ou « *Oya!* », « Non! ». Macombe et le quatrième manœuvre soulevaient la housse et la jetaient sur le tas (c'était le seul moyen). Nous avons procédé de la sorte pour la totalité des quatre cents et quelques sujets. Beaucoup de housses étaient lourdes, répandaient des fluides corporels et des asticots.

Chaque fois que nous trouvions le « bon numéro », les hommes posaient la housse par terre. Quand je l'ouvrais, ils reculaient – très loin. C'était vraiment quelque chose! J'étais presque sonnée par la puanteur chimique de la décomposition, par la vue des asticots et des mouches qui pondaient et grouillaient sur les restes humains. Puis j'enlevais les vêtements, je les mettais dans un sac numéroté et étiqueté que j'avais préparé à l'avance. C'était bien pire que les exhumations parce que les corps étaient devenus abominables, les mouches y avaient pondu de nouveaux œufs depuis leur mise au jour. Certaines housses étaient même chaudes au toucher.

Nous travaillions à un rythme soutenu, mais raisonnable. Nous nous arrêtions souvent pour discuter : de ma dot en vaches (apparemment, Bill, « mon père », avait déclaré qu'il m'échangerait contre un bon dîner au poulet à la Résidence) ; de la possession des armes à feu aux États-Unis (ils me demandèrent s'il était vrai que tout le monde pouvait avoir une arme) ; des réfugiés au Zaïre ; du prisonnier qui avait tenté de s'évader de la prison de Kibuye la veille et avait été abattu (nous avions assisté à la scène depuis le belvédère de l'église, l'uniforme rose du prisonnier était visible même à cette distance). Robert, Ignace et moi parlions surtout français, mais ils m'enseignaient des équivalents en kinyarwanda, alors que Macombe et le quatrième type (deux des plus taquins quand il s'agissait de débattre de ma valeur en vaches) me parlaient toujours en kinyarwanda. Je leur répondais en anglais et les choses se passaient ainsi, avec force fous rires et haussements de sourcils de part et d'autre. Drôle d'histoire que la communication.

Tout ce travail nous prit quatre heures, moins longtemps que je ne pensais, mais beaucoup de temps quand même. Cela m'énervait de savoir que notre tâche était compliquée par notre manque de planification, mais qui aurait pu imaginer qu'il nous faudrait rouvrir certaines housses ? Lors de missions ultérieures, nous en avons tenu compte en empilant les housses à raison de dix ou vingt par numéro à la suite, parce qu'on a toujours besoin de rouvrir au moins une housse pour une raison ou une autre.

Le lendemain, huit ouvriers et moi avons lavé et séché tous les vêtements et objets que j'avais sélectionnés d'après les rapports pathologiques. En fin de matinée, José Pablo Baraybar, anthropologue péruvien de l'ONU qui venait d'arriver d'une mission à Haïti, nous a prêté main forte. Trois faits méritent d'être soulignés : il parlait couramment le français et communiquait donc mieux avec les manœuvres ; il s'est parfaitement adapté à notre façon de faire sans remettre mon système en question ; enfin il a ôté sa chemise. Sa peau m'a instantanément fait penser à du caramel et j'aurais aimé que Roxana soit encore là pour avoir plus tard une « discussion entre filles » à ce sujet. Quoi qu'il en soit, j'étais contente que José Pablo soit là. Je venais en effet d'apprendre qu'il y avait eu une embrouille dans les plans de voyage de Bill et qu'il était sur le chemin du retour à Kibuye. J'avais besoin de toute l'aide possible pour finir nos travaux, me doucher et retourner à la Résidence avant qu'il n'arrive et me confie une autre mission impossible.

Ce soir-là, je me sentais confiante et au clair, je savais exactement ce que j'allais faire le lendemain : Ralph et José Pablo m'avaient dit qu'ils m'aideraient à installer tous les vêtements ou objets susceptibles d'être identifiés (plus de cinquante cas) dans la cour devant l'église et à les recouvrir à l'aide de bâches en cas de pluie. Le surlendemain, le samedi 17, était pour moi le « Grand Jour » : la Journée du vêtement. Il ne resterait ensuite à l'équipe qu'à nettoyer le site avant la date proposée pour la ré-inhumation, le 25 février, après quoi nous retournerions à Kigali. La fin de la mission approchait, je me sentais détendue et de bonne humeur. C'est alors que tout a basculé. Et moi aussi.

Le soir du 15 février, l'équipe se trouvait à la Résidence et attendait que le dîner soit servi. À ma demande, nous étions assis plus près de la rive que d'habitude, pour mieux goûter la fraîcheur. À proximité, l'eau était noire et nous bavardions. C'est alors que nous avons entendu de faibles gémissements et des bruits d'éclaboussures en provenance du lac, des bruits inhabituels et sinistres. Les autres ont pensé que c'étaient des gens du pays qui se baignaient. Or, j'avais vu des gens pêcher le jour, mais jamais nager la nuit. J'ai persisté à dire qu'il y avait quelque chose d'inhabituel, mais une fois encore on tenta de me rassurer, quelqu'un dit que c'était probablement l'Armée rwandaise qui s'entraînait dans son camp de l'autre côté du lac. Les gémissements se sont brutalement arrêtés quand le projecteur d'un hors-bord s'alluma. Il éclairait les visages de deux hommes qui progressaient dans l'eau.

Après une seconde ou deux de silence, une rafale d'arme automatique déchira la nuit. Les balles soulevèrent des gerbes d'eau autour des têtes des deux hommes. Une balle (il y en eut peut-être d'autres, mais je ne m'en rendis pas compte) ricocha, franchit une petite étendue de la pelouse et percuta le centre de notre table. Un sifflement, ou un vrombissement, me frôla le visage de gauche à droite. Plusieurs de mes coéquipiers coururent se mettre à l'abri derrière le mur tout proche du belvédère. Quant à moi, je me précipitai vers la véranda en me baissant, comme si cela pouvait changer quelque chose. Au bout d'une minute environ, le tir cessa. Cette minute me sembla interminable.

Les têtes des deux hommes étaient encore visibles dans l'eau, mais elles étaient plus ou moins immergées ou penchées. J'étais épouvantée. À ce stade, je ne savais pas si, en plus d'avoir tué ces deux hommes, les tireurs allaient arroser de balles tous ceux qui étaient sur la rive. Je ne pouvais pas comprendre à quel « parti » ils appartenaient, à quel parti ils pensaient que nous appartenions, ni s'il existait effectivement des partis. Ceux d'entre nous qui avaient quitté la table y sont revenus, Ephrem est même apparu avec notre dîner, comme si de rien n'était, mais son front était barré d'un pli soucieux.

J'observais encore le lac quand les tirs ont repris. Je me souviens d'avoir pensé « C'est la fin! » et d'être repartie en courant vers la véranda. Je ne sais pas comment, j'avais emporté mon dîner avec moi et je me revois les yeux écarquillés, une main agrippant mon assiette, l'autre serrée involontairement sur ma poitrine. Un soldat rwandais s'est approché de moi, m'a mis la main sur le dos et m'a dit en souriant « C'est normal, c'est normal » d'une voix apaisante. Il souriait toujours alors que les balles continuaient de labourer les deux hommes à quelques mètres à peine de nous. Il y avait à la Résidence un nombre inhabituel de convives, la plupart en uniforme – les femmes en robe de soirée – et tous regardaient l'exécution avec grand intérêt.

J'ai rarement perdu l'appétit au Rwanda mais ce soir-là, je ne pus avaler une bouchée. Je me revois tremblante près des portes du pavillon principal brillamment éclairé. Je me suis assise à une table avec l'impression de me trouver dans une double réalité : dehors, deux hommes venaient d'être assassinés; dans la salle, les gens semblaient sourire et m'encourager à manger quelque chose. Je me revois incapable de comprendre ce que ces gens me disaient, même Geoff ou Ralph qui étaient présents. Je ne garde aucune autre image de cette nuit-là, mais chaque soir à Kibuye, après cet épisode, l'obscurité et le bruit des hors-bord suffisaient à me terroriser.

Le lendemain, nous avons travaillé sans relâche aux vêtements et aux bâches de l'église, mais je n'arrivais pas à me concentrer, je me posais des questions sur ceux de mes coéquipiers qui minimisaient l'exécution parce que « nous ne savions même pas qui étaient ces types ». En quoi était-ce important : quels qu'ils aient été, ils avaient été assassinés devant des gens qui étaient venus au Rwanda pour contribuer à remédier aux violations des droits de l'homme. Je n'arrivais pas à comprendre leur attitude blasée. Les scientifiques médico-légaux comme nous s'occupent nécessairement de personnes mortes ; il est rare que nous soyons jamais présents au moment indéfinissable où une personne – une personne vivante ! – reçoit une balle dans la tête, avale l'eau du lac et arrête de respirer. Si l'on m'avait amené ces deux hommes dans des housses mortuaires, ma réaction aurait été tout à fait différente. Je n'aurais pas été en proie à une tourmente psychologique. Je n'aurais pas regardé certains de mes coéquipiers comme si je venais de les rencontrer. Bien sûr, tous n'ont pas réagi comme ça. Geoff, par exemple, s'est approché de moi le lendemain, et m'a offert quelque chose que je n'avais plus vu depuis mon arrivée au Rwanda : une barre de chocolat Cadbury. Il m'a seulement dit : « Tiens, après ce qui s'est passé hier soir, tu as besoin de ça. » Il n'a pas tenté d'analyser quoi que ce soit, n'a pas tenté de dialoguer. Son geste signifiait simplement : « Je sais que ça a été horrible, nous avons tous besoin de réconfort. »

Nous avons signalé les fusillades à l'ambassadeur de Suisse qui résidait non loin de là, mais il n'a pu obtenir que des « excuses » de l'armée et du préfet. Les autorités regrettaient que nous ayons été témoins de ce qu'ils appelaient des actions défensives contre des « insurgés du Zaïre ». Autrement dit, il s'agissait de Rwandais soupçonnés d'avoir pris part au génocide, qui s'étaient enfuis au Zaïre en juillet 1994 et qui tentaient maintenant de rentrer au Rwanda par le lac Kivu. J'ai trouvé insupportable de ne pas pouvoir faire plus que de signaler cette tuerie et de craindre maintenant pour ma propre vie, même si les tirs n'avaient pas été dirigés contre mes coéquipiers ou contre moi. En outre, je trouvais insupportable de devoir partir sans crier gare. En venant au Rwanda, j'étais tellement convaincue du but de notre mission. Mais cette certitude avait été ébréchée par la mort de ces deux hommes. Désormais, je me demandais quelle était notre place dans le Rwanda de 1996.

Cet épisode et ses contrecoups ont renforcé en moi l'idée que nous n'en faisions pas assez pour aider les parents des victimes du charnier. J'en pris encore plus vivement conscience lorsque nous avons exhumé un corps vêtu de l'habit de prêtre. La nièce du prêtre avait maintes fois demandé à Bill la permission de venir voir ses « probables » restes (elle reconnaissait qu'il pouvait fort bien s'agir des restes de quelqu'un d'autre qui, pour tenter de sauver sa propre vie, aurait simplement revêtu son habit). Dès que Bill a donné son accord, nous avons placé les restes dans une housse neuve sur une table du belvédère et nous avons pris soin d'ouvrir la fermeture Éclair juste assez pour montrer la tête qui était à l'état de squelette. Avant l'arrivée de la nièce, j'essayai de considérer l'homme comme si je l'avais connu et je ressentis aussitôt un profond malaise. On peut se préparer à voir le cadavre de quelqu'un que l'on connaît en s'imaginant qu'il dort. On peut se le figurer blessé. Mais on ne peut jamais se préparer à voir quelqu'un que l'on connaît sous forme de squelette. Comment le pourrait-on ? Il était là – seulement le crâne, sans même le maxillaire inférieur – la tête reposant sur ses dents du haut, normalité atrocement tronquée.

Je me tenais à l'extrémité du belvédère quand la nièce a fait le tour de l'église et s'est approchée de la table où se trouvait la housse mortuaire. En apercevant la housse, elle s'est subitement écroulée contre le mur et s'est retournée en sanglotant. Une femme qui l'accompagnait, une parente peut-être, s'est assise en pleurant. Là, par terre, toute droite, en larmes. Bill et José Pablo n'ont pu que garder le silence, les mains derrière le dos. Les deux femmes sont parties, serrant leur sac à main contre elles, à peine capables de mettre un pied devant l'autre.

Nous ne leur avons rien donné. Pas même l'assurance qu'il s'agissait de l'oncle. Nous ne le savions pas encore. Les os ne leur ont pas été remis, les vêtements non plus. Désormais, au souvenir qu'elles avaient de lui, s'était substitué celui de ce crâne dans cette housse et de ces scientifiques *wazungu*. Témoins de leur plus profond désespoir. J'en étais malade. Aurions-nous pu mieux faire ? Je me suis dit qu'il devait y avoir une meilleure façon de s'y prendre. Il le fallait absolument.

5

« Merci beaucoup pour votre travail »

Je retrouvai un certain équilibre après La Journée du vêtement et ses retombées. Je me levai tôt ce 17 février et Ralph, José Pablo, Stefan et quelques-uns des ouvriers m'ont aidée à installer les bâches et les vêtements. Des enquêteurs et des interprètes du Tribunal arrivés de Kigali avec Bill fourmillaient autour de l'église. Ils avaient recherché les parents des personnes dont nous avions retrouvé la carte d'identité dans le charnier. Les deux semaines précédentes, l'ONU avait lancé des appels à la radio pour solliciter la collaboration des familles ; celles qui viendraient voir les vêtements seraient interviewées par ces enquêteurs. Des infirmières norvégiennes de l'antenne chirurgicale de la Croix rouge avaient installé un poste pour faire une prise de sang à tout parent du côté maternel qui y consentirait afin d'effectuer des comparaisons d'ADN. Ensuite, nous avons attendu les familles, pensant qu'elles viendraient à pied ou en camion (des camions avaient été envoyés dans les villages les plus éloignés).

Les premiers arrivants furent les médias internationaux ; nous n'en avions pas prévu autant et Bill a dû utiliser du ruban jaune pour délimiter un périmètre afin que les familles aient la place de parcourir les allées de vêtements. Il a alors circulé parmi les journalistes, accordant des interviews et faisant visiter le charnier désormais vide.

Les familles et les rescapés ont commencé à arriver. La première femme, portant un long T-shirt sur son pantalon, est passée et repassée rapidement devant les vêtements, puis elle s'est exclamée : « Ces vêtements sont si sales, comment voulez-vous que nous retrouvions quoi que ce soit ? » J'étais un peu vexée. Ce n'avait pas été une mince affaire de rendre ces vêtements aussi présentables. Nous ne disposions pas de grand-chose pour le faire et le nettoyage avait exigé un réglage soigneux du tuyau à haute pression pour ôter la boue et les chairs saponifiées avec le minimum de déchirures. En dépit de ses remarques, la femme est restée toute la journée.

Il n'y avait que treize survivants avérés au massacre de l'église de Kibuye, pourtant plus de trente personnes se présentèrent. Le Tribunal en connaissait certains sans avoir réussi à les retrouver. Les enquêteurs n'étaient pas assez nombreux pour prendre toutes leurs dépositions et j'ai demandé à Willie, notre technicien logistique ougandais, d'aider à la traduction. Je leur ai moi-même donné un coup de main, ce qui m'a permis d'avoir un aperçu non scientifique de la manière dont les rescapés avaient échappé à la mort.

Avec l'aide de Willie, j'ai rempli le formulaire de déposition d'une femme qui s'était arrêtée devant un ensemble de vêtements. Elle avait la cinquantaine et portait un *kanga* (une grande étoffe ornée d'un motif coloré) enroulé autour de son corps et une chemise tricotée. Elle imposait le respect, comme beaucoup de femmes africaines d'un certain âge. Elle reconnaissait une veste. Je lui ai demandé si elle accepterait de répondre à quelques questions sur la personne dont elle croyait avoir reconnu la veste. Elle a accepté, mais avec l'air de ne pas vouloir être mêlée à une aussi sale affaire.

Les premières questions du formulaire concernaient son nom et son domicile. Elle y a répondu. Je lui ai ensuite demandé à qui, selon elle, la veste avait appartenu et le domicile de cette personne. Elle m'a donné son nom et celui d'une ville de la préfecture de Kibuye, ajoutant qu'elle ne savait pas si la présence de cette veste dans le charnier signifiait que son propriétaire s'y trouvait aussi : il avait pu prêter la veste à quelqu'un d'autre qui aurait été tué dans l'église de Kibuye. Je me suis bornée à hocher la tête, pour lui montrer que je comprenais et qu'effectivement tout était possible. Les vêtements ne fournissaient en effet qu'une identité présumée – surtout là où guerres, combats et mouvements de réfugiés se sont prolongés. Les gens s'appropriaient les vêtements des morts de leur famille – ou même d'inconnus – pour survivre aux conditions extrêmes qu'ils avaient à affronter.

J'ai demandé à la femme si le propriétaire de la veste avait de la famille encore en vie, en particulier du côté maternel. Elle m'a dit qu'elle connaissait sa sœur. Je lui ai demandé son nom et son adresse. Sans me regarder, elle m'a donné un nom et un domicile. Ce nom m'a paru familier. J'ai alors regardé le début de la déposition pour vérifier. C'était bien ça, le nom qu'elle venait de me communiquer était le sien. Elle parlait comme si elle était quelqu'un d'autre. Au lieu de répondre : « Je suis sa sœur », elle me disait : « Le nom de sa sœur est… »

Je me retrouvai soudain partagée entre compréhension et malaise. Alors qu'au début, cette femme ne voulait pas me regarder dans les yeux, c'était moi maintenant qui ne le pouvais plus. Je contemplais la veste qui paraissait bien vide désormais. Je pensai à mon propre frère, Kimera : « Et si c'était la veste de Kimera ? Et si on l'avait exhumée d'un charnier ? » Il était certes concevable que le frère de cette femme n'ait pas porté cette veste à l'église de Kibuye, mais elle était tout de même venue. Elle soupçonnait ou savait parfaitement que son frère y avait été tué. Sinon, pourquoi se serait-elle rendue à la Journée du vêtement consacrée au massacre de l'église de Kibuye ?

Mon regard est passé de la veste à la femme. Ses yeux, perdus dans le lointain, étaient brillants de larmes. Elle manifestait un peu de cette émotion que je m'étais attendue à voir exprimée pendant cette journée. Une boule s'est rapidement formée dans ma gorge en la voyant retenir ses larmes. Elle avait jusqu'alors fait preuve d'une telle maîtrise d'elle-même. Je ne savais pas quoi faire. J'ai d'abord pensé à la réconforter, mais sincèrement je ne voyais pas comment. Je n'arrivais pas à trouver les mots appropriés, aucune de mes idées ne semblait adaptée. J'ai fini par poser la main sur son bras. J'ai été surprise de sentir que sa peau était douce et fraîche malgré la chaleur accablante. Nous sommes restées ainsi pendant plusieurs minutes. Elle a ensuite accepté de donner un échantillon de son sang aux infirmières de la Croix rouge en tant que membre de la famille maternelle, nécessaire pour la comparaison d'ADN. Plus tard, j'ai écrit qu'en lui tenant le bras, j'avais « eu véritablement la sensation d'être dans la continuité de l'histoire des Rwandais touchés par le génocide. En travaillant sur ces restes humains, nous participons au processus de guérison des survivants. »

Ce concept de continuité, je le ressens pleinement. Il n'est pas nécessaire pour cela de rencontrer le parent d'une personne que j'ai exhumée, encore moins de lui toucher le bras. C'est purement métaphysique, comme si, dans le grand ordre de l'univers, il existait un lien entre les membres vivants de la famille et moi. En imagination, en considérant le monde depuis l'espace, j'arrive à me représenter ces longs fils d'argent tissés entre mes coéquipiers, moi et ces lieux du Rwanda, de Bosnie, de Croatie ou du Kosovo. J'ai poussé cette idée plus loin, dans la sphère de la mémoire individuelle et collective parce que les anthropologues médico-légaux affectent la mémoire que les gens ont des événements en procédant aux exhumations et aux identifications : un corps empêche un parent de continuer à croire que le disparu est enfermé dans un camp de prisonniers ou qu'il a survécu mais ne peut être contacté. De même, dans les endroits où la propagande gouvernementale ou militaire ne cesse de nier qu'il y a eu des morts, la mise au jour des tombes et l'analyse des restes réfutent la « version officielle ».

Une jeune fille âgée d'environ treize ans était également présente à cette Journée. Elle était escortée par un homme d'âge moyen et semblait ne pas toucher le sol quand elle marchait, on aurait dit qu'elle glissait plutôt. Les adultes murmuraient quand ils lui adressaient la parole, ils se penchaient vers elle comme s'ils sollicitaient sa permission ou son approbation. J'ai regardé son visage et j'y ai découvert une expression que je n'avais encore jamais vue : ce n'était ni du chagrin ni de la tristesse. Elle n'était ni heureuse ni effrayée. On aurait dit qu'elle appartenait à un autre monde et que quelque chose de personnel la préoccupait, ce qui lui conférait un air de sagesse malgré son apparente jeunesse.

L'équipe canadienne qui avait interviewé Bill plus tôt dans la semaine filma aussi la Journée du vêtement. Quelques années plus tard, Bill m'envoya leur film, *Chronicle of Genocide foretold* (Chronique d'un génocide annoncé). Une partie de l'histoire était consacrée à un homme dont la femme avait été tuée à l'église de Kibuye. Leur fille avait été témoin du meurtre et s'était cachée dans l'église, échappant à la mort. Elle avait retrouvé son père quelque temps plus tard. Dans le film, le père et la fille marchaient lentement au milieu des vêtements exposés sur les bâches. En les voyant se diriger vers les marches de l'église, j'ai soudain reconnu la fille du film, c'était elle, la jeune fille au port de reine.

Je savais à présent pourquoi elle m'avait paru irréelle, comme d'un autre monde : elle avait survécu à un événement qui avait fait des centaines de morts et au cours duquel les tueurs avaient fait ce qu'ils pouvaient pour massacrer tout le monde, y compris elle et les siens. Ce n'était pas comme si elle avait échappé à une catastrophe naturelle, telle une tornade qui aspire certaines maisons mais pas d'autres. Elle avait été au cœur d'une attaque délibérée qui aurait dû (en toute logique) lui ôter la vie.

Plus loin dans le film, le père secouait la tête, déclarant que sa fille et lui n'avaient pas retrouvé les vêtements de sa femme, mais qu'ils savaient qu'elle avait été tuée en ce lieu, la fille en avait été témoin. J'ai alors pris conscience d'une deuxième réalité : la raison pour laquelle ils n'avaient pas trouvé les vêtements, c'était qu'ils ne se trouvaient pas dans le lot que j'avais sélectionné pour la présentation de la journée. Nous n'avions pas pu les exposer tous, une partie d'entre eux seulement pouvait tenir dans la cour de l'église. Nous avions donc disposé en priorité les vêtements identifiables car ils étaient en bon état ou accompagnés d'objets également identifiables. Les vêtements de l'épouse de cet homme, de la mère de cette jeune fille, ne se trouvaient pas dans le lot. Ils savaient qu'elle était morte à cet endroit et ils étaient quand même venus à la Journée du vêtement, espérant trouver ce morceau de preuve ou de souvenir. J'ai dû arrêter la projection, submergée par l'émotion. Je suis restée assise en pleurs, en proie à un profond sentiment de découragement, au désir de leur demander pardon de ne pas avoir exposé les vêtements de leur épouse et mère, regrettant amèrement que la cour ait été trop petite pour tous les présenter.

Les vêtements de l'homme à la prothèse ont bien été reconnus. C'était le seul du charnier à en avoir une et je pensais bien que quelqu'un se souviendrait de lui, même s'il n'y avait pas de survivants de sa famille. De fait, presque tous les rescapés venus à la présentation reconnurent la prothèse et les vêtements de l'homme. J'appris qu'on ne lui connaissait qu'un seul parent, une jeune nièce vue pour la dernière fois sur l'île Ijwi avec d'autres Rwandais qui avaient fui avant que les tueries n'atteignent leur paroxysme en avril 1994. Même si elle ne se trouvait pas à Kibuye pour fournir un échantillon de sang en vue d'une éventuelle comparaison d'ADN, il existait une forte présomption d'identité pour cet homme. Il était bien connu, remarqué dans la mort comme de son vivant.

Nous devions quitter Kibuye moins d'une semaine plus tard. Malgré le résultat positif de la Journée du vêtement, j'avais peur dès que la nuit tombait et je tremblais chaque fois que j'entendais le moteur du bateau de l'Armée patriotique rwandaise vrombir dans les ténèbres du lac Kivu. Un matin, je me réveillai surexcitée en pensant que nous étions mercredi alors que nous n'étions que mardi. Je voulais partir à Kigali le plus tôt possible. Je ne pouvais plus l'ignorer : les exécutions du lac avaient démontré qu'il existait un danger incontournable, un danger qui donnait un terrible relief aux événements les plus anodins – comme l'intérêt à mon égard de ce soldat ghanéen agressif ; les soldats de l'Armée patriotique rwandaise des environs auraient pu essayer de s'emparer de certains de nos équipements, nos voitures par exemple, pour leur propre usage. Le simple fait d'attendre le dîner (de nouveau servi dans la véranda) pendant deux heures était une épreuve parce que l'éclairage fournissait une cible idéale pour les collimateurs des fusils M-16 sur le hors-bord de l'Armée patriotique rwandaise, cadeau des États-Unis.

Le 20 février, je suis arrivée pour le petit déjeuner au moment précis où le bateau de l'Armée patriotique rwandaise apparaissait et s'arrêtait brusquement. Les corps des hommes qu'ils avaient tués le 15 étaient remontés à la surface et les soldats commençaient à les hisser à bord. Des membres de notre équipe avaient fait des paris sur le moment où les gaz de décomposition feraient flotter les corps. Ceux qui avaient parié « cinq jours » avaient gagné.

Certains des soldats venus récupérer les cadavres portaient des vêtements civils, pantalons et chemises à boutons, pas vraiment la tenue idéale pour retirer des corps de l'eau. Au moment où ils ont failli tomber par-dessus bord en essayant d'attraper les morts certainement gonflés, j'ai ri en mon for intérieur. Ils les ont enfin repêchés et allongés sur le pont. Le hors-bord a ensuite filé vers le Zaïre. Quand il est revenu, il n'y avait plus rien dessus. Impossible de dire si les soldats avaient caché les corps ou s'ils les avaient rejetés à l'eau en espérant qu'ils flottent vers le Zaïre, en guise d'avertissement.

Pour la fermeture du site, il fallait remettre tous les vêtements dans les housses mortuaires correspondantes, puis s'assurer que toutes les housses étaient entreposées dans le logement des prêtres dont la porte serait fermée à clé et les fenêtres murées. Geoff s'occupait d'enlever tout l'équipement. Puisqu'il ne restait que ces tâches à accomplir, Bill nous réunit tous, Ralph, José Pablo, Dean, Stefan, Geoff, Andrew (à peine débarqué de l'avion) et Melissa, sur la pelouse de la Résidence pour une sorte de débriefing. C'était une après-midi ensoleillée, avec en toile de fond le lac couleur turquoise.

Nous avons parlé de ce qui avait bien fonctionné : nous avions terminé la mission dans les délais ; les preuves que nous avions retrouvées étayaient les dépositions des témoins ; l'échelonnement du personnel – faire venir les pathologistes après nous – avait été un succès. Nous avons aussi discuté de ce qui n'avait pas bien marché : l'équipement aurait dû être vérifié à Londres pour éviter l'envoi de matériel inadéquat au Rwanda ; le responsable de la logistique aurait dû arriver quinze jours avant les pathologistes afin de tout mettre en place ; nous aurions eu besoin de davantage de techniciens légistes, d'un autre archéologue expérimenté en cartographie électronique et de gants montant jusqu'aux coudes. Nous avons réfléchi à la façon de nous organiser à l'avenir, par exemple en réclamant que les pathologistes enregistrent leurs propres données chaque soir. Nous avons parlé de notre rôle au sein du Tribunal en tant qu'enquêteurs indépendants. Finalement, nous nous sommes demandé quelles preuves médico-légales pouvaient être considérées comme suffisantes. Fallait-il fouiller chaque charnier du Rwanda pour prouver l'existence du génocide ? Nous n'en avions aucune idée. C'était du ressort des juges du Tribunal, mais eux non plus ne le savaient pas parce que c'était la première fois que de telles preuves médico-légales seraient utilisées devant une cour internationale.

J'ai noté avec intérêt une divergence d'opinion entre ceux qui pensaient que l'objectif de notre mission pour le compte du Tribunal était de trouver des preuves pour l'accusation et ceux qui privilégiaient l'aspect des droits de l'homme ; ceux-là estimaient qu'il fallait raconter toute l'histoire et établir les faits. Les deux n'étaient pas incompatibles, à mon sens. J'ai aussi appris à cette occasion que beaucoup d'enquêteurs pensaient à l'origine que les preuves médico-légales n'étaient pas nécessaires : « Tout le monde sait qu'il y a des charniers ici, qu'il y a eu un génocide ». Malheureusement, les preuves matérielles sont nécessaires ; certaines personnes continuent de penser qu'il n'y a pas eu de génocide.

Cet après-midi-là, nous étions satisfaits de ce que nous avions accompli. Mais j'avais encore du mal à évaluer notre rôle dans le Rwanda de 1996. L'un des tout derniers jours, alors que Bill et moi traversions la ville de Kibuye en voiture pour ramener quelques travailleurs locaux chez eux, la femme qui s'était plainte de l'état de saleté des vêtements lors de la Journée nous a vus. Elle s'est approchée de la voiture, s'est penchée par la vitre ouverte et m'a embrassée sur les deux joues, deux fois. Puis elle a dit : « Merci beaucoup pour votre travail ». Elle a appelé les femmes avec qui elle était, leur a dit qui nous étions et ce que nous avions fait là-haut à l'église. Pendant tout ce temps, elle me tenait le bras en le tapotant d'une façon presque possessive. Ce fut une révélation : cette femme a mis en perspective le *pourquoi* du temps que nous avons passé à Kibuye.

Quelques jours plus tard, j'étais dans l'avion qui me ramenait chez moi, en Californie. J'avais passé deux jours à Kigali pour enregistrer sur la base de données les cent douze rapports d'autopsie restants pour le compte des pathologistes. J'avais la tête pleine de leur jargon, comme la phrase que Nizam avait maintes fois répétée : « Putréfié, masse de viscères résiduels non identifiables avec forte odeur ». En outre, je me demandais pourquoi si peu de corps à Kibuye présentaient des blessures défensives. Nous nous attendions à en voir davantage, comme un traumatisme au radius, au cubitus ou aux mains. Puis j'ai soudain compris pourquoi, dans l'ensemble, ces gens ne s'étaient pas défendus. Le problème n'était pas qu'ils ne se soient pas défendus, mais qu'ils n'aient même pas levé les bras pour se protéger la tête. Sur les premiers soixante-dix cas que j'avais enregistrés sur la base de données, la grande majorité était des femmes et des enfants dont la mort avait été causée par un instrument contondant et les autres par un instrument tranchant ou indéterminé. Une personne faisait exception, sa mort était attribuée à un « éclat d'obus ». En outre, je savais que la force requise pour frapper ces adultes et ces enfants n'avait pas été modulée, c'est-à-dire que certains crânes d'enfant n'étaient même pas encore complètement soudés et pourtant les corticales externe et interne présentaient une coupure nette, comme chez les adultes.

J'étais maintenant à bord d'un avion, à seulement trois jours de Kibuye et de ces cadavres, en train de manger mon plateau-repas. J'ai regardé Dean et Stefan qui étaient assis à quelques rangées de moi (Bill était en première classe) et j'ai pensé aux liens que nous avions tissés pendant notre mission. Nous avions désormais rejoint le reste du monde, mais nous venions de partager une sacrée expérience : exhumer presque cinq cents corps d'un charnier. Plus de la moitié étaient des enfants ; les deux tiers, des femmes ou des enfants. Tous avaient été assassinés. Nous avions d'abord exhumé des squelettes de surface, dont les os blanchis et les côtes éparpillées étaient enfouis dans le sol et la terre retournée, comme si c'était la chose la plus naturelle du monde. Puis nous avions accepté ce que le charnier nous offrait : les corps transformés en squelettes ou en momies, dont les cheveux étaient collés en plaques sur le crâne et la couleur des vêtements fanée par la terre qui y adhérait. Enfin, sous ces couches supérieures, les corps bien conservés, presque sans terre entre eux, les bras les uns contre les autres, sourcils et barbe de plusieurs jours intacts, les bébés attachés sur le dos de leur mère, les couleurs vives des lambeaux de vêtements toujours visibles. Nous avions accompli notre travail dans le charnier sans nous laisser démonter, mais maintenant, dans la cabine éclairée et pressurisée de l'avion, j'étais submergée par les détails de certains de ces corps, par la perte qu'ils représentaient, par la tristesse, par la finalité écrasante de la mort.

Quand j'ai changé d'avion et survolé les États-Unis, je me suis sentie mieux. J'ai alors souri des dernières paroles que Bill m'avait adressées au moment où nous nous étions séparés à Bruxelles quelques heures auparavant : « Vous faites du bon travail. Achetez-vous des vêtements chauds. Vous n'allez pas changer de numéro de téléphone, hein ? » En m'installant plus confortablement dans mon siège, j'ai regardé le film qu'on passait sur l'écran plusieurs rangées devant moi. C'était *Get Shorty*. Je ne connaissais pas l'histoire. J'ai vu un homme reculer contre une balustrade, la nuit. Un autre homme lui tirait dessus, le premier a basculé dans le vide et s'est écrasé au sol. Même sans le son et le contexte, j'ai tressailli sur mon siège, indignée. « Ça ne va pas... On ne devrait pas avoir le droit de montrer ça ! » J'ai regardé autour de moi, sûre que mes compagnons de voyage partageraient ma fureur, mais je n'ai vu que des gens absorbés par leur magazine de luxe, demandant de la crème pour leur café plutôt que du lait. Ces personnes innocentes m'exaspéraient et je ne savais pas exactement pourquoi. Alors je me suis mise à pleurer, je n'étais pas choquée par cette scène, c'était involontaire. Cette impression de perdre le contrôle de mon propre corps m'a déplu. Ma colère envers le film et ma déception face à l'indifférence des autres passagers étaient des effets secondaires de la mission. Ce n'est que bien plus tard que j'ai compris à quel point celle-ci m'avait bouleversée. Craignant d'autres réactions du même ordre, j'ai refoulé mes larmes, me suis enfoncée dans mon siège et j'ai cessé de regarder l'écran. J'avais soudain la sensation d'être une étrangère.

6

La vie après

Après cette première expérience au Rwanda, j'ai participé à six autres missions et, à chaque retour, je traverse une phase de « réadaptation ». Elle commence toujours dans l'avion ou pendant l'embarquement : je me sens tout à coup étrangère, même si je suis entourée de militaires qui partent en permission de l'endroit même où j'ai travaillé. Puis arrive la première escale : je suis toujours étonnée par l'apparence si moderne de ce deuxième aéroport, par l'aspect si propre et automatisé d'un univers qui n'a pas subi récemment de guerre ou de conflit. Mon œil est irrésistiblement attiré par les boutiques d'articles duty free – les chaussettes de golf et les stylos plaqués or semblent des objets particulièrement incongrus quand la veille encore vous étiez au milieu de gens qui se bousculaient pour tenter d'obtenir une part de ration alimentaire périmée, sans se départir pour autant de leur dignité. Enfin, les aéroports sont des lieux où se croisent des gens de tous horizons, alors que dans les pays où j'ai travaillé, les populations locales sont assez homogènes, en dépit de la présence d'ouvriers étrangers et pluriethniques.

Quand je reviens chez moi, je suis toujours frappée par le fait que l'éclairage des rues fonctionne, que les routes ne sont pas labourées par les chenilles des blindés et que les gens ne conduisent pas comme s'il y avait des mines sur les bas-côtés. J'apprécie tout cela et je me sens en sécurité, même si, pendant à peu près une semaine, je me réveille la nuit en me demandant où je suis. Pendant quelques jours, je suis incapable de défaire mes bagages et je continue à porter mes « vêtements de mission ». Difficile de passer à autre chose.

Cette lente transition résulte aussi du choc culturel, quand on s'est habitué à un emploi du temps et au mode de vie d'une région victime d'un conflit. Je me détache lentement de la mission, craignant encore de dépasser les délais d'une tâche apparemment insurmontable et gardant le sentiment de devoir me tenir sur mes gardes, me montrer prudente avant de dire qui je suis et pourquoi je suis là. Mais surtout, je garde la sensation d'accomplir une Bonne Action.

Ce n'est pas tout : quand je me réveille durant la nuit, je reste immobile dans mon lit et je pense à ce qui se passerait si je me trouvais au Rwanda et si le génocide commençait, ou en Bosnie et que ça se mettait sérieusement à chauffer. J'imagine des voisins se hâtant de venir me réveiller pour me prévenir que des gens armés de fusils arrivent dans notre rue et qu'il faut nous cacher. Ça pourrait arriver, « même » aux États-Unis et mes fenêtres n'empêcheraient pas plus un assaillant d'entrer que celles que j'avais à Kibuye ou à Brcko. Où irais-je me cacher ? Que faire de mon chat ? Est-ce que je me battrais ? Et si j'étais avec ma mère ? Pourrais-je la porter si nous devions nous enfuir à toute vitesse ? La première fois que ces questions ont jailli dans mon esprit, j'ai essayé de les refouler, en vain. Le souffle coupé, je tentais d'y répondre, allongée sans bouger, en proie aux ténèbres et à ces questions, jusqu'à ce qu'au lever du jour l'épuisement me fasse retomber dans le sommeil. Ma vie d'après avait commencé.

II

Rwanda Kigali

3 juin-24 juin 1996

7

« Tout le monde sait qu'il y a eu un génocide ici »

À MON RÉVEIL LE PREMIER JOUR de mon retour au Rwanda, j'ai vu que les irrégularités dans le tissu recouvrant le mur de ma chambre d'hôtel à Kigali étaient dues à des impacts de balles. La veille, je les avais prises pour des entailles de machettes mais comme il faisait sombre et que j'étais en plein décalage horaire, je ne les avais pas regardées de plus près. La fatigue aidant, je n'avais pas non plus remarqué, plus haut sur le mur, de grandes quantités de sang. Le personnel de l'hôtel avait indubitablement accompli de valeureux efforts pour nettoyer cette chambre, mais du côté de la rue, à l'hôtel Méridien, elles étaient toutes comme ça en 1996 : deux ans plus tôt, des gens y avaient trouvé refuge pendant le génocide et avaient été abattus par des tireurs postés dans la rue. Les chambres côté piscine avaient plus de chances d'être intactes mais la porte de celle qui était en face de la mienne était encore barrée par un ruban de scellés. Il fallait entièrement la refaire, me dit-on.

J'étais de retour au Rwanda, trois mois et demi après l'avoir quitté avec tant d'empressement, pour une nouvelle mission médico-légale de Médecins pour les droits de l'homme pour le TPIR de l'ONU. Ce devait être une mission courte : un mois plus tard, certains d'entre nous étaient censés commencer les premières exhumations en

Bosnie pour le TPIY. Si cette deuxième mission avait dû se passer à Kibuye pendant quatre semaines, je n'y aurais peut-être pas participé. Même si ma première mission avait été une expérience formidable, le spectacle des meurtres du lac Kivu en février m'avait appris qu'au Rwanda occidental non seulement tout pouvait arriver, mais tout arrivait effectivement. Et quand Bill Haglund me dit que nous devions travailler sur un site de la capitale, j'ai aussitôt accepté car je pensais que ce serait plus calme dans l'est du pays.

Du coup, à mon arrivée à l'aéroport de Kigali, je me sentais détendue et à l'aise, surtout quand j'ai entendu les autres passagers s'étonner de voir des impacts de balles à l'intérieur du terminal. Bill nous a accueillis, Melissa, Dean, Owen Beattie, le directeur de thèse de Dean, et moi, comme si nous étions des parents perdus de vue, en nous adressant des signes de bienvenue frénétiques. Dès que nous fûmes dans sa voiture en direction de Kigali par une nuit fraîche et humide, il se mit à parler boulot. Il lui fallait hurler plus fort que le moteur et le vent, ce qui conférait à tout ce qu'il disait un caractère d'urgence, mais nous l'entendions à peine. La routine.

Trois incidents qui coïncidaient avec notre arrivée m'ont tout de même angoissée : trois humanitaires suisses avaient été tués au Zaïre voisin ; une rançon avait été promise pour la tête de trois Américains au Burundi et un enfant de Kigali avait trouvé une mine antipersonnel à un arrêt de bus. Maintenant que j'identifiais les impacts de balles dans ma chambre d'hôtel à Kigali, je me rappelais ce que je n'aurais jamais dû oublier : il faut toujours se tenir sur ses gardes.

Je comprenais bien, intellectuellement, qu'il y ait une limite au budget que le Méridien pourrait ou voudrait consacrer à la rénovation de ses chambres, mais je me voyais mal vivre sur le lieu d'un massacre tout en travaillant sur un autre site d'aussi triste mémoire. Par bonheur, l'hôtel était trop éloigné de notre lieu de travail, et toute l'équipe se prononça alors en faveur d'un déménagement. Il nous a tout de même fallu rester au Méridien une nuit supplémentaire qui me fut pénible : même quand j'arrivais à ne pas me livrer à une inspection ou à une interprétation médico-légale des traces matérielles, je m'interrogeais sur les esprits encore prisonniers de cette chambre, à laquelle il n'y avait rien à redire par ailleurs.

Pourquoi avais-je pensé que Kigali serait si différent de Kibuye ? Après tout, nous nous trouvions à Kigali pour enquêter sur la mort de personnes tuées pendant le génocide. Et, comme à Kibuye, ces morts résultaient d'une action concertée. Mais dans les zones rurales comme Kibuye, les organisateurs du génocide avaient parqué les gens dans des stades et des églises avant de les massacrer. À Kigali, les assassins avaient installé des barrages routiers afin d'arrêter à la fois les piétons et les passagers des voitures et de contrôler leur identité. Les cartes nationales d'identité, dont tous les Rwandais étaient munis à l'époque, portaient une mention d'une importance cruciale pour les tueurs : l'« ethnicité ». Chaque Rwandais était classé selon trois groupes « ethniques » : Hutu, Tutsi ou Twa. Les hommes politiques qui avaient planifié le génocide avaient clairement annoncé pour avril 1994 le meurtre de tous les Tutsis ainsi que de toute personne mariée à un Tutsi et/ou dont les opinions politiques pouvaient être qualifiées de modérées.

Le dogme extrémiste des planificateurs soutenait que chaque ethnie était caractérisée par des critères physiques incompatibles. En particulier, les Hutus étaient décrits comme trapus, la peau foncée et le nez épaté, tandis que les Tutsis étaient stéréotypés comme grands, le nez droit et la peau plus claire. L'ironie d'une telle idéologie, c'était qu'elle était une survivance de la colonisation européenne du Rwanda, à la fin du XIXe siècle. Quand les Allemands avaient réussi à imposer la première administration coloniale (1897-1916), le Rwanda était une société monarchique d'agriculteurs et d'éleveurs de bétail. Les termes « Hutu » et « Tutsi » indiquaient le statut social de personnes parlant la même langue et pratiquant la même religion. En outre, ces indicateurs étaient fluides : le statut social d'une personne pouvait changer lorsqu'elle acquérait (ou perdait) du bétail ou se mariait au sein d'une autre famille. Afin de diviser pour mieux régner, le pouvoir colonial finit par faire de ces indicateurs traditionnellement souples des classifications rigides fondées sur des convictions liées à la supériorité raciale très en vogue à la fin des années 1800.

L'administration coloniale suivante, celle de la Belgique, introduisit les cartes d'identité obligatoires en 1934, attribuant généralement l'« ethnicité » tutsie à ceux qui possédaient plus de dix têtes de bétail. Et les Belges vantèrent le caractère physique « quasi-européen » des Tutsis, qui prouvait leur supériorité sur les autres Rwandais et justifiait les privilèges professionnels attribués par l'administration coloniale.

Je me suis souvent demandé pourquoi il était nécessaire d'indiquer l'« ethnicité » sur la carte d'identité si le caractère tutsi, par exemple, était si évident. Pour moi, le simple fait d'indiquer cette appartenance ethnique était en contradiction à la fois avec les certitudes coloniales et avec le dogme extrémiste qui avait mené au génocide. La mention de l'ethnicité suggérait qu'il devait donc être difficile de « dire » qui était qui au vu des caractéristiques physiques. Même si l'attribution « ethnique » avait véritablement été fondée sur ces caractéristiques, les mariages entre Tutsis et Hutus étaient attestés depuis la période précoloniale, différentes lignées ayant historiquement cherché à renforcer ainsi leurs liens. Il est certain qu'en 1994 il devait être impossible de décrire les « Tutsis » seulement comme grands, la peau claire et le nez fin, et les « Hutus » comme leur « contraire ». D'où la nécessité des cartes spécifiant l'« ethnicité » et par conséquent leur importance cruciale pour les instigateurs du génocide – malgré les instructions qu'ils prodiguaient aux tueurs à la radio : « Vous les reconnaîtrez [les Tutsis] à leur nez fin ».

À Kigali, les cartes d'identité étaient particulièrement nécessaires parce que le groupe social de chacun était moins connu dans l'anonymat de la ville. Entre avril et juin 1994, à Kigali, toute personne contrôlée à un barrage dont la carte d'identité mentionnait « Tutsi » était arrêtée et tuée sur-le-champ.

Notre site se trouvait derrière un garage automobile, dans l'un des quartiers d'affaires de Kigali, un quartier vallonné. En suivant l'allée qui nous y menait, après quelques regards curieux nous nous sommes garés dans une cour entourée d'un mur et encombrée de déchets – essentiellement des pièces détachées rouillées, des bidons de peinture et des pneus, mais aussi des souliers et des vêtements. Escaladant le tout, nous avons atteint une porte qui ouvrait sur un coteau en pente vers la droite. Nous nous sommes retrouvés derrière les établissements commerciaux qui bordaient la rue principale, avec vue sur un ravin orné de quelques arbrisseaux et, longeant son fond, un chemin de terre.

Au sommet de cette colline d'où mon regard se perdait au-delà du ravin, j'ai soudain eu la sensation d'être au-dessus du monde : les corbeaux volaient à notre hauteur ; les bruits de la ville montaient jusqu'à nous ; à cette altitude, nous ne distinguions dans le lointain que deux masses vert sombre, assez imposantes pour être des montagnes, que l'on devinait comme à travers la brume. En regardant de plus près, j'ai distingué droit devant moi des latrines. Bill avait repéré des corps dans les couches supérieures de cette fosse et, avec Pierre Heuts, l'un des enquêteurs du Tribunal pour le site, il y était descendu tant bien que mal à l'aide d'une corde.

Dès notre arrivée, Dean a usé de ses talents de randonneur pour installer un système mettant en jeu une poulie et un harnais, matériel que Bill lui avait spécifiquement demandé d'apporter au Rwanda. Bill et Pierre ont atteint le fond des latrines à huit mètres de profondeur à l'aide de cette poulie et ils sont remontés grâce à nos efforts conjugués : nous tirions tous sur la corde. Pendant deux heures, Bill et Pierre sont descendus chacun à leur tour dans la fosse, tandis que nous restions penchés sur le bord, à prendre des notes et à leur lancer des bouteilles d'eau potable. Un groupe de pathologistes devait venir pour effectuer des autopsies, mais pour l'heure tous les corps dans les latrines étaient à l'état de squelettes. Il nous fallait donc examiner les autres parties du garage à la recherche de charniers contenant des corps moins décomposés, sinon il serait trop tard pour décommander les pathologistes.

Un informateur prétendait avoir aperçu des morceaux de corps dans diverses fosses de la cour du garage, mais avant de pouvoir creuser il fallut éliminer tous les détritus. Rude travail, au milieu des tiques, dans la puanteur des latrines en usage tout près de nous, avec des gants de vaisselle pour seule protection contre le métal rouillé. Nous avons petit à petit traîné un châssis de camion pour dégager différentes parties du sol mais n'avons pu le déplacer que de quelques centimètres à la fois. De toute façon, il était trop gros pour être transporté hors de la cour. Nous avons creusé de nombreuses tranchées, tandis que Melissa cartographiait la cour en prenant les coordonnées sur le GPS. Nous n'avons rien trouvé. Nous avons entièrement dégagé les détritus, ce qui n'a pas dû déplaire à l'informateur venu observer à la mi-journée la belle besogne que nous étions en train d'abattre.

Nous avons fini par quitter le garage après 17 heures, affamés (nous n'avions pas déjeuné), épuisés par le décalage horaire et par nos efforts acharnés, et démoralisés. Si avant le lendemain après-midi nous n'avions pas trouvé davantage de restes humains et de preuves de leur présence, Bill avait décidé que nous analyserions les squelettes que Pierre et lui avaient remontés des latrines. Nous pourrions alors parcourir le pays pour évaluer d'autres sites, ce qui semblait bien dangereux. Nous venions d'apprendre que des mines avaient été découvertes sur la route de Kibuye. Bill dit alors que personnellement il se sentait en sécurité, mais qu'il ne voulait pas imposer ce sentiment aux autres. Il a ajouté qu'à son avis, il suffirait de rester sur les grandes routes. Je l'ai regardé en silence, pensant que la route de Kibuye était justement une grande route.

Au bout d'une deuxième matinée infructueuse sur le site, pendant laquelle nous avons surtout servi de nourriture aux moustiques, Bill a décommandé les pathologistes. Mais avant de commencer l'analyse des squelettes des latrines, certains d'entre nous se sont rendus à Ntarama, village situé à trente ou quarante kilomètres au sud de Kigali. Ntarama est une commune rurale avec de jolis chemins qui sillonnent la terre rouge. L'église est un mémorial inhabituel aux victimes du génocide : à l'intérieur, les corps ont été laissés à l'endroit précis où ils étaient tombés en 1994. Le bâtiment était gardé par deux vieillards. Une fois dans la cour de terre battue, nous n'avons pu que garder le silence.

L'édifice était plus petit qu'à Kibuye, mais des plates-formes étaient disposées dans un grand espace extérieur sous un auvent fait d'une bâche. Elles étaient couvertes d'ossements desséchés recueillis dans les parages. Les os étaient rangés par type, tous les membres ensemble, tous les crânes ensemble, comme on le voit sur les photographies du Cambodge. En approchant de l'église proprement dite, je ne savais pas ce que j'allais y trouver. Par gestes, deux gardiens nous ont indiqué d'aller jusqu'aux ouvertures des fenêtres et des portes et de regarder à l'intérieur. J'ai vu des bancs sans dossiers exactement comme à Kibuye, mais ils disparaissaient sous les restes momifiés et décomposés d'un *très grand nombre* de personnes. Les vêtements adhéraient aux corps ou s'en étaient détachés, le tout avait plus ou moins dégringolé pêle-mêle entre les bancs. Difficile de voir où finissaient les corps et où commençait le sol. Un matelas saillait de ce fouillis, à peu près au milieu du bâtiment et je me suis demandé si c'était un vestige des jours où les gens avaient cherché refuge dans l'église.

Les gardiens nous ont encouragés à prendre des photos. Je n'ai pu ni sortir mon appareil de son étui, ni imaginer que je pourrais jamais oublier pareil spectacle. J'ai eu l'impression de faire un saut dans le temps et de voir la vaste église de Kibuye avant que les corps n'en aient été retirés et placés dans le charnier que nous avions mis au jour. Pourtant nous étions à l'autre bout du pays. J'ai visualisé les nombreuses églises entre Ntarama et Kibuye, qui avaient toutes été le théâtre de morts aussi violentes. Confrontée à l'immensité du carnage, j'étais accablée.

Ntarama est un mémorial, mais c'est aussi une preuve. La preuve de ces récits du génocide qui ont si souvent une église comme lieu de massacre. La preuve que les tueurs ne se donnaient pas la peine de dissimuler les éléments matériels. La preuve de la nature systématique des tueries (des gens de différentes zones rurales étaient conduits dans ces lieux de rassemblement). Quant aux tas d'ossements blanchis sur les plates-formes, ils étaient la preuve que même ceux qui s'étaient échappés de l'église avaient été abattus à l'extérieur et que les corps n'avaient pas été déplacés.

Ntarama n'est pas le seul mémorial du Rwanda à présenter des restes humains. D'autres sites se dressent dans des clairières où l'on peut voir des ossements ramassés dans une vaste zone, rangés sur de grandes plates-formes en plein air. Pour les anthropologues médico-légaux, ce mélange d'os issus de nombreuses personnes constitue un « amalgame », un amalgame que les enquêteurs médico-légaux doivent veiller à éviter parce qu'il peut compliquer l'identification des individus. Cela signifie-t-il que le Rwanda a moins mis l'accent sur l'identification et la restitution des restes ? Cela est-il dû au faible nombre de rescapés ? Ne reste-t-il pas assez de personnes pour réclamer l'identification, comme en Bosnie ou en Argentine ? Ou est-ce que, malgré la conversion de la majorité de la population au catholicisme au début du XXe siècle et donc à son rituel d'enterrement, le Rwanda a aujourd'hui recours à une déviation de ses pratiques funéraires anciennes où les corps demeuraient exposés sur des collines désertes, dans des marais ou des cavernes ?

J'ai découvert le pays sous un autre angle dans un documentaire où l'on voit les enfants adultes d'un homme tué à Ntarama rencontrer un témoin qui croit savoir où gisent les os de leur père. Il les mène à travers l'herbe crasseuse derrière l'église jusqu'à une clairière, mais il n'y a pas d'os. Les enfants s'arrêtent là, pleurent, croient que leur père est mort, qu'il ne reste absolument aucune trace de lui. Leur chagrin contenait tout le vide du désespoir. Ces enfants avaient dû passer devant les plates-formes couvertes d'os, mais ils ont tout de même fouillé la clairière. Je pense désormais que si l'église de Ntarama offre certaines preuves, ce ne sont peut-être pas celles auxquelles on peut se raccrocher, celles dont les parents de personnes disparues déclarent souvent avoir besoin, que ce soit une disparition du fait d'une guerre, d'une catastrophe naturelle ou d'un enlèvement mystérieux dans un jardin public.

Le lendemain de la visite de l'église de Ntarama, notre équipe a été rappelée pour reprendre les recherches derrière le garage à Kigali. À notre arrivée sur le site, des enquêteurs ont accouru hors d'haleine. Leur témoin leur avait indiqué un autre secteur en dessous des latrines de Bill. Pouvions-nous vérifier cela ? Nous y avons découvert un corps, puis un autre. Un dicton dit que chaque colline du Rwanda abrite des corps. Ce jour-là, ce n'était pas loin de la vérité.

Le premier charnier était situé à plus de la moitié de la pente après les latrines et donc très près du chemin piétonnier au fond du vallon. Une unité de sécurité a donc été déployée. Rien à voir avec les soldats ghanéens qui gardaient le site de Kibuye, elle était formée de jeunes hommes maigres en uniforme bleu, armés de matraques. Ils travaillaient pour la société KK Security (« pour tous vos besoins en matière de sécurité »), également employée par le Tribunal aux portes du complexe de l'Amohoro (son nouveau quartier général depuis le départ de l'ONU du Rwanda). Les passants avaient beau être nombreux en bas du site, ils ne manifestaient qu'une curiosité modérée à l'égard de nos activités. « Tout le monde sait qu'il y a eu un génocide ici. »

Ce même jour, nous avons détecté d'autres charniers le long de la colline. Nous avons alors pu nous déployer et nous organiser. Dean et moi avons pris un charnier au bas du coteau, Bill et Pierre le charnier au-dessus avec José Pablo. Chaque équipe disposait de deux ouvriers (dont Robert, notre contremaître polyglotte de Kibuye), qui creusaient et transportaient la terre retournée pendant que d'autres dégageaient la végétation afin que nous puissions facilement tracer des tranchées si nécessaire. Owen photographiait et enregistrait sur vidéo, Melissa gérait la station de cartographie électronique que nous avions utilisée à Kibuye.

L'équipe venait de s'enrichir d'un nouveau membre arrivé de Somalie, Dave Buchanan, médecin assistant originaire d'Alaska. C'était lui qui « tenait le manche », ce qui permettait à Melissa de cartographier chaq e corps et le pourtour des charniers. Dave, pétillant de vitalité, traçait la configuration des corps toutes les vingt minutes, ce qui aurait été impossible à Kibuye. Ici, nous disposions de tout le temps nécessaire. Les résultats étaient excellents, surtout avec l'aide de Melissa qui utilisait un logiciel pour parachever les angles et établir des contours corporels précis pour les jambes, les bras, etc. L'ensemble de la procédure de cartographie avait progressé depuis Kibuye : Melissa avait apporté deux microphones à commande vocale avec un casque et pouvait donc, sans hurler, énoncer les coordonnées avec la personne qui « tenait le manche ». À Kibuye, toute la journée était ponctuée par des « Sommet du crâne! », « OK! », « Cou! », « OK! », et toute la série des vingt points du corps, pour environ trente corps par jour, le tout à un niveau de décibels censé surmonter le moteur de la pelleteuse ou les voix des autres.

Pendant la mise au jour des charniers de Kigali, nous nous garions dans la rue devant le garage, en face d'un grand marché animé. Le maire nous avait demandé de procéder « discrètement » à l'éventuel transport des housses mortuaires, car nous passions devant des boutiques et des cafés, mais évidemment les housses mortuaires étaient « indiscrètes ». Même le mélange de saleté et de puanteur de nos vêtements trahissait notre occupation quotidienne. En fin de journée, nous essayions de traverser le hall de notre hôtel aussi vite que possible et d'atteindre nos chambres avant que les employés ou les clients puissent nous voir ou nous sentir, ce qui nous mettait dans des situations d'un cocasse particulier; le personnel de l'hôtel, d'une politesse inaltérable, s'efforçait de nous saluer : « *Bonjour*, comment ça va ? » et nous nous élancions sans nous arrêter, lançant un rapide « Bien, merci » pour toute réponse. Nous ne pouvions en rire que lorsque nous revenions dans le hall après la douche.

Le travail sur ce site était fort différent de celui de Kibuye en partie parce que des enquêteurs du QG du Tribunal pensaient que nous travaillions sur une exhumation locale. Ils venaient donc souvent voir l'avancement de notre chantier et ce que nous faisions exactement. Pierre était un excellent agent de liaison entre l'équipe et les enquêteurs parce que, en tant qu'officier de criminologie de la police néerlandaise, il savait expliquer la valeur des preuves médico-légales. Ces visites n'étaient donc pas de simples interruptions de badauds. Une fois, plusieurs journalistes australiens ont suivi un de leurs enquêteurs du Tribunal jusqu'à notre site et la rumeur s'est rapidement répandue de charnier en charnier que l'une des journalistes se nommait Bone (c'est-à-dire os). Nous avons eu du mal à nous retenir de rire, quand la journaliste en question a eu l'air horrifiée à la vue du site tandis qu'elle descendait courageusement la pente.

Selon nous, les journalistes ne voyaient « que » quelques os : les fosses renfermaient chacune deux ou trois corps à l'état de squelette. C'étaient donc, selon la nomenclature médico-légale, des « tombes multiples ». À Kibuye, nous nous étions souvent demandé combien il fallait de corps pour qu'une tombe soit considérée comme un « charnier ». Je crois que nous avions décidé qu'un charnier renfermait plus de trois corps et une tombe multiple deux ou trois seulement. Nous avions également décrété qu'il ne s'agissait là que de subtilités purement sémantiques.

L'état de squelette des restes de Kigali était dû au manque de profondeur relatif des fosses et au fait que chacune ne renfermait que quelques corps. Il nous est immédiatement apparu que certains présentaient des blessures par balle. J'étais curieuse de savoir ce que les analyses allaient révéler.

8

L'HÔPITAL DES MORTS

TANDIS QUE NOUS ŒUVRIONS derrière le garage, le responsable de notre équipe de logistique, Geoff Bucknall, avait installé non loin du complexe du Tribunal à l'Amohoro une section d'analyse anthropologique. Il s'agissait en fait d'une grande tente, gonflée par un générateur toujours bourdonnant, avec des tables et des éclairages. J'étais impatiente de me mettre au travail, mais nous avons été retardés le premier jour par l'irruption sur le site de représentants de la commune, alors que nous en étions encore à exhumer des corps. Ils avaient appris, nous dirent-ils, que nous transportions les corps à Arusha (le siège du Tribunal, en Tanzanie) et que nous employions illégalement des manœuvres de Kibuye, envoyés par le préfet de Kibuye pour jeter les ossements dans la rue. Bill et José Pablo ont discuté avec eux et leur ont fait visiter le site pour les rassurer sur nos intentions. Ils ont convenu de venir le lendemain matin à « l'hôpital des morts » de l'Amohoro afin de décider par eux-mêmes si le laboratoire était un lieu acceptable pour les ossements.

Avant leur arrivée le lendemain matin, nous avons nettoyé la tente et assemblé toutes les tables. Nous disposions de beaucoup de place, aussi les planches ostéométriques, les compas de calibre, les caméras et l'ordinateur pouvaient-ils être disposés comme il convenait.

Parmi les notables se trouvait un homme du nom de Viateur, qui marchait avec une canne, et une femme d'âge mûr, à la recherche de son fils depuis le génocide. Elle avait entendu dire qu'il pouvait avoir été enterré sur le coteau que nous venions d'excaver. Ils furent accueillis par Bill (le maelström habituel, mais avec une cravate propre) et le personnel du Tribunal, tandis que nous démarrions nos analyses sous la tente. Je me rappelle d'une visite très silencieuse, entrecoupée de murmures pendant qu'ils examinaient l'installation sous la tente. Satisfaits, ils prirent rendez-vous pour revenir quelques jours plus tard effectuer une visite plus longue.

Nous avions peu de temps pour mener à bien nos analyses de squelettes car Bill et José Pablo devaient partir en Bosnie dans le courant de la semaine. Nous suivions les procédures standard d'analyse anthropologique pour déterminer l'âge, le sexe, la stature et la cause de la mort. Puis nous prenions des clichés d'ensemble du squelette et du détail des os servant à estimer l'âge (par exemple, les faces de la symphyse pubienne et l'extrémité sternale des troisième et quatrième côtes), ainsi que de tout traumatisme ou signe distinctif susceptible d'être reconnu par la famille. Au bout de quelques heures à peine, l'atmosphère sous la tente devenait irrespirable, moite et étouffante. J'étais souvent prise de nausées. Pendant la journée de travail, cette atmosphère, ajoutée au fait que Bill modifiait les consignes en cours de route, était source d'une tension qui débordait parfois sur le temps de repos.

Un matin, j'avais terminé l'analyse d'un squelette commencée la veille. Je lui avais attribué l'âge préliminaire de dix à treize ans en me fondant sur la dentition. J'entamais alors l'analyse de la partie postcrânienne (les éléments sous la tête) lorsque Dean s'est approché. Il a estimé, lui, que son âge appartenait à la fourchette allant de huit à quatorze ans, en raison de la nature ouverte de plusieurs éléments postcrâniens.

Il me faut d'abord expliquer comment s'établit un écart d'âge et pourquoi cette différence de deux ans justifiait que l'on en débatte. Les enfants présentent davantage d'indicateurs d'âge que les adultes parce que, outre les indicateurs postcrâniens, la formation et l'éruption des dents dans la bouche se font à un âge généralement prévisible (à l'exception des « dents de sagesse » ou troisièmes molaires). Les couronnes et l'état des racines donnent une fourchette d'âge, laquelle peut être affinée par l'état de fusion des os longs, du pelvis, des mains, des pieds et même des doigts ou des orteils. C'est pourquoi les anthropologues médico-légaux indiquent souvent un écart de cinq ou dix ans pour les adultes qui semblent avoir dépassé l'âge de trente-cinq ans. En revanche, pour les enfants, il est généralement possible de donner un écart plus réduit. On peut, par exemple, trouver un indicateur fixant l'âge d'un enfant à plus de cinq ans, puis trois autres indicateurs qui le classent en dessous de huit ans. On donne alors sans trop de risque l'âge de l'enfant à sa mort : entre cinq et huit ans. De façon similaire, pour un jeune adulte mâle, on peut trouver une épiphyse sternale de clavicule qui n'est pas fusionnée, ce qui le range approximativement dans les moins de vingt-cinq ans. Cependant, si son fémur distal est toujours en cours de fusion, il a plus de quatorze ans et moins de dix-neuf ans. On peut alors établir une fourchette plus réduite que quatorze à trente ans, seulement seize à vingt ans. On examine ensuite les autres os pour affiner ou rectifier l'écart. L'objectif est d'améliorer les chances de retrouver une personne disparue. L'anthropologue médico-légal doit prendre en compte la variation observée dans les cas où l'âge réel du mort a été connu après une identification.

J'étais d'accord avec la limite supérieure de quatorze ans avancée par Dean parce que les éléments pubiens n'avaient pas encore fusionné. S'agissant de la limite inférieure, l'arcade dentaire montrait l'éruption complète des deuxièmes molaires (ainsi que des canines et des prémolaires). À mon sens, cela indiquait que l'enfant était âgé d'au moins dix ans, indépendamment du sexe. Il n'y avait pas de raison de descendre jusqu'à huit ans. Pour Dean, j'attachais trop d'importance aux dents. J'ai répondu que je prenais désormais en compte les éléments postcrâniens et que, comme les phalanges des doigts et des orteils fusionnaient, nous pouvions certainement monter à plus de huit ans.

Dean m'a alors dit qu'il avait « décidé » à Kibuye que les squelettes présentant des « divergences » entre les dents et les os étaient plus jeunes que ne l'indiquaient leurs dents. Je ne me rappelais pas que nous avions pris une telle « décision ». De toute façon, cela aurait été impossible. Nous n'avions pas encore une seule identification d'un jeune de Kibuye, nous ne pouvions donc pas savoir qui avait des os jeunes et des dents vieilles, ou vice versa, à supposer la chose possible. Je lui ai expliqué tout ça, mais Dean a répliqué qu'il avait regardé dans la bouche de gamins autour de la Résidence de Kibuye, et il avait vu que leurs dents étaient plus vieilles que leur âge chronologique. J'ai demandé : « Combien de bouches as-tu examinées ? » Il a répondu : « Eh bien, en fait, deux. Mais… » Ces deux bouches ne constituaient pas un échantillon représentatif et Dean, qui préparait une thèse sur l'ADN préhistorique, le savait bien. J'ai objecté que s'il avait peut-être vu les dents de quelques gamins vivants, il n'avait pas vu leurs os. Il n'avait donc exploré que la moitié du problème. Dean en a convenu, puis il a lancé : « Tu sais, je ne cherche pas à empiéter sur ton boulot, c'était juste comme ça. » Je me suis exclamée : « Dean ! Ce n'est pas "mon" boulot. On travaille en équipe ici. » Mais il était déjà parti.

J'ai conservé de cet échange verbal un certain sentiment d'amertume. Au cours de ma formation je n'avais jamais donné des fourchettes d'âge approximatives pour les jeunes. Quand Stefan Schmitt avait établi nos bases de données anthropologiques à Kibuye, il m'avait dit : « J'aime bien le fonctionnement de ton labo, Clea ! » Il pensait que j'établissais des écarts suffisamment larges pour tenir compte des variations de population. En outre, j'étais le produit de la tradition de collaboration que Walt Birkby avait instaurée au Laboratoire d'identification humaine de l'Université d'Arizona. Là, même si un seul étudiant consignait le cas, il sollicitait l'opinion de plusieurs collègues. Si les opinions différaient, nous en discutions (parfois avec une grande animation) et nous parvenions toujours à un consensus (même si cela impliquait d'augmenter la fourchette d'âge), peut-être parce que nous étions encadrés par la même personne. Les sujets étaient souvent identifiés grâce à une comparaison entre les éléments dentaires *ante mortem* et *post-mortem*. Nous vérifiions à la fois l'exactitude de nos estimations d'âge et si nous pouvions réduire ces estimations. C'était précisément ce que nous ne pouvions pas encore faire à Kibuye. Certes, nous étions à même de fournir les fourchettes dont le TPIR avait besoin pour déterminer quels corps du charnier étaient ceux d'enfants, mais nous n'avions pas encore établi que les dents de ces enfants n'étaient pas des indicateurs fiables de leur âge, puisqu'il n'y avait pas eu d'identification.

Quand Dean s'est éloigné, j'ai rectifié l'écart d'âge d'après le squelette postcrânien. J'étais prête à un compromis sur la « divergence » entre les os et les dents parce qu'elle ne pouvait se résoudre sans l'identification de jeunes squelettes. Ce qui me faisait bouillir pourtant, outre la chaleur infernale sous la tente, c'était que Dean ne semblait pas avoir envie d'en discuter, de faire lui aussi des compromis et d'admettre ce qu'il n'avait pas les moyens de savoir.

José Pablo s'est approché de moi en marmonnant qu'il se « fiait » aux dents et qu'il allait dénicher un article sur le sujet. Mais cela ne m'a pas rassérénée. L'atmosphère était étrangement tendue et allait le demeurer toute la soirée parce qu'il y avait un dîner d'adieu en l'honneur de Bill qui devait s'envoler pour la Bosnie. Sur le chemin de l'Amohoro, j'ai croisé Steve Myall, un enquêteur avec qui j'avais sympathisé. J'étais toujours contrariée. Avec son plus bel accent britannique, il a soufflé entre ses dents tachées de nicotine : « Voici quelle est ma devise : faut pas se laisser enquiquiner par les emmerdeurs », ce qui m'a fait rire. J'étais de nouveau de bonne humeur.

Après le dîner, José Pablo et moi avons parlé de l'importance du jeu collectif au sein d'une équipe. Il fallait que les membres se soutiennent mutuellement et puissent vérifier leurs travaux respectifs sans anicroches. Quatre ans plus tard, José Pablo était anthropologue en chef du Tribunal et moi son adjointe. Nous travaillions à la morgue du Tribunal au Kosovo, non plus sous une tente gonflable poussiéreuse mais dans un bâtiment en dur avec l'eau courante et l'électricité. Mais nous appliquions encore les leçons apprises à Kigali avec Dean. À la morgue du Kosovo, les quatre anthropologues avaient pour instruction de consulter au moins un de leurs collègues pour prendre un deuxième avis sur toute fourchette d'âge. Comme l'estimation de l'âge résultait à la fois d'indicateurs biologiques et de l'avis expérimenté de l'anthropologue, elle faisait l'objet de ce surcroît d'attention. C'était ainsi en tout cas que l'on considérait nos coéquipiers. La mission de Kigali allait encore confirmer à quel point il était essentiel de compter sur les compétences tant professionnelles que personnelles de chacun.

Ce fut sans doute une chance d'avoir manqué de place sous la tente et d'avoir dû installer quelques tables dehors pour les analyses. Nous avons créé ainsi des conditions de travail idéales : air libre, clarté, proximité des coéquipiers. Pierre enregistrait les objets, photographiait les vêtements et, juste derrière lui, plusieurs manœuvres lavaient les squelettes. Deux femmes, Odetta et Beatrice, faisaient notre lessive avec de grandes cuves et une corde à linge. (Comme nous étions dans l'impossibilité de laver nos tenues, nous les portions par roulement. Je lavais mes culottes à l'hôtel, dans le lavabo. La corde à linge miniature munie d'épingles que ma mère m'avait offerte avant mon départ pour le Rwanda me rendait de fiers services.)

Tout en travaillant sur les squelettes et en recueillant les chrysalides qui les entouraient, je contemplais la haute barrière autour du site : des enfants l'escaladaient pour nous observer et, la plupart du temps, ils me souriaient. Ce furent mes meilleurs moments, à travailler paisiblement en plein air. Notre tranquillité était troublée seulement par les rares visites des enquêteurs du Tribunal qui posaient des questions sur la façon de reconstituer un crâne fracassé par une balle, ou bien par des conversations animées avec José Pablo sur la musique des films italiens, entrecoupées de questions telles que : « Décrirais-tu cette blessure causée par un projectile à grande vélocité comme un trou de serrure ? »

Pendant ce temps, les squelettes racontaient des histoires différentes de celles du charnier de l'église de Kibuye. Le deuxième squelette que j'ai analysé, celui d'un homme adulte, présentait des traumatismes de toutes sortes : fractures du maxillaire inférieur, d'une clavicule, du sternum, fractures bilatérales des côtes, des deux humérus, du pied droit. En d'autres termes, cet homme avait été battu à mort et il avait essayé de se défendre. À Kibuye, du fait des traumatismes corporels, il était difficile de se représenter la violence dans l'église. Pourquoi si peu de gens avaient levé les bras pour se protéger la tête à l'approche de leurs assaillants qui brandissaient des instruments tranchants et contondants ? L'absence de blessures défensives conférait à l'image que je me faisais du massacre une sorte de calme mystérieux. Les gens acceptaient-ils les coups comme s'ils avaient été préparés à recevoir les sacrements ? Ou bien étaient-ils tellement entassés dans l'église qu'ils n'avaient même pas la place de lever les bras pour se protéger ? Ici à Kigali, ce squelette racontait l'histoire d'un homme frappé au menton, qui s'était défendu contre des coups sur le corps et la poitrine, et probablement même après être tombé à terre. Deux autres hommes frappés et abattus étaient enterrés à côté de lui.

L'un de ces hommes aurait pu être le fils de la femme venue de la maison communale visiter la tente d'analyse avec Viateur au début de la semaine. La deuxième fois, elle était encore accompagnée de Viateur. Il avait remarqué mon second prénom, Msindo, celui de ma mère aussi, sur ma carte d'identité de l'ONU. Il était très content de voir un nom africain. Maintenant, il ne m'appelait plus que « Msindo » et ignorait complètement mon premier prénom. Il le prononçait comme Jaja, en accentuant *sin*, qui doit siffler assez vigoureusement entre les dents. Il avait saisi ma carte d'identité et avait montré Msindo à sa compagne tout en me tapant dans le dos avec une gaieté assez bruyante. J'ai éprouvé la même chose qu'à Kibuye, quand le capitaine ghanéen m'avait dit : « Alors tu es une vraie sœur ! » Je me sentais alors considérée comme plus concrète, plus réelle que les autres membres de l'équipe parce que je portais un nom familier et donc mémorable, un nom qui suggérait que j'avais des liens significatifs avec l'Afrique. Cet enthousiasme discriminatoire en ma faveur m'a poussée à donner le meilleur de mes capacités professionnelles et de moi-même, pour ne pas décevoir.

Nous avons préparé une nouvelle Journée du vêtement à Kigali sans Bill. Il était parti en Bosnie, laissant la direction de l'équipe à José

Pablo, fonction plus proche de sa nomination légitime, quoique tardive, au poste de chef du service d'anthropologie auprès du Tribunal. Les analyses étaient presque terminées et nous avions retrouvé un permis de conduire dans une poche de vêtement de l'un des corps. Cette pièce a permis de procéder à une identification présumée avant qu'un proche puisse la confirmer. Comme lors de la Journée du vêtement à Kibuye, quelques mois plus tôt, si d'éventuels parents du côté maternel reconnaissaient quelque chose, il leur était demandé un échantillon de sang pour une comparaison d'ADN mitochondrial prélevé sur les os. Nous avions décidé d'utiliser notre ancienne tente d'autopsie de Kibuye et d'installer des tables autour pour exposer les vêtements. Il nous faudrait être sur place tôt le matin pour tout disposer avant la venue des familles. Mais certaines étaient déjà là le lendemain à neuf heures moins dix, quand nous sommes arrivés à l'Amohoro. Nous avons déployé une intense activité. Je ne regrettais guère l'absence de Bill, qui n'aurait pas manqué de nous perturber avec son maelström. Aidés par deux ouvriers, nous avons transporté les vêtements sous la tente, utilisé nos numéros en plastique jaune pour étiqueter les vêtements. À dix heures et demie, nous étions prêts à recevoir les familles.

Pendant une heure et demie, nous avons accompagné les proches. Il y eut régulièrement des identifications potentielles. Les mères, frères, épouses, cousins et employeurs des morts étaient là. À la fin de l'après-midi, nous tenions quatre identifications préalables mais solides, pour lesquelles l'âge correspondait à notre estimation. Dans le cas du corps au permis de conduire, son frère reconnut ses vêtements. Il était mort à l'âge de trente-cinq ans. Nous avions estimé qu'il avait entre trente et quarante ans.

Trois proches d'un disparu ont cru reconnaître un ensemble de vêtements, sans certitude toutefois. Nous leur avons demandé si leur parent présentait des signes distinctifs permanents et identifiables : os brisés, dents tombées, claudication. Ils nous ont dit qu'il avait une incisive supérieure nettement ébréchée. Cela nous a posé un problème. Nous ne voulions pas leur montrer le crâne, parce que cela aurait pu, non seulement les bouleverser, mais aussi les empêcher de se concentrer sur les dents. Poser le crâne derrière une planche et y découper un rectangle pour montrer la bouche, c'était encore trop pénible. Finalement, nous avons décidé de prendre des clichés de la dentition dans un sourire. Nous avons photographié les dents de quatre personnes, parmi lesquelles l'homme dont les proches avaient cru reconnaître les vêtements.

Pendant que les familles de Kigali venaient voir les images dans le bâtiment de l'Amohoro, j'ai pensé aux progrès accomplis depuis l'incident de Kibuye, quand la nièce du prêtre s'était évanouie de saisissement en voyant le crâne posé sur sa mâchoire supérieure. Cette fois, dans le bureau que nous partagions, nous avons expliqué aux proches ce qu'ils allaient voir et nous leur avons montré chaque « sourire » l'un après l'autre. Ils ont tous reconnu l'incisive supérieure gauche ébréchée sur l'une des images. Le crâne était celui du corps qui portait les vêtements qu'ils avaient identifiés. Tout le monde a été soulagé.

Dean a fait un prélèvement sanguin à tous les parents du côté maternel. Je l'ai assisté en mettant des pansements et en prodiguant un soutien moral. Comme José Pablo s'envolait pour la Bosnie le soir même, nous devions organiser le rapatriement des restes à la maison communale le lendemain. Nous avons écrit une lettre au bourgmestre, en expliquant que certains restes avaient été provisoirement identifiés et pouvaient être réclamés par les familles. Le lendemain, j'ai fait traduire la lettre en français par un des traducteurs du Tribunal, François, qui nous a dit à quel point il admirait notre travail. J'éprouvais le même sentiment à son égard et je le lui ai dit. Après tout, lui, il devait écouter les déclarations des survivants et des témoins du génocide. À l'extérieur du bâtiment, nous avons placé les restes dans des cercueils en bois et nous les avons chargés sur une remorque, en nous écorchant les doigts aux agrafes des étiquettes d'identification apposées sur chaque cercueil.

À la maison communale, il n'y eut aucune cérémonie avec l'élégant bourgmestre, M. Ruganbage. Assise en compagnie de trois enquêteurs de la Journée du vêtement, j'ai eu le sentiment qu'une page se tournait. C'était la seule mission où j'avais assisté à une restitution des corps et cela m'a réconfortée. Et chaque fois que je revois un exemplaire du mémo que j'ai rédigé à l'intention de Bill au sujet de la Journée du vêtement de Kigali, je me souviens de cette femme à la recherche de son fils qui ne reconnut aucun vêtement ni aucun objet. J'en éprouve encore de la tristesse. Et quand je lis le *nota bene* du mémo informant Bill qu'elle avait laissé un échantillon de sang pour que son ADN soit analysé de toute façon, je ressens plus que du chagrin. Le sentiment d'achèvement que j'avais éprouvé ce jour-là était un tricot qui se démaillait, se défaisait et s'embrouillait, informe, imparfait.

9

Le Rwanda vivant

Avec le rapatriement des restes humains de Kigali, notre mission était achevée et il nous restait une semaine à passer au Rwanda. Bill nous avait donné l'autorisation d'évaluer des sites pour de futures exhumations, mais cela avait d'abord suscité des disputes au sein de l'équipe quant à la définition de l'« évaluation ». Pendant ce temps, de nombreux enquêteurs du Tribunal réclamaient à cor et à cris l'exhumation effective de leurs sites. Ils en avaient assez d'avoir à partager leur équipe médico-légale avec le Tribunal pour la Yougoslavie et ne comprenaient pas pourquoi une semaine ne suffisait pas pour effectuer une exhumation.

Notre enquêteur (il s'agissait de Pierre, l'enquêteur du site du garage) résolut vite la question. Il nous utilisa à ses propres fins dans les limites de notre mandat exclusif d'« évaluation ». Nous sommes allés avec lui et l'un de ses collègues, Henny Koele, dans le secteur rural au nord de Kigali pour une journée. Nous avons parcouru des routes de terre entre des champs de blé mûr et, chaque fois que nous traversions un village, des enfants venaient courir derrière la Land Rover. Cinq ou six d'entre eux sautaient sur le pare-chocs arrière, grimpaient sur la galerie et s'y cramponnaient avec des hurlements de joie. Quand nous nous arrêtions, Henny descendait et gonflait des ballons qu'il avait rapportés d'Europe. Les gamins étaient fascinés – on ne vendait pas de tels ballons au Rwanda à cette époque. Henny laissait alors s'échapper l'air en tenant le ballon par le bout pour le faire siffler et il les distribuait ensuite aux gamins ravis.

L'une de nos destinations était une mine, censée receler des cadavres. Pendant que Dean descendait en rappel dans le puits afin de s'en assurer, plusieurs femmes sont venues s'installer dans l'herbe pour nous regarder ; l'une d'entre elles avait la jambe extrêmement enflée du cou-de-pied au tibia et au mollet. Elle a expliqué à Pierre que, durant le génocide, son mari avait versé cinq mille amafarangas (francs rwandais) à ceux qui voulaient la tuer pour qu'elle ne soit pas jetée vivante dans la mine. Les agresseurs avaient pris l'argent du mari, mais ils lui avaient coupé les tendons d'Achille avant de s'en aller. Cela remontait presque à deux ans et sa cheville tardait à guérir.

Elle était assise dans l'herbe à parler et j'ai pensé à Kibuye, comme je l'avais fait à Ntamara. Nous étions à l'autre bout du pays, par rapport à l'église dont le terrain était jonché de squelettes aux chevilles profondément entaillées, et nous parlions à une femme qui avait survécu à une agression de ce type parce que ses assaillants avaient accepté une négociation. Une fois de plus, j'ai eu la vision de milliers de femmes comme elle – d'hommes et d'enfants aussi –, dans tout le Rwanda, marchant avec des cannes ou des béquilles, alors que d'autres victimes du même sort gisaient à l'état de squelettes, à demi enfouis dans les sous-bois verdoyants.

À côté de moi, une femme plus jeune m'a déclaré que ses parents se trouvaient dans la mine. Elle était belle et tenait dans ses bras son bébé enrhumé. Une petite fille a surgi des buissons derrière moi, une balle à la main. Elle s'est approchée tout près de mon dos en souriant, puis elle est retournée se cacher dans les buissons, pour revenir l'instant d'après, toute souriante, me contempler de ses yeux très doux et expressifs. Je lui plaisais, apparemment. Des sentiments maternels d'une force que je n'avais encore jamais éprouvée m'envahissaient chaque fois que je la regardais. J'ai essayé de la prendre en photo, mais elle disparaissait dans les buissons si je levais mon appareil, et elle réapparaissait quand je l'abaissais. Pour une raison qui m'échappe, elle ne bougea pas quand Melissa nous photographia toutes les deux. Je chéris cette photo qui a saisi l'innocence malicieuse de la fillette. Malgré son amitié, elle a refusé de me parler et je n'ai pu qu'espérer que ses parents ne soient pas dans la mine.

Il nous a vraiment fallu unir tous nos efforts pour sortir Dean du puits, au point d'avoir à le hisser avec une corde attachée à l'arrière de la Land Rover dont les pneus se sont embourbés. Je m'efforçais d'attraper Dean, qui se balançait au bout de son harnais. Tout le monde a éclaté de rire en se rendant compte que si je lâchais prise, je tombais dans le trou tandis que Dean continuerait à se balancer. À ce moment-là, je l'ignorais, mais c'était le dernier « travail d'équipe » de notre mission.

Il se produisit alors ce que j'ai appelé dans mon journal la « fin de la cohésion de l'équipe ». En l'absence de Bill et de José Pablo, l'ambiance s'est rapidement détériorée, chacun proclamant : « J'ai parlé à Bill et il a dit de faire ceci », un autre rétorquant : « Mais je lui ai parlé aussi et il a dit de faire cela ». Je me souviens des éclats de voix. Oui, et des hurlements. Deux d'entre nous ont définitivement cessé de se parler. Comme nous n'étions que cinq, le changement fut plus que perceptible.

Quelle déception pour moi ! La cohésion de l'équipe contribuait grandement à rendre mon travail supportable. Dans un charnier, c'est d'une importance cruciale, car nul ne travaille dans le vide. Il faut par exemple qu'un archéologue déchiffre le sol et en dresse la carte avant que l'anthropologue arrive à comprendre les corps et à les exhumer. Dans un charnier, on ne peut pas faire cavalier seul, œuvrer à son propre rythme en suivant ses propres plans. Sans compter les moments passés hors de la fosse. À la fin d'une longue journée torride, quand je suis assise dans un véhicule, que j'empeste la chair décomposée, que j'ai mal au dos à force de soulever des corps, que j'essaie de ne pas penser à tout ce que j'ai vu sortir du sol ce jour-là, je préfère regarder autour de moi et voir mes coéquipiers, tout aussi crasseux et absorbés dans leurs pensées, qui ont enduré tout ce que j'ai enduré. Même si nous n'en parlons pas, nous comprenons ce que nous avons vécu ce jour-là comme personne d'autre ne le peut. Dans l'impossibilité de rentrer chez nous à la fin de la journée, nous avons besoin d'un soutien réciproque, même s'il est muet.

À Kigali, nous vivions dans trois endroits différents et nous n'avions pas tous le téléphone. J'ai remarqué que les missions dont l'esprit d'équipe est le moins développé sont celles pendant lesquelles les membres n'habitent pas ensemble. À Kibuye, nous ne manquions certes pas de gémir et de grogner lorsque Bill s'asseyait à notre table avec son vieux carnet écorné pour parler boulot, mais cela contribuait à maintenir l'esprit d'équipe même pendant les pauses. Nous avions beau dormir dans des huttes séparées à la Résidence, nous y vivions et nous y mangions ensemble. La situation était la même sur les bases militaires de Bosnie et de Croatie. Mais au Kosovo, les membres de l'équipe logeaient chacun de leur côté, ils prenaient leurs repas séparément et les informations nécessaires circulaient de maison en maison au lieu que l'équipe se réunisse. Les gens avaient davantage l'impression d'être des contractuels de l'ONU que des membres de l'équipe médico-légale du Tribunal.

Malgré l'importance des enquêtes, si une équipe fonctionne mal – même pour une raison aussi bénigne qu'une querelle de personnes –, le travail ne peut progresser efficacement, car la communication et le moral tombent à un niveau dangereusement bas. La rupture de Kigali a été résolue par deux conversations téléphoniques tardives avec Bill. Il a joué à la fois les rôles de figure paternelle et de médiateur – peut-être plus qu'il ne l'avait jamais été quand il était présent. Mais les dégâts ne furent jamais totalement réparés. Et il nous restait encore une tâche importante à accomplir.

Bill avait promis au préfet de Kibuye d'exposer deux squelettes dans l'église en guise de mémorial. Avec deux conditions préalables et cruciales : il fallait obtenir un rendez-vous avec le préfet et se procurer un véhicule équipé d'une radio. La première a été résolue par un coup de téléphone : M. Kabera, le préfet, se montra très obligeant. La seconde a exigé plus d'efforts. C'était très important de pouvoir communiquer avec le QG du Tribunal, car nous avions appris que les routes autour de Kibuye étaient franchement dangereuses. J'avais parlé quelques jours plus tôt avec Koos Barten, un enquêteur néerlandais, lors d'une fête chez José Pablo. Koos m'avait raconté que les mines trouvées sur la route de Kibuye n'étaient pas les mêmes que celles qui dataient du génocide, c'était de nouvelles mines antichars américaines. Il ne s'agissait donc pas d'un danger résiduel, mais d'une nouvelle menace. Je dansais avec Koos quand il m'a dit que la route entre Kibuye et Gisensy était truffée de mines. Les branches et les feuilles qui servaient à boucher les nids-de-poule fournissaient un camouflage amplement suffisant. « Ne soyez pas les premiers à rouler sur cette route le matin », m'avait-il conseillé au moment où la musique se taisait.

Avec l'aide de Geoff, Melissa, Dave et moi nous sommes procurés la vieille Land Rover de José Pablo. Nous disposions donc non seulement d'un émetteur-récepteur pour notre sécurité, mais aussi d'un lecteur de cassettes pour voyager avec de la bonne musique. Et nous avions des renforts : Ovind Olsen, que nous avions rencontré à la Journée du vêtement de Kibuye, devait emprunter la même route avec son équipe d'enquêteurs quelques heures après nous et il était équipé d'un téléphone satellite et logeait aussi à la Résidence.

Sur la route, nous avons roulé à bonne allure, franchissant aisément tous les barrages. J'avais appris qu'il pouvait être utile de prétendre ne pas parler français.

À notre arrivée à la Résidence de Kibuye, Ephrem n'était pas là, mais nous avons été accueillis par le nouveau gérant, George, qui nous a énuméré avec enthousiasme toutes les améliorations qu'il avait apportées : nous aurions de l'eau chaude dans nos chambres si nous le désirions ; la majorité du personnel parlait anglais ; il y aurait bientôt une connexion téléphonique dans chaque chambre.

La Résidence était aussi belle que dans mon souvenir. Nous avons bu un verre sur la pelouse avant de choisir nos chambres. Dave a pris mon ancienne chambre, la 8 ; Melissa, l'ancienne chambre de José Pablo ; moi, celle de Bob Kirchner. Je la convoitais du fait de son éloignement de l'allée dont j'avais craint qu'elle ne conduise le soldat agressif de l'ONU directement sous la fenêtre de ma salle de bains. Les chambres étaient plus ou moins telles que je me les rappelais, mais il y avait une innovation : une bouteille de Jack Daniel's remplie d'eau du lac (pour se laver les dents) était au bord du lavabo. La meilleure surprise fut de voir trois membres du personnel nous reconnaître, Melissa et moi. Nous avons échangé de nombreux sourires et ils nous ont maintes fois répété : « *Bienvenue!* »

Comme c'était le milieu de l'après-midi et que le préfet n'était pas là, nous avons décidé de nous rendre à pied à son bureau. Son personnel nous a menés de la salle d'attente à l'antichambre, où j'ai rempli une « demande d'audience ». Au bout d'un moment, nous avons enfin été introduits dans un immense bureau et nous avons été invités à nous asseoir dans de gros fauteuils en faux cuir, à bonne distance du préfet. Monsieur Kabera était assis à son bureau, il portait une veste, une cravate, des lunettes et une jolie montre. Le décor était à la fois intimidant et surréaliste. Kabera a commencé par nous entretenir en français de la nouvelle cité qu'il venait de visiter ; les maisons manquaient encore de portes, de fenêtres et de ciment (je me suis demandé en quoi c'étaient des maisons alors). Puis il a appelé le maire, monsieur Nkurunziza, pour nous accompagner à l'église avec la clé.

Sur place, Nkurunziza nous a dit de rouler jusqu'au perron de la cour où s'était tenue la Journée du vêtement. Dans l'église, tout paraissait propre. Il ne subsistait aucune odeur de l'époque où nous avions entassé les corps dans les pièces voisines. Contre un mur se dressait la vitrine : deux caisses sur pied, en bois pâle, grossièrement exécutées, avec des couvercles en verre. Nous avons traversé l'église et pénétré dans le logement des prêtres où nous avions laissé les corps à exposer. Les fenêtres murées faisaient bonne figure, de même que la peinture argentée de la porte. Nkurunziza déverrouilla cette dernière. À l'intérieur, tout était tel que nous l'avions laissé, sauf que la couronne de Madeleine Albright était là aussi maintenant, avec d'autres bouquets plus modestes.

En entrant, je me suis rendu compte qu'aucune odeur ou presque n'émanait des housses mortuaires. Nous avons trouvé deux housses marquées « Exposition », ainsi que l'enfant que Bill et moi avions exhumé sur le coteau, toujours étendu en position anatomique comme nous l'avions laissé. Nous avons sorti les deux housses pour en vérifier le contenu. Melissa disposait la pièce de velours noir à la base des vitrines quand Nkurunziza nous a dit que, lorsque nous aurions terminé, nous devrions remettre les vitrines dans la serre parce que l'église ne fermait pas à clé. Ce n'était pas prévu ; nous avions cru comprendre que les vitrines d'exposition seraient placées dans l'église où les gens pourraient venir les voir librement. J'ai suggéré de poser des serrures pour les vitrines, mais Nkurunziza pensait que des vandales les briseraient. Alors nous avons vérifié si les vitrines entraient dans la serre. Mais elles étaient trop grandes. Après force discussions, nous avons décidé de remettre les ossements dans la serre et de parler au préfet le lendemain matin pour trouver une solution.

Quand nous sommes sortis devant l'église, David a pris deux photos Polaroïd, l'une pour le maire (il en a paru très content) et l'autre pour Bill, comme document photographique de la visite. Il en a pris une troisième lorsque Concessa, une femme du pays qui s'occupait de notre lessive pendant la première mission, est arrivée, toute surprise de nous voir. Nous avons reconduit Nkurunziza à son bureau, sous les yeux de ce qui paraissait être la population de la ville toute entière. J'ai entendu les prisonniers chanter dans la prison ; ils semblaient perpétuellement occupés à cuire un repas dans la cour de devant, comme lors de notre précédent séjour. Puis Melissa et moi sommes retournées à l'église, car nous désirions voir le charnier. La végétation s'était considérablement développée, d'étranges herbes violacées et des fleurs blanches – avec une grande mare au fond du charnier. Nous avons pris des clichés documentaires de la mare pour Bill, afin de savoir s'il fallait faire des mesures pour la drainer. Je me suis rendue au logement des religieuses belges. Tout était très propre et désherbé. Il y avait des portes neuves, mais toujours les empreintes de mains ensanglantées sur les murs et les éclaboussures de sang au plafond.

J'ai été contente de constater que, dans l'ensemble, il restait peu de traces du passage de l'équipe médico-légale, en dehors de quelques genouillères abandonnées sous les arbres et du ruban de scellés ingénieusement utilisé derrière le Home Saint-Jean ou à la Résidence pour délimiter de nouveaux massifs de fleurs.

C'est pendant le dîner qu'un souvenir moins agréable de notre mission a refait surface : celui de l'arrivée sur la rive du hors-bord de l'Armée patriotique rwandaise. J'ai été très nerveuse pendant un instant, mais je me suis vite ressaisie pour manger toutes mes brochettes. Même si le hors-bord m'avait brutalement rappelé les meurtres de février, j'ai bien dormi cette nuit-là.

Le lendemain matin, le préfet nous a accordé une nouvelle audience. Il a appelé Nkurunziza pour s'enquérir de serrures et de serruriers à Kibuye. Il n'y en avait pas. Il faudrait, un jour, faire venir quelqu'un de la plus grosse commune voisine pour effectuer le travail. La date important peu à Kabera et à Nkurunziza, le problème a donc été remis au retour de Bill en novembre. Nous nous sommes quittés dans une atmosphère cordiale.

Avant de partir de Kibuye, nous avons fait une halte devant le stade, situé un peu en dehors du centre-ville. Là aussi, des gens avaient été rassemblés et tués en 1994. Depuis, les corps qui s'y trouvaient encore avaient été enterrés dans le terrain de football et entourés d'un mur de brique et de fleurs. Le sol paraissait inégal. Une grande pancarte expliquait en kinyarwanda, en français et en anglais ce qui s'était passé. Je me suis demandé si le préfet de Kibuye s'était moins intéressé aux vitrines de l'église parce qu'il avait déjà ce mémorial.

Nous avons passé une grande partie des quelques jours qui suivirent à rédiger des rapports pour Bill, mais surtout à nous reposer. Nous avons visité la Coopérative des artisans du Rwanda, qui vendait des objets de fabrication locale, et nous avons inspecté les étals de bijoux où nous n'avions encore jamais eu le temps de nous arrêter. Nous avons enfin expérimenté un dîner rwandais traditionnel : poulet rôti, poisson au barbecue, pommes frites, sorte de taboulé, plat de légumes à la crème, pommes de terre, petits pois – festin que le propriétaire du restaurant a partagé gracieusement avec nous. Melissa et moi avons passé beaucoup de temps en compagnie de Pierre et de Koos, qui nous ont emmenées au marché de Kigali, où la viande était découpée avec des *pangas*, et où j'ai acheté des tissus « africains » (pour la plupart fabriqués aux Émirats Arabes unis) pour ma mère. Nous avons pris un verre dans un café du pays où, pour la première fois, nous nous sommes trouvés les seuls « internationaux ». Nous avons même fait l'expérience d'une très longue soirée (jusqu'à l'aube, à vrai dire) au Cadillac, le night-club le plus branché de Kigali à l'époque, où des Rwandais, des fonctionnaires de l'ONU et des membres d'ONG dansaient tous ensemble, sur des musiques zaïroise et algérienne trépidantes. Je commençais à comprendre pourquoi les internationaux en poste au Rwanda pour un an ou plus avaient besoin de vacances à la Résidence de Kibuye, pourquoi leurs semaines de travail devaient se terminer par des week-ends de détente, et pourquoi des lieux bruyants et relativement désinhibés tels que le Cadillac incarnaient tout ce que certains pouvaient souhaiter le samedi soir.

Un soir où l'équipe partait dîner à l'American Club, j'ai eu la surprise de voir qu'Ephrem, le concierge de la Résidence de Kibuye, nous avait emboîté le pas dans la rue. En chemin, je lui ai demandé s'il s'était marié, comme il en avait l'intention à notre départ de Kibuye. Il a répondu que non, car sa fiancée, en constatant que sa maison avait été « cassée » durant le génocide, avait refusé de l'épouser. Au Rwanda, les hommes qui ne possèdent rien ne peuvent pas se marier. Il m'a confié qu'il était sans amis, sans famille, sans argent. Je n'ai su que dire.

Au restaurant, j'ai compris qu'Ephrem était en fait venu faire le tour de la salle bondée d'internationaux du Tribunal et des ONG, dont la plupart étaient venus passer des vacances à la Résidence de Kibuye et appréciaient Ephrem. Malgré ses talents de maître d'hôtel, il en était réduit à quémander n'importe quel travail. Brenda Sue, procureur au Tribunal, dit qu'elle pourrait peut-être l'employer comme gardien chez elle.

Bien des maisons privées de Kigali disposaient de gardiens, comme je l'avais remarqué quand José Pablo nous avait invitées, Melissa et moi, à nous installer chez lui après son départ en Bosnie. Il partageait une maison dans le faubourg de Kicukiro avec Humbert de Biolley, administrateur belge du Tribunal. La première fois que Melissa et moi y étions allées, notre voiture suivant celle de Pierre et Koos, nous étions passées devant des bistrots et de petites boutiques apparemment pleins à craquer, avant de pénétrer dans un quartier résidentiel aux routes défoncées et aux demeures à peine visibles derrière de grands portails et de hauts murs. Il y avait un gardien devant la maison de José Pablo. Même dans la nuit noire, j'ai bien vu que ce n'était qu'un très vieil homme armé d'un gourdin. Je comprenais mal comment il pouvait protéger une propriété, sinon en donnant l'alarme.

Dans la période où nous y avons habité, Melissa et moi plaisantions : « Ça, c'est la vraie vie ! » Nous nous asseyions dans la longue véranda donnant sur le jardin derrière la maison. À l'intérieur, le mobilier était en bois sculpté et les coussins avaient des housses taillées dans des *kangas* jaune sombre et lie-de-vin. Chaque matin, Humbert préparait notre petit déjeuner avant de partir au Tribunal. J'avais trouvé très agréable de vivre dans un quartier résidentiel et de rentrer « à la maison » le soir. Mais plus encore, le spectacle – si fugace fût-il – des porches éclairés, et donc de la vie des gens, m'a donné une autre vision du Rwanda que celle des cadavres dans les charniers. Je voyais des personnes qui riaient, qui se faisaient couper les cheveux, je voyais de petites échoppes aux vitrines apparemment sans enseigne qui vendaient du Fanta et du Coca-Cola. C'est à Humbert que je dois un autre de mes souvenirs impérissables du Rwanda.

Quand je l'ai rencontré, j'ai cru qu'il n'était qu'un mélange d'écolier bien élevé et de bureaucrate zélé, avec ses cheveux blonds bien coiffés, ses yeux d'un bleu vif derrière des lunettes de fonctionnaire et ses joues rouges. Sa façon insouciante de chanter à tue-tête sous sa douche le matin n'avait rien fait pour dissiper cette impression. J'ai donc été surprise quand il nous a emmenées en voiture, Melissa et moi, pour une destination qu'il n'a pas voulu révéler mais qui exigeait de suivre un dédale de petites routes sans signalisation. Nous avons finalement atteint une maison ceinte d'un haut mur et sommes entrés dans une cour soigneusement balayée. Deux femmes nous ont accueillis et invités à entrer dans une petite salle où des enfants de tous âges étaient accourus pour saluer Humbert, les plus petits se bousculant pour s'asseoir sur ses genoux. Il a fini par nous expliquer que c'était un orphelinat, mais pas n'importe lequel. Nous sommes ressortis dans la cour, où trois chaises nous attendaient. Quand nous fûmes assis, tous les enfants, des bambins aux adolescents, se sont mis sur deux rangs et, après un début timide, ont dansé et chanté un long chant en kinyarwanda. Leur interprétation était belle, mélodieuse, professionnelle. J'ai tant souri que j'en ai eu mal aux joues.

Quand nos applaudissements enthousiastes ont cessé, Humbert a lentement sorti quelque chose de sa poche. Les gamins les plus délurés se sont précipités tandis que les timides restaient en arrière, les yeux rivés sur ses mains. Elles sont ressorties pleines de ballons de toutes les couleurs. Il y eut une éruption de joie primitive, viscérale, quand les enfants ont fondu sur Humbert, exactement comme les enfants des mines l'avaient fait sur Henny. J'ai noté que Humbert avait un ballon pour chacun des enfants, et j'ai compris qu'il était déjà venu à l'orphelinat maintes et maintes fois. Il m'a raconté par la suite qu'il aimait apporter des ballons parce que c'était un présent plus indiqué que des bonbons, mauvais pour les dents. Mais ce qu'Humbert avait involontairement révélé, c'était que même lorsqu'il retournait en Belgique, il ne pensait qu'au Rwanda. Le Rwanda était avec lui, en lui, tout le temps, comme il l'était pour moi.

Phénomène avéré dans le Rwanda d'après le génocide, de jeunes orphelins – ils étaient plus de cent mille – étaient adoptés par des familles qui en faisaient leurs domestiques. Pour leur éviter un tel sort, les deux femmes qui dirigeaient cet orphelinat élevaient les enfants jusqu'à ce qu'ils aient dix-huit ans et puissent gagner leur vie. En chantant à des mariages et autres cérémonies, les enfants gagnaient de l'argent qui contribuait au fonctionnement de l'orphelinat. Ils formaient comme une famille Von Trapp à la rwandaise, celle de *La Mélodie du bonheur*, à ceci près qu'ils avaient deux « mères » (ils les appelaient toutes deux Maman).

Les enfants ont passé l'après-midi à nous apprendre des « jeux de mains », puis nous avons conduit une mère voir une de ses pupilles à l'hôpital de Kigali. La fillette toussait horriblement mais elle a été contente de recevoir de la visite et nous a souri timidement. L'hôpital ne sentait pas le désinfectant, mais l'orange et le bœuf en daube.

En apprenant qu'il s'agissait d'orphelins du génocide – un génocide dont j'avais déjà rencontré les morts –, je craignais de trouver la visite attristante. Mais au moment de partir, quand j'ai franchi le grand mur de la cour, je me suis sentie seule sans leur présence et leur énergie. Certes, ils étaient orphelins, et les plus âgés étaient silencieux et graves, mais ils avaient deux mères qui les protégeaient du monde extérieur tout en les y préparant.

Quand j'ai quitté Kigali le lendemain soir, j'avais l'impression d'être plus légère qu'à l'issue de ma première mission. Je « débordais » – expression de ma Jaja – du Rwanda que Humbert devait avoir connu, le Rwanda vivant, le Rwanda qui continue, le Rwanda de la sollicitude-envers-qui-a-besoin-de-vous, le Rwanda de demain. Je n'avais pas envie de partir et cela contrastait avec ce que j'avais ressenti en quittant la mission de Kibuye, ce soulagement qui avait bientôt cédé la place à la culpabilité. Si je n'avais pas participé à cette seconde mission, je n'aurais pas appris que la culpabilité était déplacée. Je n'aurais pas vu comment les gens survivent dans un pays tel que le Rwanda d'après le génocide, ni compris que la plupart n'auraient pas échangé leur avenir incertain contre mon billet d'avion ou mon propre avenir incertain. C'était comme si j'avais regardé une image dont seul le premier plan était net, et que quelqu'un, sachant à quoi l'image devait ressembler, l'avait réglée pour faire apparaître l'arrière-plan et mieux équilibrer le tableau d'ensemble. J'avais eu la vision fugace, attirante et inoubliable des Rwandais tels qu'ils vivent, pas seulement tels qu'ils étaient morts.

III

Bosnie

4 juillet-29 août 1996

Bosnie

En juin 1991, les deux républiques les plus développées de la fédération yougoslave, la Slovénie et la Croatie, proclamaient leur indépendance. Moins d'un an plus tard, la Bosnie leur emboîtait le pas, se constituant en État souverain par référendum populaire. Les combats ont éclaté quand la Bosnie-Herzégovine a voté pour se séparer de la Yougoslavie. On s'accorde généralement à attribuer la responsabilité aux Serbes de Bosnie qui souhaitaient rester dans le giron d'une fédération yougoslave. Ils avaient alors annoncé la création d'une république uniquement serbe composée de régions éparpillées sur tout le territoire de Bosnie-Herzégovine. Les combats ont opposé les forces régulières bosniaques et croates à l'armée populaire yougoslave (JNA) envoyée par la Serbie et à plus d'une dizaine d'unités paramilitaires et de formations irrégulières. L'escalade guerrière s'est poursuivie pendant plus de trois ans. Le conflit a été marqué par des crimes de guerre et des crimes contre l'humanité perpétrés par toutes les parties belligérantes : camps de détention, bombardements de civils, déplacement forcé de millions de gens, viols systématiques de plus de vingt mille femmes, massacre de plus de deux cent mille personnes, disparition de dizaines de milliers de jeunes gens en âge de porter les armes. Par la suite, le Tribunal pénal international pour l'ex-Yougoslavie (TPIY) institué par les Nations unies a envoyé des experts médicolégaux étudier de nombreux charniers, mais les premières exhumations ont porté sur les événements qui s'étaient déroulés en 1995, dans la région frontalière de la Serbie.

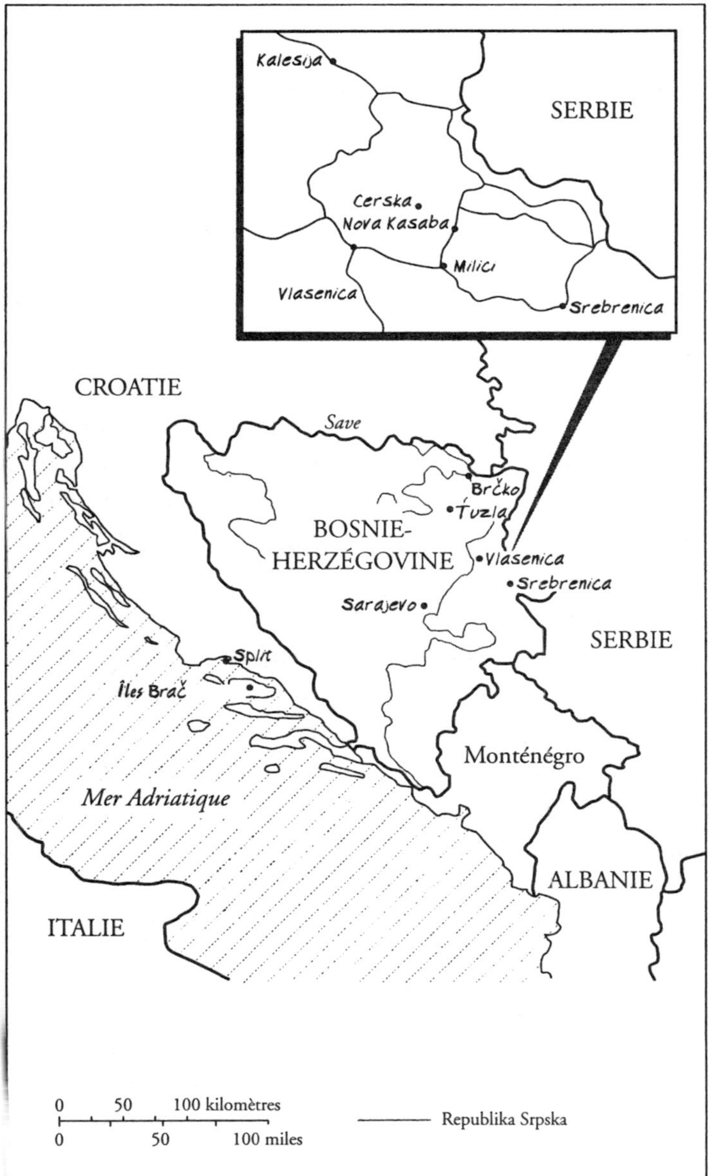
Kalesija
SERBIE
Cerska
Nova Kasaba
Milici
Vlasenica
Srebrenica
CROATIE
Save
Brčko
Tuzla
BOSNIE-
HERZÉGOVINE
Vlasenica
Srebrenica
Sarajevo
SERBIE
Split
Îles Brač
Monténégro
Mer Adriatique
ALBANIE
ITALIE
0 50 100 kilomètres
0 50 100 miles
Republika Srpska

10

Un si joli coin champêtre

Six jours, sept nuits. Généralement, une petite semaine d'interruption suffit à se reposer, mais c'est trop court pour se déconnecter de la vie professionnelle. Entre mon retour de Kigali et mon départ pour la Bosnie, je suis rentrée chez moi en Californie, mais en six jours et sept nuits, j'ai juste trouvé le temps de faire des lessives, de préparer mes vêtements d'hiver, de trouver des sous-vêtements en laine, de racheter du dentifrice et de demander à ma mère de repriser mes chaussettes. La coupure n'a pas été assez longue pour me permettre de rompre avec l'état d'esprit des missions.

Je ne savais pas vraiment ce qui m'attendait lors de cette mission en Bosnie. Ce qu'on m'avait dit, c'était que notre équipe serait logée sur une base militaire de l'OTAN, dans un village du nom de Vlasenica. Nous devions réaliser pour le Tribunal pénal international de l'ex-Yougoslavie (TPIY) les premières exhumations sur des fosses communes présumées contenir les corps des disparus de Srebrenica. Nous commencerions les fouilles près d'un an jour pour jour après que huit mille hommes et jeunes gens avaient quitté la ville à pied, fuyant l'avancée de l'armée serbe de Bosnie. Ces hommes et ces garçons espéraient trouver refuge à Tuzla, qui était alors sous le contrôle de l'armée bosniaque. Ils ne sont jamais arrivés à destination. Que leur était-il arrivé ? Pour le savoir, nous devions mener l'enquête en partant de Tuzla et refaire leur itinéraire en sens inverse, vers le sud, jusqu'à Srebrenica. Nous savions que quelque part entre ces deux points, nous retrouverions la trace de ces hommes disparus.

Mon avion a atterri à l'aéroport de Zagreb le 4 juillet 1996. Plusieurs de mes coéquipiers et des amis avec qui j'avais travaillé au Rwanda étaient déjà arrivés : José Pablo, Stefan Schmitt et David del Pino m'attendaient à l'hôtel Dubrovnik. Il y avait avec eux un nouveau venu, Fernando Moscoso, un anthropologue guatémaltèque. Le lendemain après-midi, nous aurions quatre heures de route pour rejoindre Tuzla, où nous devions retrouver Bill Haglund. Mais avant cela, il nous fallait aller au quartier général des Nations unies, à Camp Pleso, pour faire établir nos laissez-passer et obtenir un permis de conduire pour la mission.

Pleso se trouvait juste derrière l'aéroport. Le camp était gardé par des casques bleus finlandais à la discipline et au sérieux irréprochables. Ce vaste complexe regroupait plusieurs petits villages, il disposait de son propre restaurant et de sa station d'essence. Au Bureau des transports, niché dans une forêt de sapins, nous avons été accueillis par l'examinateur finlandais chargé de faire passer l'examen du permis de conduire au personnel de l'ONU. C'était un drôle de bonhomme. Son visage expressif et animé ainsi que sa démarche m'ont fait penser à David Suchet dans le rôle d'Hercule Poirot : il se déplaçait à petits pas, sautillait joyeusement d'un bout à l'autre de son bureau et semblait se délecter à l'idée de nous initier aux arcanes des règles de conduite fixées par les Nations unies. Le véhicule d'examen était un vieux pick-up au levier de vitesses branlant. Entre deux instructions,

Hercule Poirot plaçait quelques plaisanteries et à chaque fois que l'un d'entre nous avait terminé le test, il claironnait d'un ton enjoué : « Eh bien, vous vous en doutiez peut-être : vous l'avez ! » Mais comme son homologue du Rwanda, avant de nous délivrer le précieux permis, il nous a fait la leçon sur les diverses infractions commises par nos prédécesseurs, insistant particulièrement sur les excès de vitesse, et il nous a présenté le petit dispositif baptisé le CarLog.

Avant de mettre le contact, le conducteur doit glisser sa carte d'identité dans ce petit boîtier monté sur le tableau de bord. Le moteur ne démarre que si la personne au volant est habilitée à conduire ce véhicule. Hercule Poirot nous a fait répéter ce geste une bonne dizaine de fois chacun sur un CarLog fixé au mur de son bureau, tout en nous expliquant les caractéristiques de ce gadget électronique : l'appareil enregistrait notre identité, le secteur sous contrôle de l'ONU dans lequel nous nous trouvions et la vitesse à laquelle nous roulions. Les autorités onusiennes avaient décidé d'installer ce mouchard sur tous leurs véhicules de service pour mettre un frein aux imprudences des employés de l'ONU qui roulaient très vite sur les routes défoncées de l'ex-Yougoslavie, au mépris des populations locales et des règles élémentaires de sécurité. Au moindre excès de vitesse, le CarLog sonnait jusqu'à ce que la voiture ralentisse et respecte les limites propres au secteur. Pour ne rien arranger, il transmettait automatiquement l'identité du contrevenant au Bureau des transports qui prenait les sanctions prévues. Ce fichu engin est venu hanter mes rêves. Il les a fait tourner au cauchemar lorsqu'il bloquait une évacuation d'urgence parce qu'il ne reconnaissait pas un coéquipier qui tentait de se sauver dans le premier véhicule venu.

En milieu d'après-midi, nous étions prêts à quitter Camp Pleso. Nous sommes partis en convoi derrière un semi-remorque chargé d'un conteneur frigorifique qui, pour l'heure, ne contenait encore que notre matériel de fouille et les bouteilles de vin que Bill nous avait demandé de lui acheter à la boutique de l'ONU. Mais au moment de franchir les grilles du camp, nous avons été arrêtés par les Casques bleus finlandais pointilleux. Dans la tradition administrative de l'ONU, ils ont refusé de nous laisser sortir tant que nous n'avions pas prouvé que ce que recelait le conteneur frigorifique nous appartenait bien. José Pablo, qui était venu travailler bénévolement pour l'ONU, était furieux, mais plus il haussait le ton et gesticulait, plus les Finlandais se braquaient. Il a fallu faire intervenir un officier supérieur de la police militaire pour pouvoir enfin poursuivre notre route. Destination : Tuzla.

De toute l'équipe, seul Cosme, le Philippin qui allait manœuvrer la pelle mécanique sur le chantier, était déjà allé à Tuzla. Il ouvrait donc la voie au volant du semi-remorque. La première partie du trajet était prometteuse : nous étions sur une belle route à deux voies séparées par une rambarde métallique et des aires de repos proposaient des cafétérias et des stations d'essence. C'était l'ancienne route de la Fraternité et de l'Unité, reliant Zagreb à Belgrade. Elle avait été fermée pendant presque toute la guerre et n'était rouverte que depuis quelques mois. Mis à part notre convoi aux couleurs de l'ONU, il y avait peu de circulation. Quelques voitures filaient en sens inverse, des berlines aux galeries chargées de valises et de sacs. J'ai supposé que certaines emmenaient des familles en vacances sur la côte adriatique.

Au bout de quelques heures, j'ai commencé à me demander si nous n'étions pas perdus : à un embranchement, nous avions rejoint une petite route de campagne sur laquelle nous avions fait plusieurs fois demi-tour. Nous roulions depuis cinq heures et la frontière bosniaque n'était toujours pas en vue. Notre convoi s'est garé sur le bas-côté et tout le monde est descendu. L'exaspération a commencé à monter. Cosme a fini par avouer d'un air contrit qu'il n'était allé en Bosnie qu'une seule fois ; il avait bien du mal à reconnaître la route et à retrouver les repères qui menaient au pont de la frontière. Nous n'étions pas près d'arriver ! Prenant mon mal en patience, j'ai décidé de faire durer un peu plus longtemps les réserves de chocolat et de viande séchée que je partageais avec David.

Je n'avais pas de carte de la région et, lorsque nous avons franchi un large fleuve sur un pont construit à la hâte par l'armée, j'ai pensé que nous étions enfin arrivés à Tuzla. J'ai appris par la suite que ce beau fleuve n'était autre que la Save, qui sépare la Croatie de la Bosnie. Des soldats américains gardaient le pont et contrôlaient la circulation. Nous étions bien entrés en Bosnie, mais la ville n'était pas Tuzla. C'était une ville fantôme aux rues défoncées, aux bâtiments en ruine et où seules quelques ombres courageuses bravaient les nuages de poussière que soulevaient les blindés patrouillant dans les ruelles. Je suis restée bouche bée devant ce paysage de désolation, mais mon étonnement a fait place à la colère quand j'ai compris qu'une fois de plus notre guide s'était trompé et que nous tournions en rond. David bouillonnait et il a eu un petit sourire satisfait en me voyant perdre mon sang-froid : il s'est senti moins seul... Je devais apprendre un an plus tard que cette ville morte était Brcko.

Nous avons roulé deux bonnes heures avant d'arriver à Tuzla, mais nous nous sommes encore perdus dans un labyrinthe de rues pour trouver notre hôtel. Les montagnes bordaient la ville sur trois côtés. Pour rejoindre le centre, il fallait passer devant une gigantesque usine qui crachait des panaches de fumée nauséabonde. De part et d'autre de l'avenue principale, se dressaient de grands immeubles d'habitation occupés au rez-de-chaussée par des boutiques. À force de détours, nous avons fini par tomber sur l'hôtel Bristol dans une petite rue. Je n'étais pas au bout de mes surprises : une seule chambre y avait été réservée, et elle était pour José Pablo. Mes autres collègues et moi serions logés dans une maison particulière à quelques pâtés de maison de là, chez une certaine Laurie Vollen, une femme médecin américaine qui travaillait pour Médecins pour les droits de l'homme. Nous avons été étonnés d'apprendre que Bill s'était réservé une chambre dans un autre hôtel – le meilleur de Tuzla. En voyant Fernando, Cosme et David s'installer tant bien que mal dans la petite chambre qu'ils devaient partager, je me suis demandé pourquoi on avait ainsi séparé l'équipe. Étant la seule femme, j'ai eu droit à une chambre particulière sous les combles, avec un canapé-lit et une étagère chargée de livres – parmi lesquels un titre particulier a attiré mon attention : *Tito le Héros*. Le chien de notre logeuse avait trouvé sa place devant ma porte.

Ce soir-là, nous avons rejoint Bill à l'hôtel Tuzla pour dîner. Pendant le repas, Laurie nous a raconté qu'elle avait travaillé pour Médecins sans frontières et qu'elle venait d'être embauchée par Médecins pour les droits de l'homme pour mettre en place une base de données *ante mortem* sur les sites que nous allions déblayer. Cet outil précieux pour les spécialistes médico-légaux permet d'identifier les restes des victimes de massacres, de catastrophes aériennes ou de bombardements. Ce type de base de données regroupe sur un seul et même ordinateur les données concernant les personnes disparues. Grâce à un moteur de recherche, ces données sont ensuite comparées avec les données anthropologiques et odontologiques prélevées sur les cadavres.

Dans le cas des charniers de Bosnie, la base de données *ante mortem* n'allait pas être calquée sur le modèle classique. On savait déjà que la plupart des corps ne pourraient pas être identifiés à partir de leur dentition, soit parce que la grande majorité des individus n'avaient pas bénéficié de soins dentaires durables, soit parce que leurs dossiers médicaux et dentaires avaient été détruits pendant la guerre.

Les identifications ne seraient pas pour autant compromises, car Laurie allait disposer d'une autre source d'information, au moins aussi fiable : contrairement à ce qui s'était passé au Rwanda, pendant la guerre de Bosnie, les hommes avaient généralement été séparés des femmes. Eux avaient « disparu » et elles avaient « bénéficié » des lois de la guerre. Elles avaient été transférées en autocar vers des zones de sécurité. Toutes n'étaient pas parvenues à bon port, un certain nombre d'entre elles avaient été détenues et violées par l'ennemi, mais beaucoup avaient survécu à ces exactions. La Bosnie-Herzégovine était désormais un pays peuplé de femmes dépossédées de tout et traumatisées – des milliers d'épouses, de mères, de sœurs, de filles, de tantes, de nièces et de grands-mères des hommes de Srebrenica. C'était à ces femmes que s'adresserait Laurie pour compléter sa base de données *ante mortem*. Elle recueillerait leurs témoignages afin de remplir méthodiquement chaque fiche de disparu : âge, taille approximative, poids, couleur des yeux, des cheveux, de la barbe, description des vêtements et des objets personnels, lieu où il avait été vu pour la dernière fois. Lorsque nous l'avons rencontrée, Laurie venait de commencer cette délicate entreprise de collecte d'information auprès de quelques femmes bosniaques.

À quatre heures et demie du matin, l'appel du muezzin d'une mosquée voisine m'a tirée du sommeil. La voix était sans doute enregistrée, mais les inflexions de son chant n'en étaient pas moins agréables. En sortant prendre mon petit déjeuner, j'ai fait la connaissance de deux nouvelles collègues arrivées dans la nuit : Becky Saunders, professeur d'archéologie à l'université de Louisiane, et l'une de ses étudiantes de troisième cycle, Dorothy Gallagher. Je les ai invitées à venir chercher avec moi un café dans le labyrinthe des ruelles ponctué de petites places asphaltées et de ronds-points. J'y ai trouvé une atmosphère qui me rappelait l'Italie, mais dans un état de grand délabrement. Les jeunes étaient habillés à la dernière mode et les vieux me faisaient penser à ceux que l'on voit en Grèce, surtout les femmes : robustes et toutes de noir vêtues. J'ai vite repéré un endroit sympathique. Derrière la vitre, deux femmes y mangeaient une pâtisserie appétissante qui était reproduite sur la vitrine à côté d'une tasse de café. Nous sommes entrées.

Un jeune homme au visage avenant se tenait derrière le bar art-déco noir et chrome. Il est venu nous servir. Nous lui avons indiqué ce que nous voulions en lui montrant l'assiette des deux clientes qui terminaient leur petit déjeuner. Le garçon nous a appris nos deux premiers mots de bosniaque : la pâtisserie s'appelait *cepavi* et « café » se disait *kava*. Le *cepavi*, qui était en fait le seul plat au menu, était un chausson de pâte fraîche rempli d'oignons grillés et de quatre saucisses épicées. C'était délicieusement bon, délicieusement gras et si copieux que je n'ai pas réussi à finir le mien. Le *kava*, aussi épais que de la mélasse chaude, est arrivé sur un plateau dans une cafetière turque à long manche en cuivre avec une tasse déjà remplie au cinquième de sucre et une minuscule cuillère.

À midi, Ruut Schouten, un officier de police néerlandais, est arrivé. Notre équipe était enfin au complet. Nos cinq Land Rover sont parties en convoi pour la base de l'armée américaine où nous devions retrouver l'escorte militaire qui nous accompagnerait jusqu'au village de Vlasenica. Au bout d'une demi-heure sur une jolie route de campagne, nous avons vu un barrage de sacs de sable empilés devant un grand portail gardé. Les sentinelles ont vérifié nos papiers puis nous ont laissé poursuivre par une piste de terre bordée de forêts où la vitesse était limitée à dix kilomètres à l'heure.

Notre escorte nous attendait un peu plus loin. Nos robustes Land Rover semblaient rapetisser devant la masse imposante des Humvee blindés qui devaient encadrer le convoi. Les militaires nous ont expliqué les procédures de sécurité : des tireurs avec des armes chargées seraient postés dans les engins de tête et de queue ; nous devions rester groupés en permanence, sans jamais creuser d'écart ni laisser un autre véhicule couper le convoi ; nous roulerions phares allumés, à moins que nous n'ayons un problème, une crevaison par exemple. Il était interdit de doubler et de dépasser la vitesse autorisée. À mesure que j'enregistrais ces instructions, l'inquiétude me gagnait : nous allions pénétrer dans une région où les auteurs des crimes que nous révélerions étaient toujours en liberté – et ils ne seraient certainement pas ravis de nous voir débarquer avec nos pelles et nos pioches.

Nous avons atteint Vlasenica sans encombre et je n'ai pu cacher mon soulagement en apercevant les barrages de sacs de sable qui protégeaient l'entrée de la base militaire de Camp Lisa. Nous étions arrivés à bon port et nous avions traversé des paysages magnifiques, mais nous savions bien – hélas ! – que ce charme bucolique dissimulait les séquelles d'une guerre féroce. J'aurais dû être rassurée lorsque notre escorte a vidé ses armes en tirant dans un grand tonneau prévu à cet effet, car ce rituel indiquait que le danger était passé. J'ai fait un effort sur moi-même pour ne pas baisser ma garde et me souvenir qu'il fallait sans cesse rester vigilante. Les militaires nous ont quittés à l'entrée de Camp Lisa et nous avons suivi une piste à sens unique jusqu'au parking qui nous avait été attribué. Nous avons garé les voitures en rang d'oignon, moteur vers l'avant afin de pouvoir repartir rapidement en cas d'évacuation d'urgence.

Trois mille soldats américains de la Force de paix internationale (IFOR) étaient stationnés à Camp Lisa. Installé en longueur à flanc de colline, c'était un vaste pêle-mêle de tentes en toile de camouflage, de Humvee, de chars, d'antennes paraboliques, de conteneurs aménagés en locaux provisoires reliés par des passerelles de bois. Les vestiges d'anciens bâtiments, copieusement bombardés pendant la guerre, abritaient désormais une laverie et un magasin de produits détaxés réservé aux soldats. Les militaires affectés à Camp Lisa écrivaient à leur famille qu'ils se trouvaient en « Republika Srpska » ou « RS », le territoire pris sur la Bosnie-Herzégovine et alloué aux Serbes par les accords de Dayton. Cette « république serbe » dessine d'est en ouest un croissant qui prend en étau la Fédération de Bosnie-Herzégovine. Sa partie orientale – où se trouve Vlasenica – est frontalière avec la Serbie proprement dite, et l'OTAN semblait penser que c'était une région plus dangereuse pour ses troupes. À tel point que les soldats gardaient leur gilet pare-balles et leur casque jusque sous la douche ! J'avais déjà remarqué qu'ils portaient leur tenue de combat et déposaient soigneusement leurs armes à leurs pieds à la cantine pendant qu'ils dévoraient des piles de pancakes. Ils seraient une bonne centaine à protéger l'équipe médico-légale du TPIY pendant la durée de la mission.

Les hommes de notre équipe étaient logés dans une grande tente où les lits de camp étaient dressés côte à côte, sans le moindre espace d'intimité. Bill avait ses propres appartements quelque part dans le village de fortune. Un autre conteneur bleu à une extrémité du camp avait été réservé pour mes deux collègues femmes et pour moi-même. Les toilettes des hommes étaient clairement indiquées, personne ne semblait savoir où étaient celles des femmes. Il est vrai que nous n'étions pas plus d'une centaine, face à plus de deux mille de ces messieurs qui ne s'étaient jamais posé la question. Nous avons fini par dénicher nos toilettes au fond du village. La cantine était en revanche stratégiquement située et desservie par des passerelles en bois. À en juger par la tourte au poulet et aux petits pois de notre premier repas, on n'y mangeait pas trop mal. Étrangement, Bill et José Pablo ne mangeaient pas à notre table, mais s'étaient installés à l'écart, avec Andrew Thomspon, qui avait coordonné notre mission au Rwanda, et John Gerns, un enquêteur américain du TPIY.

Après le dîner, nous avons rencontré les démineurs qui, dès le lendemain matin, sécurisaient notre site de fouilles : Peter, un Norvégien, Jimmy, un Suédois, Moses et Stefan, deux Mozambicains. Ils faisaient partie de l'ONG norvégienne *Norwegian People's Aid* (NPA) et détectaient les mines à l'aide de bergers allemands. Au cours de cette réunion d'information, ils nous ont distribué des prospectus qui représentaient les mines les plus courantes dans cette région de Bosnie : elles ressemblaient à des petites boîtes rondes en plastique, parfois camouflées et, lorsqu'elles étaient enfouies dans la terre, certaines ne laissaient apparaître qu'un détonateur pas plus gros qu'un brin d'herbe. Je n'avais pas songé qu'il pouvait y avoir ici des mines antipersonnel et je ne m'attendais pas à ce que ces engins de mort passent aussi inaperçus dans l'herbe et dans la terre – précisément les terrains dans lesquels nous travaillons pour localiser les fosses communes.

Avant mon départ pour la Bosnie, j'avais vu des photos des différentes mines que l'on retrouvait en ex-Yougoslavie. Il s'agissait surtout de mines antichars, de la taille d'un petit enjoliveur et épaisses comme un gros annuaire. Ces disques métalliques ne présentaient pas de véritable danger pour les piétons car ils étaient visibles à l'œil nu. Certains avaient un détonateur dressé comme une antenne et étaient encore plus aisément repérables. Mais sur les routes ou les ponts minés, ils étaient éparpillés à peu près tous les mètres pour qu'aucun véhicule ne puisse y échapper. Sur les photos, leur agencement me faisait penser à une installation d'art moderne et j'avais préféré me dire que toutes les mines de Bosnie seraient aussi massives et apparentes. Le dépliant de l'ONG norvégienne a très vite remis les pendules à l'heure.

J'ai écouté attentivement les consignes de sécurité des démineurs : « Restez toujours sur les routes asphaltées et évitez systématiquement les nids-de-poule, surtout s'ils sont pleins d'eau ou de déchets. » Voilà qui n'a rien fait pour me rassurer, car par définition, notre métier nous obligeait à quitter le bitume pour fouiller et retourner la terre. J'ai jeté un regard inquiet à mes collègues : comment allions-nous bien pouvoir repérer ces minuscules pièges meurtriers ?

Le briefing de l'équipe de déminage et son prospectus m'ont tellement impressionnée que j'en rêvais souvent la nuit : je me voyais marcher sur des mines ou je m'apercevais que j'étais dans un champ de mines ; j'étais tantôt en uniforme de soldat, tantôt sur le terrain avec mes collègues, dans ma combinaison d'anthropologue. Mais même dans mes pires cauchemars, les mines n'explosaient pas. En général, je me réveillais au moment où j'alertais les gens qui m'accompagnaient et leur demandais de s'éloigner, pendant que je tentais de me sortir de là. Ce n'était absolument pas la bonne réaction dans ce genre de situation, mais je ne l'apprendrais que trois ans plus tard, lors d'une conférence organisée au QG de l'ONU à Pristina sur les explosifs retrouvés au Kosovo depuis 1999. On nous y a expliqué que si l'on marchait sur une mine munie d'un détonateur à arrachage vertical (par opposition aux mines déclenchées par pression), mieux valait rester totalement immobile, quitte à tenir cette position pendant deux jours d'affilée, et attendre de l'aide qu'essayer de se dégager seul. Dans leur jargon, les démineurs appelaient cela le système STOP : **S**toppez tout et avertissez (les gens qui vous suivent), **T**entez d'évaluer (votre situation), **O**rientez-vous (pour indiquer votre position exacte aux secours), **P**réparez votre stratégie. Malheureusement, je n'ai eu droit à cette formation très concrète au travail en terrain miné, suivie d'une séance pratique de repérage des détonateurs dans un jardin d'herbes hautes, qu'à ma sixième mission. Cet exercice nous a mis les nerfs à vif car nous avons pris conscience de la difficulté qu'il y avait à repérer des mines et des détonateurs qui étaient pratiquement sous nos pieds. C'est également à cette occasion que nous avons appris qu'en ex-Yougoslavie, chaque village avait son propre système de signalisation des mines – un crâne de vache accroché à un arbre, par exemple. Je ne saurai jamais à côté de combien d'indices de ce type j'ai pu passer en Bosnie.

Faute de connaître le système STOP, j'ai scrupuleusement suivi la règle d'or, du moins au volant, en restant sur le bitume sans mordre sur les bas-côtés. Cela ne suffisait toutefois pas à écarter tous les risques, car à soixante-dix kilomètres à l'heure, on ne voit pas forcément un fil détonateur tendu en travers de la route. Et que faire lorsque, sur ordre de l'armée, on roule en convoi sur des routes mouillées et boueuses derrière quelqu'un qui fonce en troisième alors qu'il devrait être en seconde ? Que faire quand on voit la Land Rover de devant chasser et glisser sur les accotements bourbeux parce que le chauffeur va trop vite ? Que faire s'il glisse dans le fossé et tombe sur une mine assez puissante pour faire sauter son véhicule et le vôtre dans la foulée, parce que vous roulez près de lui (sur ordre de l'armée) ?

J'ai vécu plusieurs fois ce type de scénario pendant ma deuxième mission en Bosnie, en 1997. Les démineurs envoyés par des ONG quadrillaient peu à peu le pays et avaient balisé les bas-côtés de la route de Srebrenica à Brcko en signalant les endroits piégés par des petits drapeaux. Par beau temps, nous les voyions clairement : sur les prairies, les mines – antipersonnel pour la plupart – ressemblaient à des petites crottes et les hautes herbes avaient été dégagées autour pour les mettre en évidence. Sur les bords de la route, on avait parfois tendu des cordons de sécurité à bandes rouges et blanches avec des panneaux portant l'inscription « MINES ! » et des têtes de mort.

Dès que je voyais le véhicule qui me précédait déraper sur les accotements, je sentais monter des bouffées de colère et un frisson de peur me traverser. Je m'agrippais à mon volant, m'efforçant de ralentir et de prendre un peu plus de distance, mais la discipline finissait par l'emporter sur mes instincts, et je redoublais de concentration. Il ne fallait surtout pas céder à la colère. Dans ces moments-là, la bêtise et les mesquineries de certains collègues qui en temps normal me faisaient sauter au plafond me semblaient triviales. Je me fichais comme de ma dernière chemise qu'ils s'obstinent à rouler en convoi sans leurs phares, qu'ils s'empressent d'exhumer des cadavres sans s'être fait vacciner contre l'hépatite, ou qu'ils se montrent vulgaires et grossiers en écorchant délibérément « *do vidjena* » (au revoir) en « *dos vaginas* » (deux vagins) à chaque fois qu'ils sortaient d'une boutique. J'étais bien moins résignée quand ils mettaient ma vie en danger.

Mais je n'imaginais encore rien de tout cela après ma première nuit à Camp Lisa. Entre le vrombissement des pales d'hélicoptères et les conversations devant la porte de notre conteneur, que nous avions laissée ouverte pour avoir un peu d'air, mon sommeil avait été entrecoupé par une multitude de bruits incessants. J'avais fini par en prendre mon parti et par m'endormir. Toute l'équipe était à la cantine avant sept heures du matin pour le petit déjeuner. Mais cela n'était pas encore assez tôt pour Bill, qui a exigé que toutes les voitures fassent le plein *avant* sept heures. Bien entendu, il avait omis de le signaler aux chauffeurs la veille au soir. Mon réservoir était déjà plein, mais j'ai tout de même dû avaler mon café en quatrième vitesse, pour me retrouver à attendre une heure en regardant le soleil se lever pendant que Bill et Andrew discutaient avec les officiers du camp. C'est là que j'ai compris que notre équipe était en train de se scinder entre les « chefs » et les « ouvriers ». J'ai lancé une petite pique amicale à José Pablo en le félicitant d'avoir décroché sa place à la table des chefs. Il a reconnu qu'un clivage était en train de se former. Je me suis demandé s'il était simplement dû au fait que nous vivions sur une base militaire où, pour des raisons de sécurité, nous devions rendre compte de nos moindres faits et gestes, ou bien si cela provenait de la présence de nouveaux équipiers. Une chose était certaine : notre équipe ne ressemblait plus à la petite famille soudée que nous avions connue au Rwanda.

Bill et Andrew sont enfin sortis de leur conciliabule avec les autorités du camp. Bientôt, une rumeur s'est propagée de voiture en voiture : la nuit précédente, les militaires avaient été engagés dans une escarmouche assez sérieuse. Les médias serbes avaient annoncé que l'IFOR était venue arrêter le général Radko Mladic, l'un des responsables présumés des massacres de Srebrenica. Des factions locales favorables à Mladic avaient alerté les civils qui étaient arrivés par autocars entiers pour faire barrage aux soldats américains. L'accrochage avait fait une victime civile et attisé l'animosité des populations serbes de la région. Voilà qui expliquait le ballet d'hélicoptères de la nuit précédente. Nous ne savions plus trop si nous pourrions quitter la base, ce jour-là, car les militaires n'étaient pas enclins à nous fournir une escorte jusqu'à notre site de Cerska. Nous avons donc attendu une heure de plus, à observer l'interminable va-et-vient des soldats tandis que le soleil s'élevait dans le ciel, annonçant une chaleur écrasante.

Bill a fini par donner le signal du départ et notre cortège s'est organisé : deux Humvee de l'IFOR à l'avant, puis deux de nos véhicules, suivis des démineurs avec leurs chiens, de José Pablo, de Cosme sur la pelle mécanique et une autre paire de Humvee à l'arrière. Tel serait désormais notre ordre de convoi. Nous sommes sortis du camp en roulant au pas pour nous caler sur la vitesse maximale de trente kilomètres à l'heure de la pelle mécanique. À Vlasenica, juste avant l'embranchement de la route principale, une foule de journalistes nous attendaient pour filmer et photographier notre départ. Ils ont eu tout le loisir de faire leur travail car nous avons dû nous arrêter pour attendre les Bradley de l'armée américaine qui arrivaient de la base voisine de Camp Demi pour nous accompagner. Au bout d'un moment, nous avons repris notre chemin, dans le ferraillement de la pelleteuse et le fracas encore plus puissant des chenilles des blindés sur l'asphalte.

La route descendait en méandres vers une vallée de prairies où se dressaient quelques maisons éparses manifestement en cours de construction ou de reconstruction. Nous avons traversé les villages de Milici puis de Nova Kasaba avant de bifurquer sur un chemin défoncé qui franchissait un ruisseau et longeait les contours sinueux des champs. Notre site était à quelques kilomètres de là, niché dans un vallon encaissé. À gauche du chemin, un escarpement tombait vers le ruisseau bordé de quelques arbres ; à main droite, une colline dressait un mur abrupt. Entre les deux, le chemin était si étroit qu'il était pratiquement impossible de garer deux véhicules côte à côte. Nous avons dû faire demi-tour dans un mouchoir de poche un peu plus loin, et nous garer en ordre de convoi pour pouvoir évacuer au pied levé. Seuls quelques Humvee nous avaient accompagnés jusqu'au bout, les autres nous avaient quittés à l'embranchement. La zone était déjà surveillée par des soldats qui patrouillaient sur la route à quelque distance du site et dans l'épais maquis. Nous ne devions les voir qu'en cas d'urgence. Plusieurs hélicoptères étaient également en état d'alerte permanent.

Ma première impression en arrivant devant le site de Cerska ce 7 juillet 1996 est restée gravée dans ma mémoire. Il règne toujours une atmosphère très particulière lorsqu'une équipe d'experts médico-légaux arrive sur un site aussi charmant et reculé que celui-ci : un petit coin calme et champêtre, ensoleillé et abrité, où un ruisseau mêle son gazouillis au bruissement des hautes ramures caressées par un souffle de vent. Idéal pour un pique-nique en famille ou entre amis. De ce havre de paix lové au détour d'un lacet du chemin, que l'on soit près du ruisseau ou sur la colline, on entend arriver les voitures sans être vu. Or ce sont précisément ces caractéristiques si prisées des amateurs de solitude qui confèrent au lieu sa dimension tragique : c'est un endroit idéal pour massacrer des gens en toute quiétude et sans témoins. La configuration du terrain permet également d'ensevelir les corps sans peine : il suffit d'aligner les victimes devant le talus qui descend vers le ruisseau et de les abattre pour qu'ils dévalent la pente et disparaissent sous le niveau de la route. Après quoi, on les recouvre simplement de terre. Quand la végétation reprend ses droits, le lieu redevient un endroit agréable pour pique-niquer.

Mais lorsque, quelques mois plus tard, des jeeps et des blindés légers viennent se garer dans les environs, cette apparente tranquillité se dissipe. Les médecins légistes déballent leur matériel et bientôt, la paisible vallée fourmille d'activité et retentit du cliquetis des pelles empilées contre un arbre, du fracas des marteaux sur les pointes de pioches que l'on cloue à leur manche, du sifflement des détecteurs de métaux balayant le chemin, où sont à demi enfouies les douilles des balles qui, il y a peu encore, ont fait tant de victimes. Le froissement des feuilles est désormais étouffé par le vrombissement ininterrompu de la pelleteuse.

Il ne faut pas plus de quelques jours à une équipe d'experts en médecine légale pour révéler la sinistre présence d'un charnier derrière un site bucolique. Les spécialistes identifient d'abord les indices susceptibles d'indiquer que le lieu a été le théâtre d'un massacre : ils entourent de ruban jaune les troncs d'arbres présentant des impacts de balles, piquent des drapeaux rouges sur les restes humains apparaissant en surface, délimitent les tranchées avec un ruban fluorescent et effectuent le repérage cartographique du site en orientant des flèches en plastique vers le nord. C'est donc seulement le premier jour que l'on perçoit l'incongruité du site, car si l'ensemble paraît relativement normal et anodin, seul un regard entraîné repère les indices : sept chaussures dépareillées abandonnées là où nulle présence humaine n'est palpable – une tombe, peut-être, mais le cadre n'en reste pas moins bucolique. Peu à peu, les indices se multiplient et l'apparente normalité se dissout : nous voilà penchés sur un squelette, un papillon vient virevolter sous notre nez – petite note champêtre dans ce qui est désormais un charnier.

C'est exactement ce que nous avons trouvé à Cerska. Un silence lourd pesait sur le site en ce premier jour. Les démineurs nous ont tirés de notre hébétude en annonçant : « Bon, alors, adieu. » Et ils ont filé vers la colline, précédés de leurs chiens.

Ils n'ont pas trouvé de mines. Ils ont toutefois débroussaillé un sentier sécurisé jusqu'au ruisseau et un autre vers un coin pipi. L'équipe médico-légale s'est réunie pour définir un plan d'action. Comme nous avions démarré tard, nous avons commencé par faire un repérage photographique de la zone, puis nous avons dressé un relevé cartographique et collecté les projectiles. Nous avons retrouvé des centaines de douilles ensevelies sur le chemin de terre, nulle part ailleurs. Les meurtriers étaient restés le long du chemin, ils avaient tiré en direction de l'escarpement, car la colline, de l'autre côté, semblait avoir été entaillée par un bulldozer. Ils avaient sans doute prélevé la terre à cet endroit pour recouvrir les cadavres tombés vers le ruisseau. Nous avons travaillé d'arrache-pied jusqu'au soir et, comme à Kigali le premier jour, nous avons souffert de la chaleur. Nous n'avions rien pour garder nos bouteilles d'eau au frais, nous n'avions pas encore trouvé un rythme efficace et nous n'arrivions pas à remettre la main sur le matériel que nous avions ramené de Zagreb.

Il manquait notamment une pièce à l'appareil de cartographie électronique, qui du coup ne nous était plus d'aucune utilité. Nous avons perdu un temps précieux, car nous avons dû relever chaque projectile manuellement, en utilisant une technique de triangulation pour calculer le degré de la pente, et cela passait par des équations mathématiques complexes. Becky redoublait de zèle, mais chaque relevé prenait jusqu'à cinq minutes au lieu d'une normalement. Ce soir-là, en rentrant à Camp Lisa, nous étions plutôt démoralisés, très fatigués et affamés.

Le rythme s'est légèrement accéléré le lendemain, mais la journée avait mal commencé. Dès le petit déjeuner, l'attitude des « chefs » m'a horripilée : ils ne nous ont même pas salués et ont à peine communiqué avec le reste de l'équipe. Je me suis installée sous l'auvent de la cantine, le regard perdu sur les collines lointaines, à profiter de la brise fraîche du matin. La Californie me manquait déjà ! Le trajet jusqu'à Cerska m'a mise de meilleure humeur, il a été beaucoup plus rapide que la veille : nous avions laissé la rétropelle sur place et nous roulions à une allure normale.

Notre avons vérifié que personne n'était venu modifier quoi que ce soit sur le site en notre absence, car les auteurs des crimes que nous allions dévoiler étaient toujours en liberté. Ruut a pris des clichés de l'ensemble du chantier, tandis que les soldats de l'IFOR défaisaient le cordon du périmètre de sécurité qu'ils avaient tiré la veille, avant que nous ne repartions en laissant le site sans surveillance pour la nuit.

Dans les taillis, nous avons deviné la présence d'un soldat qui essayait de remettre en place une fusée de détresse mal installée. Soudain, un éclair lumineux a déchiré l'air dans un panache de fumée et nous l'avons entendu hurler quelque chose comme « Oh, putain de bordel de merde! » À peine deux minutes plus tard, un hélicoptère l'évacuait. La déflagration de la fusée m'avait fait sursauter, je craignais qu'il ne s'agisse d'une mine que nous auraient réservée des individus qui auraient eu tout intérêt à faire cesser les exhumations. Par ailleurs, j'ai été impressionnée par la rapidité d'intervention de l'hélicoptère.

Nous devions finir de recueillir les projectiles sur le chemin, situer sur la carte ceux que le détecteur de métal repérait dans la fosse commune et commencer à creuser la tranchée pour déterminer le niveau des corps. Nous avons largement rattrapé le temps perdu la veille grâce aux démineurs qui nous ont prêté main-forte en amassant sur le bord du chemin les déblais de notre tranchée à mesure que nous creusions pour mettre au jour la première strate de cadavres. À Sarajevo, nous avions embauché des ouvriers et des agents de sécurité qui auraient dû arriver la veille mais qui n'étaient toujours pas là. Nous ne nous expliquions pas leur retard.

En fin de journée, nous avions exhumé nos premiers restes humains sur le haut de la pente. Il était désormais indispensable que le chantier soit gardé la nuit. Or, les équipes de sécurité continuaient de se faire attendre et, avant la mission, l'IFOR avait clairement fait savoir qu'elle n'avait ni le droit ni l'intention de détacher des hommes à la surveillance du site. Bill et John ont décidé de laisser l'équipe rentrer à Camp Lisa et ils se sont proposés d'attendre. Les deux Humvee sont restés avec eux et lorsque le crépuscule est tombé sur la forêt, les soldats les ont conviés à partager leurs rations.

Le retour à la base a été particulièrement long et laborieux. Nous sommes restés bloqués derrière un camion de paille pendant un bon moment, mais l'incident nous a donné l'occasion de voir les villages de plus près. Pour les gens de la région, le passage de notre convoi était le spectacle du soir, et comme nous sommes rentrés plus tard que la veille, nous avons vu encore plus de monde. La soirée était agréable et chaude, les villageois s'étaient installés sur le pas de leur porte, une boisson fraîche à la main. Nous les avons salués d'un signe de la main et certains nous ont répondu par des sifflets amicaux, ce qui était plutôt inattendu car nous savions que les rares personnes qui habitaient ces villages de la Republika Srpska étaient favorables à Radovan Karadzic et au général Radko Mladic. Sur le pignon de plusieurs maisons, des affiches à leur effigie exhortaient les soldats de l'OTAN à ne pas s'en prendre à ces criminels de guerre présumés, s'ils voulaient la paix.

Au bout de quelques jours, nous avons trouvé notre rythme. Après avoir mis au jour des restes humains sur toute la largeur de la partie supérieure de la tombe, nous avons progressivement dégagé une autre bande de terre vers le bas de la pente. Nous rentrions rarement au camp à temps pour dîner et nous n'étions jamais là lorsque la blanchisserie était ouverte, mais nous progressions relativement vite. C'était d'autant plus important que nous avions dû renoncer à nos agents de sécurité : ils avaient reçu des menaces de mort de la part de villageois des environs de Cerska et avaient préféré s'abstenir de travailler pour nous. Bill et John ont donc continué de monter la garde nuit après nuit, dormant dans le conteneur logistique ou dans une Land Rover. Ce faisant, ils contraignaient l'IFOR à assurer leur protection et, par là même, à surveiller le chantier.

Cet arrangement n'était pas idéal et les problèmes n'ont pas tardé à surgir. Je connaissais Bill depuis ma mission au Rwanda et je savais qu'il n'avait besoin que de quelques heures de sommeil par nuit. Comme il était très impatient de boucler ce chantier, il se mettait à travailler sur sa tranchée dès le lever du jour. Mais lorsque nous arrivions le matin, il nous fallait un certain temps pour déterminer ce qu'il avait fait et, le cas échéant, les répercussions que cela pouvait avoir sur ce que nous avions engagé. Et puisqu'il était à pied d'œuvre avant tout le monde, il avait arrêté d'organiser les réunions de chantier matinales. Du coup, l'information sur les objectifs quotidiens et la logistique ne circulait plus ou n'était transmise dans le meilleur des cas que par le bouche à oreille.

Un jour, José Pablo a décidé lui aussi de passer la nuit sur le chantier afin de permettre à Bill et à John de prendre un peu de repos. Après sa première garde, je l'ai croisé à la cantine. Il dînait seul et affichait une méchante mine renfrognée. Je lui ai demandé si tout allait bien. Il a à peine levé la tête et a continué d'engouffrer ses légumes sans un mot. Au bout d'une bonne minute, il a explosé : « Je n'ai pas fermé l'œil de la nuit ! » J'ai réprimé un sourire et je lui ai demandé avec autant de naturel que possible : « Ah bon ? Comment ça se fait ? » Il a posé sa fourchette et a braqué sur moi un regard noir : « Tu as déjà essayé de dormir dans une Land Rover ? » Quand il parle, José Pablo retrousse légèrement la lèvre, ce qui lui donne un petit air ironique. Le malheureux n'avait aucune envie de faire de l'humour, mais je n'ai pas pu m'empêcher d'éclater de rire. L'occasion était trop belle : « Voilà ce que c'est que d'être chef, mon pauvre ! »

Le contingent de sécurité qui nous avait fait faux bond aurait dû nous aider à déblayer le terrain. Cette main-d'œuvre nous a cruellement fait défaut après le départ des démineurs. Par chance, il n'y avait pas plus de cinquante centimètres de terre sur le premier niveau des corps. Armés de pelles et de pioches, nous avons redoublé d'efforts pour ameublir la terre tassée et la rejeter vers le bas de la pente, où il était plus facile de la dégager en fin de journée. Il s'est rapidement avéré qu'il n'y avait qu'une ou deux couches de cadavres, mais qu'ils reposaient sur toute la largeur de la pente. Nous avons décidé d'achever de déblayer toute la surface du cimetière avant d'exhumer les corps. Nous savions déjà que toutes les victimes étaient des hommes et des jeunes garçons. En piochant la terre, je repensais à Kibuye. Il y avait ici la même chaleur humide, les mêmes mouches tenaces qui assaillaient indifféremment les morts et les vivants. Ces souvenirs avaient quelque chose de cathartique, surtout qu'ils me revenaient à l'esprit pendant que je travaillais sur un autre chantier. C'est là qu'il faut les laisser resurgir, dans tous leurs détails au besoin. Pas pendant les périodes de repos, quand on est chez soi, parmi les siens, dans un cadre propre et sûr. Car alors, ils suscitent un sentiment de malaise mêlé de nostalgie.

11

Simple manœuvre

Je commençais à me sentir bien à Camp Lisa : j'avais trouvé mes marques, je m'orientais aisément entre les tentes et les conteneurs, les soldats ne nous posaient pas trop de questions sur notre travail – à l'exception d'un aspirant philosophe qui avait découvert que nous avions tous deux des ancêtres juifs et qui me tenait de longues conversations sur notre patrimoine culturel commun et l'extraordinaire privilège qui m'était donné de travailler sur les morts. C'était exactement le genre de sujet que je fuyais comme la peste tant il était difficile d'en parler quand on consacrait ses journées à exhumer et à épousseter des squelettes. Le soir, profitant des derniers rayons du soleil, je prenais l'air sur le pas de la porte du conteneur des femmes.

Au cours de ces deux mois de mission, j'ai un peu perdu de ma bonne humeur légendaire. L'apparition d'une hiérarchie au sein de notre équipe, jadis si soudée, me démoralisait. Mais les neuf heures de travail quotidien sur des restes humains, à dégager les cadavres de la terre, à délier leurs membres enchevêtrés pour les transférer dans des housses mortuaires, me faisaient oublier ces petits tiraillements et m'aidaient à trouver sérénité et satisfaction. Rien ne m'exaspérait davantage que le petit jeu de rétention d'information auquel se livraient nos chefs. À chaque fois que je sentais la colère monter, mon travail sur le terrain venait me donner de bonnes raisons de supporter d'être traitée comme une « simple manœuvre ». Malheureusement, cette mission m'a aussi donné l'occasion de tester les limites de ma résistance nerveuse. L'accumulation de petites piques et de critiques a failli me dégoûter de mon travail. Je m'efforçais de voir le bon côté des choses : autant profiter de ces critiques incessantes pour dresser la liste de ce que l'on aimerait voir faire d'une autre façon. Au cours de cet été en Bosnie, j'ai donc pris note des améliorations possibles dans la gestion d'une équipe. Cette expérience devait m'être très précieuse lorsque, quelques années plus tard, j'ai été nommée à mon tour dans l'équipe de direction médico-légale du Tribunal au Kosovo.

La présence de mes nouvelles coéquipières à Cerska a grandement contribué à me rendre ma bonne humeur. Becky était une archéologue accomplie, tout indiquée pour diriger les fouilles : elle semblait ne jamais se laisser gagner par le stress, savait déléguer et était positive. Quant à Dorothy, je l'avais surnommée « l'Indispensable » car, bien qu'elle n'ait été embauchée que pour aider à dégager le charnier, elle avait entrepris de s'occuper de toute la partie administrative qui échoit aux anthropologues (notamment de remplir les formulaires d'ostéologie sur le terrain), d'étiqueter les housses et de les sceller, et de passer les seaux à tous ceux qui continuaient à déblayer l'escarpement. Cette tâche pouvait de prime abord paraître anodine, elle était en fait délicate : il fallait prévoir les besoins des collègues et comprendre depuis le sommet de la pente ce qui se déroulait sur le terrain. Un jour, Dorothy, qui ne s'accordait jamais le moindre temps de répit, a été victime d'une insolation et a dû être ramenée en urgence à Camp Lisa. Cet après-midi-là, son absence s'est fait sentir sur notre productivité !

J'appréciais beaucoup Ruut, dont le sens de l'humour très caustique confinait parfois au cruel. Je le trouvais d'autant plus sympathique que son accent me rappelait celui de Pierre Heuts. Ruut et José Pablo s'étaient liés d'amitié et bien que José Pablo eût intégré le cénacle des « chefs », il avait gardé un pied dans le camp des travailleurs. Dorothy et moi n'aimions rien tant que le taquiner sur sa double allégeance.

Ces rapports cordiaux associés à une volonté quasi générale de travailler en équipe nous ont permis d'être relativement efficaces : vers la mi-juillet, nous avions déterré plus de cent cinquante corps du cimetière de Cerska. À mesure que nous en exhumions d'autres, il nous était de plus en plus difficile de nous tenir debout ou même accroupis sur le terrain : il ne restait pratiquement plus d'espace entre les cadavres et la pente était trop raide. Lorsque la couche superficielle de terre a été déblayée, nous avons décidé de procéder aux exhumations du haut vers le bas de la pente, car le premier niveau de cadavres était pour ainsi dire par-dessus les autres. Je travaillais avec José Pablo sur un secteur de la tombe. Nous avions mis au point un système de travail à la chaîne : l'un travaillait accroupi au-dessus du corps à exhumer, l'autre prenait place dans le godet de la pelle mécanique que Cosme maintenait à bonne hauteur, recueillait les restes que son équipier lui faisait passer et les plaçait dans une housse pré-étiquetée.

Toute la difficulté consistait à ne laisser tomber aucun fragment du cadavre ou de ses effets personnels dans le petit interstice entre le godet et le sol. Celui qui travaillait au sol devait en outre faire attention de ne pas trop se pencher en avant quand il soulevait le corps vers son partenaire. Ce dernier devait veiller à ne pas se casser le dos en tirant le cadavre à lui. Cette situation m'a rappelé l'épisode des soldats rwandais qui s'étaient échinés à récupérer les corps des hommes qu'ils avaient abattus dans le lac Kivu. Nous utilisions un peu les mêmes méthodes, mais à des fins très différentes… Au cours de cette besogne harassante, nous avons découvert que certaines victimes avaient été abattues d'une balle alors qu'elles avaient les mains attachées dans le dos. Nous devions en apprendre beaucoup plus long sur les circonstances de leur mort lors des analyses effectuées par la suite. Le fameux « Ma parole, bordel de Dieu ! » dont Stefan avait fait son leitmotiv à Kibuye m'est souvent revenu à l'esprit dans ces moments.

Chaque matin, les journalistes de la presse internationale arrivaient sur le site peu après nous et restaient pratiquement toute la journée. Ils se massaient derrière le cordon du périmètre de sécurité, sur le rebord du secteur où José et moi travaillions. Bill leur faisait un briefing quotidien sur l'avancement des travaux et discutait avec eux, mais il avait interdit au reste de l'équipe de répondre aux questions des médias. Plus qu'un ordre, c'était une injonction qui nous donnait l'impression que les journalistes étaient des adversaires dont il fallait se méfier. Je regrette d'autant plus d'avoir adopté cette position que c'était un journaliste, David Rhode, qui avait trouvé les premiers éléments de preuve attestant d'un massacre dans la région de Srebrenica. Son enquête lui avait coûté cher, car il avait été détenu plus d'une semaine par la police serbe de Bosnie. En un sens, par leur présence ici, les journalistes suivaient un scoop levé par l'un des leurs.

Lorsque nous avons achevé les exhumations du cimetière de Cerska, les médias nous ont précédés à Nova Kasaba, le chantier suivant. Ils avaient déjà planté le camp en bordure de la route et branché leurs téléphones satellites quand notre convoi est arrivé sur les lieux le 22 juillet. Nous avions finalement trouvé quelques ouvriers, des Serbes de Bosnie des villages alentour qui bravaient la colère des gens du pays pour travailler pour nous. Ils sont arrivés vêtus de leurs propres combinaisons de travail, mais ils n'avaient rien à manger ni à boire. Certains profitaient de nos véhicules pour venir sur place tandis que d'autres se glissaient dans le convoi avec leurs propres voitures qui étaient encore plus écrasées par la masse des Humvee que nos jeeps.

Un nouveau véhicule nous accompagnait : le Wolf. C'était un drôle d'engin tout en longueur, monté sur plusieurs trains à doubles roues, pointant un long museau surmonté de petites vitres blindées rectangulaires au sommet de chaque côté. Son unique porte s'ouvrait à l'arrière et le châssis dessinant un V renversé était conçu pour résister à l'explosion d'une mine. Ce Wolf venait d'Afrique du Sud, où la police l'avait utilisé pour traverser les ghettos noirs pendant les violences de l'époque de l'apartheid. Comme tout le parc de l'ONU, il était désormais repeint en blanc et des banderoles au logo de Médecins pour les droits de l'homme étaient collées sur ses flancs. Il nous servait à transporter notre matériel et à le garder en sécurité. Le contraste entre l'usage passé du Wolf et sa nouvelle vocation ne nous avait pas échappé. David a voulu le conduire, mais il a tant transpiré au cours de ce premier voyage dans la cabine blindée qu'il a fondu de moitié ! À vrai dire, nous appréciions surtout le Wolf pour l'ombre bienvenue qu'offrait sa silhouette massive, et nous avons pris l'habitude de déjeuner sous son couvert.

À Nova Kasaba, nous avons trouvé une large bande envahie par les herbes entre un bâtiment abandonné et une petite rivière bordée d'arbres. Il fallait d'abord déterminer l'emplacement de notre première tranchée. Par chance, nous avons pu consulter les images satellites de la topographie locale réalisées en 1995, ce qui nous a permis de repérer les endroits où la terre avait été remuée pendant la guerre. Dans les zones de conflit, les sites présentant des mouvements de terre à une échelle visible depuis un avion ou un satellite peuvent indiquer l'emplacement d'un charnier, mais cet indice n'est pas toujours probant. À Nova Kasaba, les signes apparents sur les photos satellites étaient corroborés par les témoignages des survivants de la région.

Grâce à ces indications, nous avons rapidement commencé à défricher l'épaisse végétation qui recouvrait l'emplacement présumé du charnier. Peu après, nous avons préparé les premières tranchées pour en délimiter le périmètre, puis nous avons sondé d'autres sites suspects. Nous avons ainsi repéré deux ou trois autres tombes, l'une toute proche de la première, et l'autre derrière un bouquet d'arbres, que l'on ne pouvait rejoindre qu'en repassant par la route.

Bill a tiré un cordon le long du champ adjacent à la route pour contenir les journalistes dans un espace réservé. Cette « zone médias » semblait plus éloignée du chantier qu'à Cerska. Bill a également demandé à Cosme de garer le Wolf directement dans la ligne de mire des journalistes. Je ne sais pas pourquoi il leur compliquait à plaisir la vie, alors qu'il se montrait par ailleurs si prévenant à leur égard. C'était bien mal les connaître, car ils ont vite trouvé la parade : quelques photographes ont grimpé au deuxième étage d'une maison voisine en ruines, ont fixé des téléobjectifs monstrueux à leur appareil photo et ont préparé le siège pour la journée. Ils remarquaient que nous progressions rapidement et s'obstinaient à demander à Bill de les laisser voir ce qui se passait. Notre chef a finalement accepté de les gratifier d'une brève visite guidée de l'une des tombes, mais il nous a d'abord demandé de nettoyer entièrement le site de sorte que les vêtements et les corps ressortent bien sur les photos noir et blanc. Fernando et David avaient travaillé seuls sur cette tombe. Je les ai rejoints pour les aider à achever le nettoyage et à relever légèrement les corps afin qu'ils soient dégagés de la terre.

Nous travaillions tous les trois en silence, n'échangeant que quelques commentaires pour tenter de comprendre si les bourreaux avaient contraint leurs victimes à descendre dans la fosse avant de les abattre. Certains corps étaient agenouillés, et étaient sans doute tombés face contre terre lorsque la balle les avait atteints. Ils avaient les mains attachées derrière le dos. S'ils avaient été sur le rebord de la tombe au moment de leur exécution, leurs corps seraient tombés ou auraient été poussés et se seraient retrouvés en position plus allongée. Les restes des victimes, tous des hommes une fois encore, étaient très bien conservés car leur fosse était plus profonde : certains visages n'étaient pas tout à fait décharnés et nous avons même retrouvé des poils de barbe et des cheveux.

C'était à de tels moments, lorsque les journalistes ou d'autres visiteurs venaient voir un site, que nous avions l'occasion de nous pencher sur les corps et de prendre la mesure de la tombe. Le nettoyage minutieux des corps de Nova Kasaba m'a rappelé le jour où j'avais épousseté la tête d'une femme qui portait un collier de plastique rose dans le charnier de Kibuye – la femme sur laquelle j'étais penchée pendant que Bill présentait le chantier à Madeleine Albright. Cette visite m'est revenue en mémoire au Kosovo : j'étais penchée sur le cadavre d'un jeune garçon dont les poches de pantalon avaient laissé échapper quelques billes qui avaient roulé sur le fond de sa sépulture solitaire pendant que j'attendais les membres du Conseil d'administration intérimaire de l'ONU venus visiter le site.

Les ossements de Nova Kasaba évoquaient également des souvenirs du Rwanda car, ici comme là-bas, en voyant les mêmes traumatismes d'un bout à l'autre du pays, j'avais l'impression que la mort planait sur toutes les collines qui séparaient les sites. Nova Kasaba n'était qu'à un quart d'heure de route de Cerska et le paysage était très différent : la fosse n'avait pas été cachée dans un vallon encaissé au bout d'un petit sentier forestier, mais dans une grande plaine dégagée, tout près d'une route passante. Pourtant, les victimes se ressemblaient étrangement : ici encore, c'étaient des hommes ; ici encore, ils avaient les mains liées dans le dos ; ici encore, on retrouvait toutes les classes d'âges, des jeunes garçons aux vieillards ; ici encore, les vêtements nous disaient qu'il s'agissait de civils. Je savais que des milliers d'hommes avaient « disparu » de Srebrenica, mais pour l'heure, nous n'en avions pas déterré plus de deux cents. Tout comme au Rwanda, je sentais leur présence, quelque part, dans d'autres champs, dans d'autres collines, au bout d'autres chemins de terre – je savais que tout un village de morts, d'hommes morts, était là, tout près, autour de nous.

L'idée même que des êtres humains puissent recourir au meurtre d'autres êtres humains pour servir leurs intérêts politiques me révulsait. À mesure que j'exhumais d'autres corps d'hommes abattus les mains dans le dos, je me sentais perdre ce qui pouvait encore me rester de candeur. Ma mission n'en trouvait que plus de sens, car j'éprouvais un devoir vis-à-vis des morts – les identifier pour qu'ils dénoncent leurs assassins –, mais également vis-à-vis des vivants – les parents, à qui nous rendions les restes.

Les exhumations de Nova Kasaba se sont poursuivies pendant une petite semaine, au cours de laquelle plusieurs incidents ont contribué à tendre l'atmosphère. Sur le chantier, d'abord : les hommes de l'IFOR ont repéré une mine antichar Claymore sur leur parking, de l'autre côté de la route. Ils nous ont ordonné de nous claquemurer dans le conteneur logistique et de ne pas sortir avant leur signal. Tout le monde s'est empressé d'obtempérer, à l'exception toutefois de John qui, comme je l'ai confié ce soir-là à mon journal, « avait préféré faire son malin et rester à la porte du conteneur fumer sa cigarette », et de Bill, qui « devait toujours damer le pion à John et faire encore plus son malin ». La déflagration était attendue, mais elle a été si puissante qu'elle a ébranlé le conteneur d'une violente secousse et a semblé résonner d'un bout à l'autre de la Bosnie.

Le capitaine Boswell, l'officier de l'IFOR avec qui nous nous entendions le mieux, nous a raconté par la suite que la détonation avait affolé un cheval qui tirait une charrette conduite par un vieil homme. Dans sa panique, l'animal avait tant rué dans les brancards qu'il avait réussi à se libérer de son attelage, envoyant le vieillard dans le fossé. Il s'était emballé, avait sauté par-dessus une vache qui s'était mise à son tour à courir en tous sens. Les médecins de l'IFOR se sont occupés de soigner le vieux paysan.

Cette explosion nous a rappelé que le danger des mines était bien réel, surtout lorsqu'il s'agissait d'un engin comme la Claymore, une bombe à fragmentation capable d'arroser une foule entière sur une surface équivalente à un terrain de football, semant la dévastation et la mort dans son sillage. Pendant l'explosion, notre courageux John a failli s'étouffer en tirant sur sa cigarette, mais pour la galerie, il est resté flambant de crânerie.

Ce soir-là, alors que nous étions rentrés à Camp Lisa, un ordre d'évacuation du village de conteneurs nous a réveillés en pleine nuit. Nous sommes restés des heures entières assis sous la tente du gymnase. À l'extérieur, nous entendions la ronde incessante des hélicoptères, entrecoupée de nombreux cris et hurlements. Vers trois heures du matin, on nous a autorisés à retourner nous coucher. Nous n'avons eu le fin mot de l'histoire qu'au matin : à quelques mètres de notre porte, un soldat s'était barricadé dans son conteneur, avait chargé toutes ses armes à feu et avait menacé de tuer son supérieur immédiat. Pris dans l'engrenage de sa folie, il avait ensuite menacé de tirer sur quiconque tenterait de l'approcher. Il venait de passer plusieurs jours au sein d'un détachement de désarmement, et à peine était-il rentré que son supérieur lui avait ordonné de laver son Humvee. C'était une corvée très pénible, il était épuisé et il avait disjoncté. Il a fini par se laisser maîtriser et a aussitôt été évacué du camp. Aux dernières nouvelles, il était sur une base militaire américaine en Allemagne, où il attendait de passer en cour martiale.

Pour ne rien arranger à ces tensions, les hommes de notre équipe commençaient à ressentir les effets de la promiscuité : ils vivaient sous la même tente depuis un mois, dans une atmosphère étouffante et sans le moindre espace d'intimité. Ils avaient certes tendu des serviettes de bain entre leurs lits de camp, mais cela ne suffisait pas, ils supportaient de plus en plus mal la cohabitation. José Pablo avait la fâcheuse manie de faire brûler des tortillons d'insecticide dont l'énorme nuage de fumée l'enveloppait entièrement, se répandait dans toute la salle et empestait les lits voisins. L'arrivée d'un nouveau contingent de sécurité n'a rien fait pour désengorger la tente des hommes : les occupants ont dû resserrer leurs lits pour faire place à six légionnaires français et à leur berger allemand, Ben. Ils formaient une drôle d'équipe, car certains ressemblaient à Van Damme, immenses et bâtis comme des chars de combat, tandis que d'autres étaient petits et râblés. Tous parlaient un anglais approximatif. Les Nations unies leur avaient fourni deux Land Rover blindées, des véhicules qui résistaient parfaitement aux balles, mais dont les portières n'avaient plus de serrure – c'était *ça,* l'ONU.

Les pathologistes sont arrivés en même temps que les légionnaires. Malheureusement, la morgue de Tuzla n'était pas encore prête. Puisqu'ils ne pouvaient pas commencer les analyses des corps, il a été décidé qu'ils aideraient l'équipe logistique à achever l'installation. José Pablo a été désigné pour les accompagner à Tuzla. Bill lui a proposé de choisir un membre de l'équipe de terrain pour l'assister. José a cité mon nom, mais Bill, fort de ses prérogatives de chef, a refusé. En fait, il n'avait donné à José que l'illusion du choix. Pendant la pause du déjeuner à l'ombre du Wolf, Bill m'a expliqué que de tous les anthropologues du chantier, je serais la première qu'il détacherait à la morgue pour être certain qu'elle soit correctement dirigée, mais que j'étais également la dernière dont il se séparerait sur le terrain. Becky a mis son grain de sel et a ajouté qu'on lui avait déjà retiré José Pablo et qu'elle refusait absolument de me voir partir. Ce jour-là, je me suis dit qu'après tout, j'étais peut-être un peu plus qu'une « simple manœuvre » à leurs yeux.

Lorsque nous avons achevé les exhumations à Nova Kasaba et expédié tous les corps à la morgue par camion frigorifique, les démineurs nous ont annoncé qu'ils ne pourraient pas déblayer notre prochain site dans les temps. John n'a pu s'empêcher de jouer les fiers-à-bras et a proposé de déminer lui-même le site avec le Wolf. Comme il fallait s'y attendre, les responsables de Médecins pour les droits de l'homme ont écarté cette idée farfelue, qui ne déplaisait pas à tout le monde. Le retard des démineurs nous a laissé quelques jours pour souffler, et nous en avons profité pour nettoyer les jeeps et le matériel, faire réparer les roues de secours et effectuer toutes sortes de petites tâches annexes que nous avions mises de côté.

Bill m'a demandé de le rejoindre dans son conteneur pour trier les diapositives de Kigali et rédiger le rapport final de la mission. Cela me faisait tout drôle de travailler sur le Rwanda alors que j'étais en Bosnie. Lorsque Bill s'absentait pour des réunions au sommet avec les autres responsables de l'équipe médico-légale et les autorités du camp, je retranscrivais les cassettes sur lesquelles il avait enregistré ses notes à l'époque où nous fouillions la fosse commune de Cerska, et je saisissais les informations dans la base de données de la mission. Le décryptage avait été relativement simple jusqu'au moment où Bill avait attrapé un mauvais rhume : à partir de là, je n'entendais plus que des reniflements, des éternuements et d'étranges descriptions de vêtements. Entre ces bruits incongrus, les commentaires relevaient presque du journal de bord : « départ du convoi au crépuscule ; transfert des corps à la morgue de Tuzla ; seuls les phares des camions frigorifiques percent la nuit. » J'avais un peu l'impression de violer les pensées les plus intimes de Bill. Je me disais que si nous trouvions un jour un petit moment pour nous détendre je serais très heureuse de discuter avec lui, comme nous l'avions fait à Kibuye, quand nous avions exhumé le bébé ensemble.

Le conteneur de Bill est devenu le grand point de rendez-vous de l'équipe pendant ces quelques jours de relâche. Il a profité de cette ambiance plus décontractée pour nous convier à une petite fête dans son « chez lui », en nous félicitant pour notre redoutable efficacité sur le chantier. Quelques heures plus tard, il est allé répondre au téléphone et est revenu en nous annonçant qu'on venait de l'informer que le déminage ne serait pas terminé avant trois semaines ! Du coup, il conviait toute l'équipe du chantier à trois jours de vacances sur la côte adriatique. « Je veux tout le monde sur le pont à huit heures, demain matin ! » a-t-il claironné avant de nous expédier au lit.

Levée aux aurores, j'étais impatiente de découvrir autre chose de l'ex-Yougoslavie que ses scènes de crimes. Bill a insisté pour conduire tout le long du chemin, et le voyage a malgré tout été agréable. Nous étions tous de joyeuse humeur et pleins d'entrain à l'idée de passer quelques jours de vacances avec Bill. Autant il pouvait se montrer imbuvable sur le chantier, autant dans le civil, il était charmant et prêt à se mettre en quatre pour nous faire plaisir. Son impétuosité naturelle m'amusait beaucoup et lorsque, terrassé par sa propre vitalité, il lui arrivait de tomber de sommeil au moment le plus inattendu,

Je le trouvais très attendrissant. Depuis notre mission commune à Kibuye, il m'avait prise sous son aile et se montrait très paternaliste à mon égard – du moins, lorsqu'il ne me houspillait pas de ses critiques.

Seule ombre au tableau : sa façon de conduire. C'était désormais un grand sujet de plaisanterie dans l'équipe. Il roulait à une telle allure que si sa Land Rover avait été équipée du fameux CarLog, le mouchard n'aurait cessé de pépier du départ à l'arrivée. Becky et moi étions assises à l'arrière, sans ceinture de sécurité, et à chaque fois que Bill prenait un virage, nous glissions sur notre siège, nous écrasant l'une contre l'autre. Comme Dorothy l'a plaisamment fait remarquer, Becky et moi commencions à très bien nous connaître, maintenant ! C'était bien la première fois que la façon de conduire de notre chauffeur nous faisait rire.

Nous sommes arrivés sur la côte adriatique vers la tombée de la nuit et avons découvert la jolie ville de Split. Nous avons trouvé une terrasse de restaurant donnant sur la mer et, tandis que nous nous régalions d'une pizza, une musique disco emplissait la place qui se peuplait de jeunes. Nous avons eu plus de mal à trouver un hôtel car, faute de plan de la ville, nous naviguions à vue et les panneaux indicateurs en serbo-croate ne nous étaient d'aucun secours. Bill, qui avait plus le sens de l'improvisation que de l'orientation, a enfilé plusieurs sens interdits, a fait crisser ses roues sur les rues pavées, a plus d'une fois fait demi-tour sans crier gare, est reparti en marche arrière… jusqu'à ce que nous trouvions enfin de la place dans un petit hôtel du front de mer. Je partageais une chambre avec Dorothy. Notre balcon donnait sur la façade d'un immeuble voisin, mais nous étions tellement fatiguées que nous n'avons pas eu le temps de regretter la vue sur la mer. La salle de bains m'a rappelé celle de Kigali. Avec son carrelage vert couvrant le sol, les murs et la baignoire, on aurait dit une grotte étincelante. Mais cette fois-ci, je n'ai pas tenté de repérer des traces de sang sur les joints.

Le lendemain matin, Bill nous a fait avaler notre petit déjeuner à toute vitesse car il voulait prendre le premier ferry pour l'île de Brac. C'était une journée ensoleillée et le ciel était parfaitement dégagé. Installés côte à côte sur le pont supérieur, prenant le soleil tout habillés, nous avions l'air d'une drôle de petite famille, sous la houlette de notre patriarche affublé de son inséparable bonnet de chantier qui empestait à dix mètres. Pendant la traversée, Bill a lié connaissance avec deux jeunes filles du coin qui nous ont proposé de nous montrer « les plus belles plages de l'Adriatique ». À peine avons-nous mis pied à terre, qu'elles nous ont guidés d'un pas assuré vers le village de Bol, nous entraînant par-delà le sommet de l'île sèche et rocailleuse pour redescendre par un raidillon sinueux vers une mer d'un bleu magnifique.

À l'hôtel Elaphusa, Becky, Dorothy et moi avons pris une chambre pour trois. C'était une véritable étuve, mais elle avait un balcon et était à un étage suffisamment élevé pour nous permettre d'apercevoir la mer entre les cimes des pins. Nous n'avions qu'une envie : aller sur la plage. Mais le temps que nous descendions de la falaise pour arriver sur la grève, il ne nous restait assez d'énergie que pour nous affaler sur le sable et nous endormir. Au troisième jour, les vacances tiraient à leur fin, mais je me sentais régénérée. Levée de bonne heure, je m'étais assise sur le balcon où soufflait un petit air agréable, écoutant les premiers bruits du matin : les mouettes, le cliquetis des ustensiles de cuisine où l'on préparait le petit déjeuner et quelques voix discrètes montant du rez-de-chaussée. Je regrettais de n'avoir pas pu profiter pleinement de la plage, mais d'un autre côté, elle ne m'attirait pas plus que cela : il y avait trop de monde, trop de rochers, et l'île voisine était trop proche pour que cette étendue d'eau ressemble vraiment à une mer. Je n'avais pas l'impression d'être à la lisière d'un continent. J'avais en outre été surprise de voir les femmes prendre le soleil seins nus. En général, je n'avais rien contre, mais dans ce cas, je n'avais aucune envie de m'exhiber devant mes coéquipiers, car je les avais vu lorgner les filles bouche bée et trébucher sans même s'en rendre compte sur les rochers. Je ne sais pas si leur attitude me gênait ou me contrariait, mais je n'avais pas envie d'alimenter leurs fantasmes.

Le village de Bol était l'un des sites les plus pittoresques qu'il m'ait été donné de visiter : de vieux immeubles de pierre bordaient le front de mer, alternant avec des maisons aux volets vert bouteille et aux balcons de fer forgé. La veille au soir, j'avais aperçu derrière les rideaux de dentelle les murs blanchis à la chaux et les plafonds de lambris vernis des salons éclairés d'une lumière accueillante et chaleureuse, tandis que les gens dînaient sur le balcon, profitant de la douceur de la nuit, le chien pelotonné sous la table. Dans le ciel, Vénus semblait accrochée à la lune, et sur l'île d'en face scintillaient les feux intermittents des « phares blonds » dont parle Lawrence Durrell. L'île avait un petit air surréaliste, comme posée sur l'eau, menaçante et sombre avec son petit essaim de lumières pétillant sur le rivage. J'aimais beaucoup l'ambiance de ce village où, à dix heures et demie du soir, les gens déambulaient encore sur la promenade pavée du bord de mer.

Je voulais profiter de ma dernière matinée sur place pour me balader seule et explorer la plage. Je m'étais aperçue qu'à force de travailler et de vivre en équipe, nous n'avions plus d'intimité. Dans le camp, nous vivions les uns sur les autres dans nos chambres, nous partagions tous nos repas et nous nous reposions tous ensemble. Je me suis éloignée des hôtels, j'ai descendu les rochers jusqu'au bord de l'eau et j'ai pris une photo de moi à l'aide du retardateur. La côte adriatique s'étirait derrière moi et, sur le moment, j'avais l'impression de goûter pleinement ma liberté et mon indépendance. Quand j'ai revu la photo quelques années plus tard, je me suis trouvé un petit air triste et abattu.

Bill avait promis de conduire à une allure raisonnable pour le retour. Nous devions repartir par Mostar et peut-être passer la nuit à Sarajevo, avant de rejoindre Tuzla pour voir où en était la morgue et comment le déminage avançait. Au bout du compte, nous n'avons fait qu'une brève étape à Sarajevo. Nous avons juste pris le temps de franchir la fameuse « Sniper Alley », où les tireurs d'élite embusqués semaient la panique pendant la guerre, de traverser la ville, et d'apercevoir au passage les rues pittoresques du quartier historique de Bascarsija, le siège de l'IFOR et la façade de l'ancienne bibliothèque criblée de tirs d'obus. Nous avons retrouvé John qui nous a emmenés dîner dans un restaurant de poissons sur l'autre rive du fleuve, près du pont détruit par les bombardements. Après quoi, nous sommes directement rentrés à Tuzla sous une pluie battante. Bill était toujours au volant et j'avais pris place derrière lui. Il faisait nuit noire et nous ne croisions que rarement d'autres véhicules ; seuls nos phares éclairaient le bitume défoncé par les bombes et les ponts provisoires de l'armée. J'ai entamé la conversation avec Bill pour le tenir éveillé, car tous les autres passagers s'étaient endormis. Il m'a parlé de son travail, de sa prochaine affectation, de ses missions et des ingrédients qu'il fallait à son sens réunir pour mener à bien une mission. Il était plus détendu et j'ai même eu l'impression qu'il appuyait moins sur le champignon.

À Tuzla, nous sommes descendus à l'hôtel Bristol, où José Pablo avait sous-loué une chambre à un journaliste de Reuters en déplacement. Il était confortablement installé, parmi une profusion de matériel électronique. Le lendemain, Bill nous a fait visiter notre nouveau foyer : c'était une maison louée par les Médecins pour les droits de l'homme pour les gens qui travaillaient déjà à la morgue. En réalité, il ne restait plus une seule chambre libre, mais cela ne nous dérangeait pas car nous repartirions dès que notre site serait déminé. Les hommes dormaient dans les fauteuils de la salle à manger et les femmes sur la moquette du salon, au premier étage. Pendant la journée, nous nous chargions de petites corvées à la morgue, en veillant à respecter les attributions de l'équipe en place et à ne pas nous rendre indispensables. Mais soudain, les événements se sont précipités : dans un premier temps, le déminage ayant été indéfiniment reporté, j'ai officiellement été nommée anthropologue chargée des enquêtes à la morgue ; puis, contre toute attente, les démineurs ont achevé leur ouvrage au moment où Bill partait en Écosse pour deux semaines ; José Pablo a donc pris la direction du chantier, tandis que je le remplaçais à la morgue.

12

La morgue

La morgue n'était pas à Tuzla même, mais à quelques minutes de route de là, dans le village de Kalesija. Elle avait été installée dans une ancienne usine de confection à demi détruite par les bombes, où l'on voyait encore des éclats d'obus encastrés dans le béton des façades, et des impacts de balles sur les murs, intérieurs et extérieurs. Pratiquement toutes les vitres avaient disparu des fenêtres, ce qui avait l'avantage d'aérer l'intérieur, où le vent faisait bruisser les vêtements abandonnés sous les décombres. De vieux fers à vapeur traînaient entre des portemanteaux accrochés sur un gros portant industriel et, à un bout du bâtiment, il y avait un espace cuisine. L'eau courante était coupée, mais Geoff avait fait venir une citerne. Il avait installé des douches et des toilettes préfabriquées dans un vieux conteneur posé devant l'usine. Nous avons improvisé un vestiaire dans les anciennes toilettes, dont la porte avait disparu. Le matin, quand les hommes passaient devant les vestiaires des femmes, on entendait régulièrement crier des « J'y suis! ».

Ma première journée de travail à la morgue sans José Pablo a été l'un de ces grands moments où l'on respire profondément avant de s'immiscer dans un écheveau d'émotions tissé par d'autres personnes. J'avais déjà passé suffisamment de temps à la morgue comme assistante pour comprendre que l'équipe en place n'avait pratiquement pas pris un jour de congé depuis le début des analyses. On comptait déjà trois crises de nerfs et une personne avait démissionné, affirmant avoir été mal traitée. Je me souvenais d'avoir un jour entendu un long hurlement d'exaspération pendant que je lavais des ossements sur l'esplanade. J'aurais été incapable de dire si ce cri venait de l'intérieur du bâtiment ou d'ailleurs, d'une maison du quartier. J'ai appris plus tard qu'il venait de la morgue, mais je n'ai jamais su qui s'était énervé à ce point, ni pourquoi. Toujours est-il que la tension était tangible. Depuis mon arrivée, j'avais même entendu Bob Kirschner, notre pathologiste en chef avec qui nous avions déjà travaillé au Rwanda, élever la voix plusieurs fois, et cela ne lui ressemblait guère.

Je craignais d'ouvrir la boîte de Pandore en demandant ce qui s'était passé. Mis à part Peter Knudsen, le technicien d'autopsie que nous connaissions de Kibuye, et Juerena Hoffman (alias JR), une Texane qui m'avait précédée comme étudiante de Walt Birkby à l'Université d'Arizona, je ne connaissais pas grand monde dans l'équipe médico-légale. Elle était cosmopolite : des pathologistes écossais, américains et turcs, des légistes britanniques et suisses, des anthropologues, américains pour la plupart, auxquels était venu se greffer un photographe hollandais. J'espérais qu'une fois que nous aurions trouvé notre rythme, les relations se détendraient un peu. Le protocole médico-légal était assez simple, et une routine quotidienne s'établirait rapidement.

Les cadavres à examiner reposaient dans un conteneur frigorifique, près d'un sas qui débouchait sur un couloir du bâtiment. C'était par là que passaient les techniciens d'autopsie pour transporter les premiers cas de la journée, en veillant à regrouper les cadavres retrouvés côte à côte dans la fosse. Les corps étaient confiés aux pathologistes qui les examinaient un par un dans la salle de radiographie. On déposait tout d'abord la housse mortuaire sur une table, puis on ouvrait la fermeture Éclair pour observer les restes par radioscopie. Debout autour de la table d'examen, le pathologiste et le technicien d'autopsie, engoncés dans des gilets de plomb, déplaçaient l'objectif de l'appareil sur tout le corps. L'écran fluorescent restituait une image radio du cadavre. À partir de là, le pathologiste localisait la présence d'éventuels projectiles à l'aide d'un détecteur de métaux dont la sonde, opaque aux rayons X, apparaissait en noir sur l'écran. Lorsque la sonde détectait un projectile, le pathologiste relevait son emplacement exact, procédait à son extraction et le remettait à l'enquêteur chargé de collecter et d'analyser les éléments de preuve.

Après cet examen, on transférait la housse vers un poste d'autopsie du laboratoire principal, qui avait des allures d'entrepôt. Les techniciens d'autopsie retiraient les vêtements, qui seraient par la suite lavés au jet d'eau. Les effets personnels et autres objets trouvés sur la dépouille étaient à nouveau confiés à l'enquêteur responsable des éléments de preuve, puis le pathologiste commençait l'autopsie. L'anthropologue prélevait et examinait les pièces osseuses présentant un intérêt particulier. Ces fragments étaient ensuite soigneusement lavés, ainsi que le crâne et les os présentant des lésions, puis disposés sur l'une des cinq tables d'anthropologie. Dès lors, l'analyse anthropologique proprement dite pouvait commencer. C'était un protocole long et complexe, que j'avais décrit sur le rabat de mon journal :

Mettre les pièces crâniennes à sécher sous des lampes à infrarouges pour préparer la reconstitution (les os prennent mieux la colle quand ils sont chauds). Les disposer en position anatomique, en plaçant ceux qui présentent des lésions d'un côté et les fragments intacts de l'autre. Nettoyer les faces de la symphyse pubienne, les extrémités des côtes, les clavicules et déterminer l'âge de la personne décédée. Confirmer à partir d'un autre point de détermination anthropologique de l'âge, et inscrire ces données sur le formulaire anthropologique.

Nettoyer le fémur, mesurer la longueur maximale et calculer la corpulence estimée.

Puis, à l'intérieur, sur une table d'anthropologie, commencer la reconstitution crânienne sous la lampe à infrarouges, en veillant à ne pas se brûler les doigts avec le catalyseur de la colle à deux composants, qui peut trouer la peau, faire fondre les gants de caoutchouc et dont la moindre goutte suffit à faire adhérer n'importe quoi sur le bout des doigts ou sur les jambes. Dès que la tête est reconstituée, observer la dentition, puis aller chercher le pathologiste.

Le conduire à la table d'anthropologie extérieure où l'on aura préalablement posé le crâne. Commencer par examiner tous les traumatismes sur la partie postérieure du crâne, en distinguant les lésions perimortem *et* post-mortem, *et en cherchant à en déterminer la cause. Puis passer aux traumatismes crâniens. Enfin, dicter le tableau de dentition, en commençant par la troisième molaire du maxillaire supérieur droit, pour finir par la troisième molaire du maxillaire inférieur gauche. Indiquer à l'intention du pathologiste l'état de chaque dent – saine, cariée, présence d'amalgame, reconstitution, manquante* post-mortem *ou à la suite d'une extraction.*

Demander au pathologiste les éléments postcrâniens dont il souhaite des clichés, puis porter le crâne au service photographique médico-légal en précisant les fragments demandés. Regrouper ces clichés avec ceux du pubis, des côtes et des clavicules. Déposer tous les éléments sur un fond de tissu vert (une blouse de chirurgie étendue à plat) ou sur la boîte à sable, selon les orientations d'usage pour le photographe ; tenir ou placer la règle présentant le numéro de référence du corps près de chaque élément. Prendre également une photo de la dentition pour une éventuelle identification ultérieure par les familles ou par un dentiste (les photos de dentition avaient permis d'identifier beaucoup de personnes disparues à Kigali et j'espérais que nous rencontrerions ici le même succès). Photographier le crâne sous tous les angles, sauf de la base.

Placer dans un sac tous les échantillons anthropologiques et la tête. Remettre l'ensemble des restes dans la housse mortuaire, avec les vêtements qui entre-temps ont été lavés, séchés, consignés par le pathologiste, photographiés et enregistrés sur vidéo. Puis transporter la housse vers le deuxième réfrigérateur où les corps seront regroupés par piles de trente environ. Confirmer sur les formulaires anthropologiques que tous les échantillons ont été prélevés et que toutes les mesures ont été prises.

Comme à Kigali, l'examen anthropologique des restes humains était le volet le plus simple du travail à la morgue. Les relations humaines entre vivants étaient en revanche si compliquées que l'on avait parfois l'impression de piétiner et qu'on en oubliait les points positifs de notre intervention. La présence d'un responsable des éléments de preuve et d'un administrateur de saisie des données informatiques avait par exemple beaucoup contribué à améliorer les procédures d'examen à la morgue, mais nous n'avions qu'une seule rallonge électrique pour brancher les lampes à infrarouges. L'accessoire était d'autant plus précieux qu'il n'y avait pas l'électricité dans le bâtiment et que tous les appareils étaient reliés au groupe électrogène qu'avait fait venir Geoff. Les lampes à infrarouges servaient à sécher les os des crânes à reconstituer, et dans la mesure où pratiquement tous les sujets présentaient des blessures par balles à la tête, chaque tête ou presque devait passer un long moment sous ces lampes avant que l'on puisse observer, dessiner et photographier la lésion. Il suffisait parfois de s'absenter ou de tourner le dos pour que la rallonge disparaisse. Or, l'anthropologue travaille toujours dans l'urgence, car il doit fournir le crâne au pathologiste avant que celui-ci ne passe à un autre dossier. Je perdais ainsi mon temps à courir après une rallonge sur laquelle la pathologiste de mon équipe avait branché son ordinateur portable dans une arrière-salle ! Et quand je lui demandais de me la rendre, elle refusait sous prétexte qu'elle ne pouvait pas rester les bras croisés en attendant que son crâne arrive ! Restait à lui faire comprendre que le crâne qu'elle attendait ne pouvait pas sécher sous des lampes éteintes... Avec le recul, ces petites tracasseries me paraissent triviales, mais sur le coup, elles avaient le don de me mettre les nerfs en pelote et surtout de me démotiver, car j'avais le sentiment de ne pas faire partie d'une équipe.

Sortis de la morgue, nous ne menions pas une vie beaucoup plus exaltante. Notre organisation, Médecins pour les droits de l'homme, avait loué une deuxième maison pour loger les nouveaux venus de l'équipe médico-légale, mais nous prenions tous les repas ensemble dans la première maison, où j'avais emménagé dans une chambre avec JR. Une cuisinière, Jadrenka, avait été embauchée pour faire le petit déjeuner (généralement, des aubergines frites, des petits pains briochés et des fruits), préparer le dîner et laver nos draps. Elle devait être payée par ceux qui mangeaient à sa table, mais personne n'avait été désigné pour collecter son salaire. Jour après jour, la pauvre femme s'affairait à ses fourneaux, changeait nos draps en pleurnichant et en se plaignant de ne pas avoir été payée. Au bout d'un moment, elle a décidé de ne plus préparer le petit déjeuner que pour les bons payeurs, ce qui n'empêchait pas les autres de s'asseoir à la table commune et de manger comme si de rien n'était.

Avec JR, nous avons donc entrepris de réunir l'argent des repas et de tenir à jour une liste nominative. Cette initiative a un peu amélioré la situation, mais la cohabitation posait d'autres problèmes. Personne n'avait les mêmes horaires : tandis que les plus matinaux arrivaient à la salle à manger dès six heures et demie du matin, les oiseaux de nuit traînaient jusqu'à des heures indues après le dîner. Notre maison était un vrai moulin ; entre les repas, les discussions, les réunions et les petites fêtes entre amis, nous n'avions plus aucune intimité. Bill, qui était payé pour assurer ce travail de coordination, ne montrait pas l'exemple : lors de ses passages éclair à Tuzla, entre l'Écosse, la Croatie ou le chantier, au lieu d'aller à l'hôtel, il dormait sur le canapé de la salle à manger. Et il nous entraînait dans de grandes réunions logistiques jusqu'aux aurores, car contrairement à nous qui étions harassés, il était toujours en pleine forme.

Les jours de repos étaient rares et n'étaient jamais prévus dans le calendrier. Bien entendu, nous pouvions faire une pause en période de creux, mais nous ne savions jamais à quel moment ce creux allait venir. Impossible donc, de prévoir quoi que ce soit. Un jour que j'avais enfin réussi à m'offrir une petite sieste après le déjeuner, j'ai été réveillée en fanfare par un crépitement d'armes automatiques sous mes fenêtres. J'ai aussitôt roulé sur mon matelas et je me suis laissée tomber au sol, avant d'évaluer le danger. Étrangement, c'étaient des cris joyeux qui me parvenaient, comme si des gens s'amusaient. À quatre pattes, je me suis prudemment avancée vers la fenêtre : juste derrière l'allée, on célébrait un mariage dans un jardin ! Je n'en revenais pas. Un homme – le marié, probablement – brandissait un fusil d'assaut AK-47 et tirait des salves en l'air sous les applaudissements et les vivats des convives. Dès qu'il a abaissé son arme, les gamins se sont précipités pour chercher les douilles dans le gazon. J'ai eu beaucoup de mal à réaliser que les tirs d'arme qui m'avaient réveillée en sursaut venaient de cette scène de « bonheur simple », alors que la première image qui m'avait assaillie, comme toujours, était celle du massacre des hommes sur le lac Kivu. Cet incident m'avait secouée et j'ai mis un certain temps à m'en remettre.

Nos moments de loisir les plus agréables étaient ceux que nous allions passer en groupe chez les démineurs norvégiens de NPA. Ils avaient loué une maison dans les faubourgs de Tuzla. Elle ressemblait à un chalet suisse ou italien, à ceci près qu'elle était entourée de champs de blé. Les Norvégiens nous prêtaient volontiers leur machine à laver pour faire la lessive; ils nous emmenaient dans une pizzeria où ils avaient leurs habitudes, connaissaient les clients par leur prénom et où ils avaient appris un peu de bosniaque; ils nous montraient aussi comment ils entraînaient leurs chiens au déminage ou enterraient des charges de TNT.

À Tuzla, j'avais pris le rôle de maîtresse de maison et de chef d'équipe dans notre quartier général. C'était moi qui faisais lever les gens de table après le petit déjeuner; je les dirigeais vers le vieux minibus tout délabré de l'ONU, avec son levier de vitesses au volant et ses sièges élimés qui grinçaient sur leurs ressorts rouillés. Le matin, je comptais mes passagers et les conduisais à un train d'enfer à la morgue de Kalesija, en évitant les nids-de-poule. En fin de journée, je ramenais ce petit monde à la maison avant la tombée de la nuit. Au bout de quelques semaines, j'ai fini par me sentir responsable de mes coéquipiers. J'ai pris mon rôle encore plus à cœur lorsque Bill et Bob ont quitté en même temps la mission pour prendre de nouveaux engagements dans d'autres pays d'Europe. JR et moi étions désormais les plus anciennes résidentes de la maison commune. Comme nous avions pris en main le règlement des repas, il semblait naturel que nous accueillions également les nouveaux équipiers, qui arrivaient jour après jour. Au début, nous leur présentions les règles de la communauté et les particularités de la vie à Tuzla : pour prendre une douche, profiter des créneaux horaires où il y a de l'eau au robinet, entre cinq et sept heures du matin, puis vers quatre heures de l'après-midi, pendant une heure si tout allait bien et si on était à la maison ; pour téléphoner à l'étranger, aller à la poste ; en ville, ne pas montrer son badge de l'ONU avec trop d'ostentation. Nous faisions cela de bonne grâce, mais nos collègues ont fini par croire que nous étions là pour cela et ils attendaient que nous le fassions systématiquement. À tel point qu'un jour, un pathologiste qui n'avait pas son permis de conduire de l'ONU a interrompu ma sieste après une longue journée de travail pour me dire : « Il y a des nouveaux qui attendent à l'arrêt du bus. Tu ferais bien d'aller les chercher ! »

Le 11 août, j'ai écrit à mes parents et à mon frère : « J'ai eu des hauts et des bas, ces derniers temps. J'ai l'impression d'être coupée de tout, ici. J'ai le mal du pays et trop de choses me rendent cynique. » À la fin août, j'ai confié à mon journal que je m'étais éloignée de celle que j'avais été : je n'arrivais plus à me souvenir de ce qu'étaient mes petits plaisirs et, quand je m'en souvenais, je me demandais ce qu'ils pouvaient bien m'apporter. C'était surtout Michelle qui me manquait. Michelle Chase était ma meilleure amie, mon « miroir » en quelque sorte, mais nous ne nous étions pratiquement pas parlé depuis huit mois. Et lorsque par miracle je trouvais une cabine téléphonique en état de marche pour appeler la maison, je fondais en larmes dès que j'entendais la voix de mon frère. J'aurais été incapable d'expliquer ce qui me mettait dans cet état.

C'est vers cette époque qu'Andrew Thomson, le coordinateur de notre mission, est venu me voir et m'a parlé : « Tu sais, Clea, si tu as besoin de vacances, n'hésite pas à le dire. Nous nous arrangerons pour que tu ailles passer deux ou trois jours sur la côte croate. Il ne faut surtout pas que tu craques. Tu fais partie du noyau dur de l'équipe. » On avait dû lui dire que j'étais stressée depuis quelque temps, mais j'étais bien trop fière pour l'admettre. Je l'ai remercié de se soucier de ma santé et je suis aussitôt repartie à la morgue.

J'attribuais mon état de fatigue à l'absence de plages de solitude. J'avais noté dans mon journal le nombre d'heures pendant lesquelles je m'étais isolée depuis mon arrivée à Tuzla : on les comptait sur les doigts d'une main, en comptant le temps passé aux toilettes ! Il est vrai que j'aurais pu m'isoler davantage pour noircir les pages de mon journal, car j'avais bien des choses à lui confier. Mais j'étais tellement absorbée par les problèmes logistiques et quotidiens de l'équipe que je manquais de disponibilité pour écrire. Les pauses contemplatives n'avaient pas leur place ici. Je savais très bien que, même si j'étais passionnée par mon métier, ce rythme de vie effréné prélèverait son tribut. Je ne savais pas sous quelle forme je le paierais, ni quand, ni même pendant combien de temps j'aurais à en subir les conséquences.

13

Double vision

J'avais voulu croire que mon état d'épuisement n'était dû qu'au manque d'intimité. Je n'avais pas tenu compte de l'étrange situation à laquelle les événements m'avaient conduite : un mois plus tôt encore, je déterrais des corps dans un charnier ; désormais, c'étaient ces mêmes corps que j'examinais dans une morgue, à moins de trente kilomètres du village où habitaient sans doute la plupart de leurs proches, des « déplacés internes ». J'avais vu des familles de disparus au journal télévisé d'une chaîne bosniaque. C'étaient des femmes, regroupées au sein de l'association des Femmes de Srebrenica. Elles exigeaient que toute la lumière soit faite sur le sort des leurs. Elles défilaient dans des lieux publics, brandissaient des pancartes et des photographies de leurs hommes, hurlant et pleurant, et réclamaient à cor et à cri de récupérer ne serait-ce qu'un bout de squelette de leur mari, frère ou fils, si c'était tout ce qui en restait.

Nous avons failli recevoir les Femmes de Srebrenica dans notre salon : Laurie Vollen avait organisé une réunion avec l'équipe médico-légale. Laurie avait bien progressé sur sa base de données *ante mortem*. Elle disposait maintenant d'une batterie d'ordinateurs et d'assistants cosmopolites (mais surtout bosniaques) qui interviewaient les familles, saisissaient les données sur les personnes disparues, et recherchaient ces parents éloignés. Dans notre jargon, nous les appelions des « éclaireurs », nom qui me paraissait exprimer l'importance et la difficulté de leur entreprise, surtout lorsque nous les voyions monter dans leur voiture, le visage grave et fermé, une carte dépliée sur le siège du passager. Laurie s'était beaucoup entretenue avec les Femmes de Srebrenica. Elle était convaincue qu'elles étaient les mieux placées pour aider à identifier les corps des personnes disparues. Elles disposaient notamment d'une ressource unique en son genre, bien plus précieuse que les photos de leurs hommes : leurs souvenirs des vêtements qu'elles avaient elles-mêmes cousus.

Pendant les années de siège, les habitants de Srebrenica n'avaient pas les moyens de s'offrir des vêtements neufs, et mois après mois, les femmes avaient raccommodé les mêmes vieux habits, usés jusqu'à la trame. Elles auraient reconnu entre mille leurs points de couture. Elles n'avaient oublié aucun détail de leurs reprises et ravaudage, elles se souvenaient parfaitement de la couleur du fil qu'elles avaient utilisé et de l'emplacement exact de la pièce qu'elles avaient posée. De fait, à la morgue, nous devions plus d'une fois confirmer que quand un corps était réduit à l'état de squelette et n'avait plus de cheveux, un triangle de tissu, par exemple, était resté fixé sur l'intérieur d'une poche de pantalon avec un fil dont la couleur n'avait pas passé. Ce fil intact fournissait une piste qui nous mènerait droit à la main qui l'avait cousu et, partant, au propriétaire du pantalon. Associés aux analyses anthropologiques des restes, ces indices constituaient un extraordinaire complément d'information qui pourrait permettre l'identification. Il fallait toutefois rester vigilant car, comme nous l'avions appris au Rwanda, les vêtements ne sont qu'un signe d'identification présomptif (ils ne sont pas inhérents au corps et peuvent s'échanger), mais à Srebrenica, les privations et les conditions particulières du conflit conféraient aux vêtements des disparus une signification plus profonde.

Les Femmes de Srebrenica m'ont beaucoup touchée. Ce sont elles qui ont déclenché en moi cette « double vision » dont j'avais fait l'expérience pour la première fois lors de ma rencontre avec la nièce du prêtre au Rwanda. Je prenais conscience que les dépouilles n'appartenaient que provisoirement au Tribunal, pour qui elles étaient les pièces à conviction de crimes contre l'humanité ; fondamentalement, elles appartenaient aux survivants des familles. Au Rwanda, cette prise de conscience m'avait poussée à vouloir rendre les restes aux parents, au mépris du protocole selon lequel les restes humains constituent des preuves judiciaires. Le sentiment de détresse et de perte qu'éprouvaient les familles était pour moi si palpable, si évident, que j'avais même voulu leur rendre quelques lambeaux de vêtements. Six mois plus tard, le 20 août, sur un autre continent, j'étais submergée par cette même empathie.

À la morgue de Kalesija, je préparais les postes d'anthropologie pour les premiers corps de la journée, en plein air. Mon coéquipier Mike lavait les os du dossier « CSK-10_ » que suivait James, et dont j'allais effectuer l'analyse. Mike m'a montré une balle logée dans un fémur. J'ai commencé par me réjouir de la présence d'un si bel indice : la balle qui avait pénétré le fémur au moment où la victime trébuchait, s'était retournée et était restée à l'envers, la pointe orientée vers l'orifice d'entrée. Il n'y avait pas d'orifice de sortie du projectile. J'ai pris le fémur des mains de Mike sans pouvoir en détacher mon regard. Mike m'a alors apporté un premier seau d'os lavés. En les disposant sur la table en position anatomique, j'ai remarqué que la crête iliaque de la hanche n'était pas totalement soudée, signe que le sujet avait moins d'une vingtaine d'années. Mais en regardant de plus près les sutures à peine calcifiées de la tête de l'humérus et de la tubérosité ischiatique, j'ai revu mon estimation à la baisse : la victime était bien plus jeune, seize ou dix-huit ans, tout au plus.

Tandis que j'enregistrais mécaniquement ces données, une image s'est imposée à moi : celle d'un jeune homme, là, à Cerska, sur le raidillon où nous venions de creuser, et j'ai ressenti physiquement la douleur de la balle qui déchirait sa cuisse au-dessus du genou. Sa jeunesse rendait la blessure plus douloureuse et sa mort plus tragique. Je pensais à sa famille, au vide qu'il avait laissé derrière lui. Il m'a semblé entendre alors le témoignage d'une Femme de Srebrenica. Elle racontait que les dernières personnes qui avaient aperçu son fils vivant l'avaient vu monter dans un autocar avec d'autres hommes. Il pleuvait. C'était la dernière image de lui qu'elle garderait. Tout cela se bousculait dans ma tête et j'ai aussitôt perdu tous mes moyens. Je me sentais mal, la douleur et l'émotion me serraient la poitrine, mes jambes commençaient à se dérober sous moi tandis que je prenais toute la mesure du sinistre privilège qui m'était donné : c'était moi qui touchais une partie du corps d'un garçon dont la famille, qui était forcément quelque part à deux pas d'ici, ne voulait rien tant que le récupérer, récupérer son corps, son squelette ou ses restes. Et pourtant, j'étais la seule à pouvoir le tenir entre les mains. J'avais le sentiment de le trahir ou de trahir sa mère et les siens.

J'ai fait un effort surhumain pour reprendre mes esprits et je me suis précipitée dans les bâtiments de la morgue, espérant trouver Molly Ryan, une collègue avec qui je m'étais liée d'amitié. Elle était en train de saisir des données sur son ordinateur. Quand elle m'a vue entrer, elle m'a entraînée derrière la vieille usine, à l'écart. Les Bosniaques que Geoff avait embauchés pour laver les vêtements des cadavres ont dû remarquer ma pâleur car ils se sont arrêtés net dans leur geste. Molly m'a soutenue, m'a fait marcher, m'a laissée parler, m'a réconfortée, m'assurant que ma réaction était tout à fait normale et très saine. Que c'était exactement par là qu'il fallait en passer si l'on voulait faire notre travail correctement. Elle m'a raconté comment elle avait elle-même craqué à force de taper (plusieurs centaines de fois par jour) les mots « balle », « maxillaire gauche » ou « homicide ».

Moins de dix minutes après, le temps de faire le tour du bâtiment, j'étais prête à me remettre à ma table d'anthropologie. L'impression de me noyer, de lutter contre un courant puissant alors que personne d'autre autour de moi ne semblait sentir la force de l'eau, m'a poursuivie toute la journée. Kamble, un Indien sensible et polyglotte qui conduisait notre pelleteuse et avec qui j'étais devenue amie, m'avait vue partir avec Molly. Très inquiet, il s'était précipité vers nous et voulait savoir ce qui n'allait pas. Mais Molly l'avait éloigné en attendant que je me reprenne. Il est revenu et m'a demandé ce qui m'était arrivé. Je me suis bornée à lui expliquer que j'avais été prise au dépourvu par le jeune âge d'une victime, et que j'étais bouleversée, pour lui et pour l'humanité tout entière. Kamble a froncé les sourcils et m'a fixée droit dans les yeux : « Chapeau. Tu vis pleinement ce que tu fais. Tu es quelqu'un de bien, tu sais. » Sur le moment, je n'avais pas l'impression d'être quelqu'un de bien. Au contraire. J'étais furieuse contre moi-même, furieuse de m'être ainsi laissée aller – d'avoir laissé se fissurer la carapace qui me permettait d'analyser des cadavres en faisant abstraction du côté tragique de mon métier pendant mes heures de travail.

Ce moment d'égarement qui n'avait pas duré dix minutes a été pour moi une expérience bouleversante. J'avais choisi le métier d'anthropologue médico-légale pour deux raisons : d'abord pour faire parler les squelettes ; ensuite, parce qu'à la vue de mon premier cadavre sur une table d'analyse anthropologique, j'avais ressenti une violente émotion. Mais je n'avais ni paniqué, ni disjoncté. Quand j'analyse

Photo © Pierre Heuts

| Au travail avec Bill Haglund à Kigali, Rwanda.

Photos 1 à 4 © Médecins pour les droits de l'homme

1 | 2 | 3 | 4

| 1. Dans la pente située en dessous de l'église de Kibuye. Chaque drapeau rouge indique la présence de restes humains. En 1996, à la fin de ma première journée de travail, je me suis retrouvée à court de drapeaux. | 2. Le charnier, protégé par un toit de fortune fait de bâches tendues entre des troncs d'arbres. Nous avons d'abord utilisé la pelleteuse pour retirer la terre de surface, puis la pioche, la pelle et la truelle pour mettre au jour les restes humains. | 3. Type de machettes utilisé lors du massacre de Kibuye. Les agresseurs sectionnaient parfois le tendon d'Achille des victimes pour les empêcher de s'enfuir. | 4. Ce n'était pas courant d'exhumer un corps intact, la plupart des crânes avaient roulé au pied de la colline. Notre première tâche consistait à les réunir à leurs corps respectifs.

|1. Nous nous efforcions de nettoyer les effets personnels afin de permettre aux proches d'identifier les corps lors de la « Journée du Vêtement ». Cette journée m'a permis d'appréhender notre travail d'une façon plus humanitaire et pas seulement médico-légale. |2. Un des cadavres dans le charnier, juste avant l'exhumation. |3. L'intérieur de l'église de Kibuye avec des housses mortuaires entre les bancs de l'église. Ce qui me touchait davantage que les corps, c'étaient les vestiges de violence telles que les traces de sang au plafond.

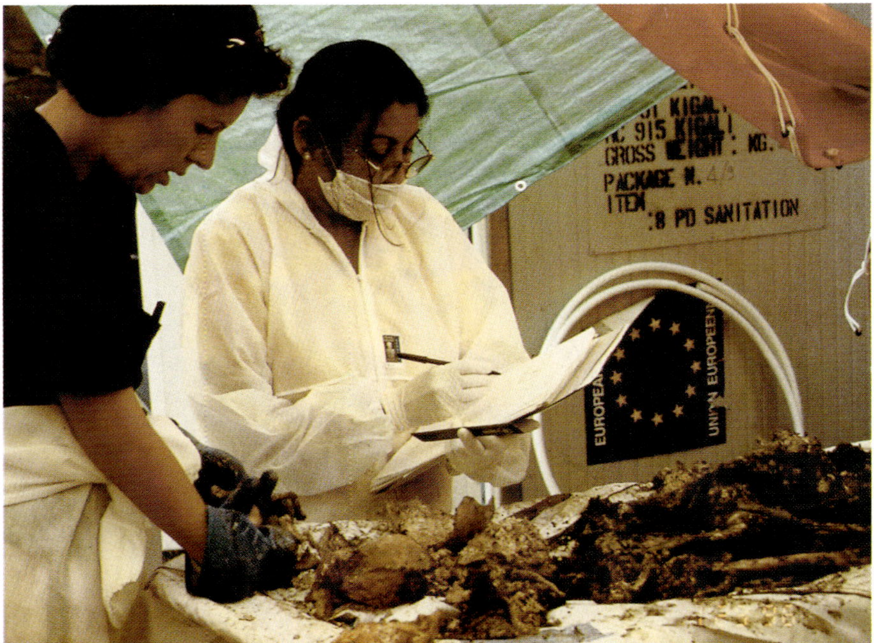

Photos 1 et 2 © Médecins pour les droits de l'homme

1
2

| **1.** La tente d'autopsie à Kibuye : une grande arche de Nylon gonflable installée à même la terre. | **2.** Roxana et Mitra sous la tente. Chaque jour, les pathologistes, les anthropologues, le radiologue et le photographe travaillaient sur une trentaine de corps.

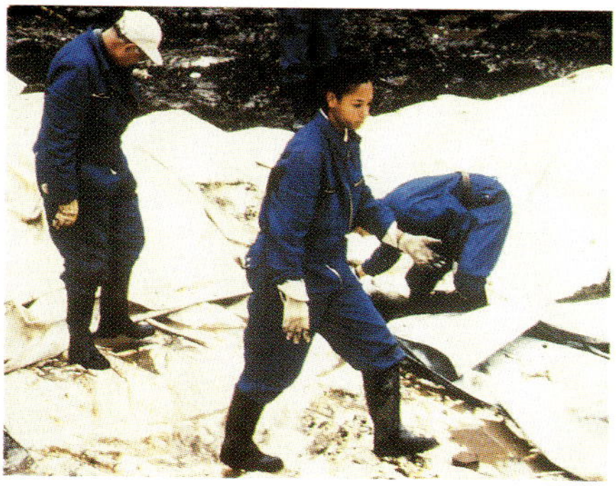

| 1. Cerska, près de Srebrenica, notre premier site en Bosnie. La raideur de la pente compliquait l'exhumation des corps. | 2/3. À Ovcara, nous devions protéger le charnier de la pluie, jusqu'au jour où l'administrateur de l'ONU pour la Slavonie orientale, le général Jacques Klein, remarquant nos efforts, a commandé une tente, solide et stable. Une nette amélioration par rapport aux bâches de Kibuye. | 4. L'équipe de la morgue à Kalesija, Bosnie. Debout, de gauche à droite : Bill Haglund (2e), Juerena Hoffman (6e), moi, Geoff Bucknall, Kamble, Dorothy Gallagher, José Pablo (13e), Peter Knudsen, Mike, Fernando Moscoso, David Del Pino, John Gerns, et au bout Bob Kirschner ; assis : Shuala Martin (3e), Angela Brkic (5e), Patrick (7e) et au bout Molly Ryan.

1 | 2

|**1.** Ute et moi retirant la terre d'un autre charnier à Brcko, Bosnie. |**2.** Aux côtés de Luis et Serge à Ovcara, Croatie. Tandis que nous découvrions les corps dans le charnier, les preuves selon lesquelles il s'agissait de personnes évacuées de l'hôpital de Vukovar s'accumulaient : nous trouvions des sabots d'hôpital, des compte-gouttes, des radiographies et des béquilles.

1

2

| **1.** L'exhumation à Ovcara, sous le regard attentif des observateurs des droits de l'homme croates et de l'équipe anglaise du documentaire consacré à notre mission. | **2.** Le charnier d'Ovcara. Certains visiteurs officiels ne pouvaient pas croire qu'ils voyaient là des corps.

Photo © Barney Kelly

| Toujours souriante, tenant un ruban métrique au début d'une journée de travail au Kosovo.

des restes humains, ils ne me font pas peur, ils ne me rebutent pas, ils m'intéressent. Quand je vois une lésion, je ne blêmis pas, je cherche à savoir ce qui l'a provoquée. Pour moi, dans un cadavre, tout a un sens, jusqu'au grouillement des asticots (qui ne sont pourtant pas mes bêtes préférées), malgré mes maigres connaissances d'entomologie médico-légale (discipline qui consiste à faire « parler » les insectes sur le temps qui s'est écoulé depuis la mort et la localisation du corps). Les ossements, les corps, les lésions ne doivent pas nous impressionner, c'est une exigence primordiale dans ce métier. Sur le terrain, je peux me laisser décourager par des fouilles infructueuses, mais dès que nous déterrons des restes humains, je retrouve mon énergie, voire ma joie de vivre. Jusqu'alors, j'étais persuadée que cette attitude positive était naturelle; je ne m'étais pas rendu compte des efforts que je déployais pour me blinder avant d'attaquer l'analyse d'une dépouille ou d'exhumer les corps d'une fosse commune. Il m'était arrivé plus d'une fois de sombrer dans un état semi-dépressif après une journée de travail parce que je commençais à ruminer les grandes questions philosophiques : la douleur, la peur, ce qui avait pu marquer les derniers instants d'un être vivant avant que je ne le connaisse sous forme de cadavre. Mais ce qui m'inquiétait désormais, c'était de constater que ces questions philosophiques venaient s'immiscer dans mes pensées *pendant* que je travaillais.

L'envers du décor avait quelque chose de pernicieux. Derrière le squelette, il me montrait le fils, le mari, le frère ou le père disparu d'une de ces femmes que je pouvais croiser dans la rue à tout instant. Cette vision compromettait mon enthousiasme professionnel, surtout si elle pouvait se présenter à n'importe quel moment. Je savais bien que mon angoisse était caractéristique des anthropologues médico-légaux qui analysaient autant de corps que moi et qui de surcroît participaient aux exhumations sur le théâtre des massacres où ces corps avaient été retrouvés. C'était parce que j'avais vu les mêmes squelettes dans ces deux contextes que j'avais l'impression qu'ils me hurlaient leur tragédie. L'épuisement et le stress accumulés n'avaient fait qu'amplifier les cris horrifiants des morts.

Sans doute pour ne pas trop songer aux implications de cette subite prise de conscience, j'ai tout mis sur le compte de la fatigue. Je ne voulais pas remettre en question mes capacités professionnelles pour si peu. Pendant les deux jours suivants, j'ai réussi à me conditionner et à réaliser des gestes mécaniques sans me poser de questions. Mais je sentais que j'étais à deux doigts de craquer tant j'étais fatiguée. C'est alors que Bill m'a appelée d'Écosse pour faire le point sur l'affectation des anthropologues de terrain à la morgue. Il a semblé percevoir mon état d'épuisement : « Clea, je n'ai plus besoin de toi à Tuzla. Ça te dirait d'aller à Vukovar à partir de mardi prochain ? » Cette simple perspective m'a revigorée. J'ai immédiatement accepté.

La dernière fois que Bill m'avait proposé un chantier en Croatie, nous étions à Kibuye. Il s'agissait d'une fosse commune à Ovcara. Les Nations unies et Médecins pour les droits de l'homme avaient tenté d'exhumer ce charnier en 1992 et 1993, mais ils en avaient été empêchés par des manœuvres d'intimidation des autorités serbes de la région. Depuis, l'ONU avait sécurisé le site où notre association était maintenant prête à reprendre les fouilles, et plusieurs collègues étaient déjà en route pour Ovcara.

Bill est revenu en Bosnie le jour où nous achevions l'analyse des derniers corps de Cerska. Ce soir-là, il m'a rendu visite et m'a conseillé de prendre ma journée du lendemain. « Nous partirons à Vukovar mercredi, ça te va ? » J'étais ravie. En allant me coucher, j'avais très mal au ventre. J'étais trop fatiguée pour penser à mes petits bobos et j'étais persuadée que la douleur disparaîtrait comme elle était venue.

Pour une fois que j'aurais pu faire la grasse matinée, j'ai été réveillée aux aurores par des crampes d'estomac. Je me suis précipitée aux toilettes, le cœur au bord des lèvres. Par chance, il y avait de l'eau à cette heure-là et j'ai pu nettoyer derrière moi. Ce qui est tout de même appréciable quand on est malade toute la matinée dans une maison où il n'y a qu'un W.-C. pour six personnes! À un moment, quelqu'un a monopolisé les toilettes pendant trois bons quarts d'heure. Je ne savais plus que faire. J'ai dû me débrouiller pour trouver un récipient sans réveiller JR qui dormait à poings fermés. En milieu de matinée, j'étais brûlante de fièvre, je me tordais de douleur, j'avais des frissons, des crampes, des élancements. JR était très inquiète. Elle voulait me conduire à l'hôpital, mais Bob avait interdit d'utiliser les véhicules de Médecins pour les droits de l'homme pour un usage personnel. Il l'avait dit et répété. En outre, ce matin-là, il ne décolérait pas parce que presque tous les experts médico-légaux s'étaient entassés dans une camionnette pour aller passer la journée à Sarajevo. L'obstination de Bob m'a rappelé l'incident de Kibuye, où Roxana n'avait pas pu être transportée en hélicoptère jusqu'à Kigali, alors qu'il était évident qu'elle faisait une crise de paludisme.

Je suis donc restée toute la journée au fond de mon lit, et ma température ne cessait d'augmenter. À sept heures du soir, j'avais l'impression de brûler vive. Bill a posé sa main sur mon front; Bob a fait mine de m'examiner et a prononcé son verdict : je n'avais aucun besoin d'aller à l'hôpital. À moins, bien entendu, que je n'y tienne absolument, a-t-il ajouté. Mais je ne devais surtout pas compter sur lui pour m'y emmener. Bill ne pouvait pas davantage m'accompagner car il avait rendez-vous en ville pour dîner avec des journalistes. Par chance, Jimmy, le démineur suédois de NPA était là, et il avait sa voiture. JR et lui m'ont aidée à descendre l'escalier. Le reste de l'équipe était en train de manger et, en m'apercevant, quelqu'un s'est exclamé :

« Qu'est-ce qui lui arrive ? Elle ne sourit plus ! Il faut qu'elle soit vraiment mal fichue ! » Bob s'est empressé de couper court aux rumeurs en prenant son ton le plus naturel : « Mais non, elle va très bien, elle n'est pas malade du tout. » Et il s'est posté en travers de la porte pour que mes collègues ne me voient pas dans cet état.

Jimmy s'est efforcé de conduire doucement jusqu'à l'hôpital norvégien, mais la voiture cahotait au moindre trou dans la chaussée. Lorsqu'elle est passée sur les rails de la voie ferrée, j'ai cru qu'on m'arrachait le ventre. Un médecin norvégien m'a reçue assez rapidement et son diagnostic est tombé : « Forte fièvre. Ça peut être une grippe comme ça peut être le paludisme ; réhydratez-vous, ne mangez pas trop et reposez-vous pendant trois jours. »

Cette maladie m'a sauvée. J'ai passé deux jours au lit et les gens qui m'aimaient bien m'ont rendu visite : José Pablo, Dorothy, Shuala Martin, qui avait passé un petit moment à la morgue avec nous. Une fois rétablie, j'ai repris mon journal et j'ai consigné les derniers événements. Ces deux jours ont achevé de me convaincre que je désirais plus que tout au monde mener cette mission à bien.

Dès que j'ai retrouvé mes forces, je suis retournée travailler trois jours à la morgue avant de suivre Bill en Croatie. Le jour où j'ai refait surface, le rythme était encore hésitant parce que nous préparions l'analyse des corps de Nova Kasaba et il fallait définir l'ordre des autopsies. Après cette formalité, nous étions prêts à reprendre notre routine, mais une équipe de tournage de l'émission télévisée américaine *Nightline* est arrivée à ce moment-là. Pendant qu'elle filmait Bob en train de diriger des autopsies, nous ne pouvions pas transporter d'autres corps au laboratoire. Le tournage a duré plus longtemps que prévu, en partie parce que Bob ne s'était entouré d'aucun de ses assistants – l'assistant d'autopsie chargé de retirer les vêtements, le technicien des preuves censé ranger au fur et à mesure les projectiles dans des sachets de plastique, l'anthropologue qui était le seul à pouvoir détacher le crâne de la colonne vertébrale. Fidèle à lui-même, Bob reconstituait à lui seul toute l'équipe et, entre deux séquences, il sortait pour remettre les trois mèches qui lui couvraient le crâne.

À la veille de mon départ, Jadrenka s'est remise à pleurer à chaudes larmes. Elle se demandait sans doute comment elle allait se faire payer désormais : je partais, et José Pablo venait de muter JR au chantier. Quant à Bill et Bob, ils ne savaient pas qui était Jadrenka et n'avaient aucune idée des stratagèmes que nous avions imposés pour qu'elle touche son dû. L'équipe a organisé un dîner d'adieu dans le restaurant préféré de Bill pour les trois d'entre nous qui quittions Tuzla. Cette soirée fut pour moi la plus mémorable de toute la semaine. J'ai évoqué avec Geoff les innombrables dîners d'adieu que nous avions pu vivre sur différents continents, et je lui ai rappelé en riant ce qu'il m'avait dit quand j'avais quitté Kigali : « Ce n'est pas parce que je te revois dans quelques jours en Bosnie qu'il ne faut pas m'embrasser. » Cette soirée s'est achevée en portant des toasts à tous ceux qui partaient.

Mes collègues en ont profité pour me remercier de leur avoir rendu leur séjour à Tuzla plus agréable, pour me dire à quel point mon sourire avait illuminé leurs journées les plus moroses, et pour me féliciter de m'être si bien acquittée de mon rôle de chauffeur. Tout cela était dit avec humour mais aussi avec beaucoup de sincérité. Leur gentillesse m'est allée droit au cœur. Ces témoignages signifiaient surtout que ma présence avait compté pour eux pendant cette mission. Avec le recul, j'ai réalisé que je m'étais surtout attachée aux relations humaines, au détriment de notre travail médico-légal et de son impact potentiel sur le village de Kalesija. La mission qui m'attendait en Croatie allait très vite faire pencher la balance de l'autre côté.

IV

Croatie

30 août-30 septembre 1996

CROATIE

La ville de Vukovar est située dans la région croate de Slavonie orientale sur une boucle du Danube, qui marque la frontière avec la Serbie. Lors des sept mois de guerre qui ont secoué la Croatie au lendemain de sa sécession proclamée, un déluge de bombes s'est abattu sur Vukovar. Trois mois durant, une incessante noria d'avions de l'armée populaire yougoslave (JNA) a décollé de l'autre rive du Danube pour pilonner la ville. Les habitants se sont réfugiés dans les caves tandis que la Garde nationale croate, épaulée par des unités irrégulières, défendait la cité assiégée. À Vukovar comme à Srebrenica, l'enjeu de ces combats acharnés était territorial : la Serbie cherchait à reprendre la Slavonie orientale pour disposer d'un accès vers la Slavonie occidentale et le « corridor de Posavina ». Dès lors, la majorité serbe de Krajina occidentale serait directement rattachée à la « Mère patrie serbe » s'étirant à l'est. En 1992, ces régions stratégiques et âprement disputées ont été placées sous la protection des Nations unies. Ces « zones protégées » et le cessez-le-feu signé par les parties belligérantes ont permis de rétablir un calme relatif en Croatie jusqu'en 1995, lorsque l'armée régulière croate a lancé une vaste offensive de reconquête, d'abord en Slavonie occidentale, puis sur la Krajina, contraignant des milliers de Serbes à l'exode. La plupart ont choisi de partir vers l'est pour rejoindre la Serbie.

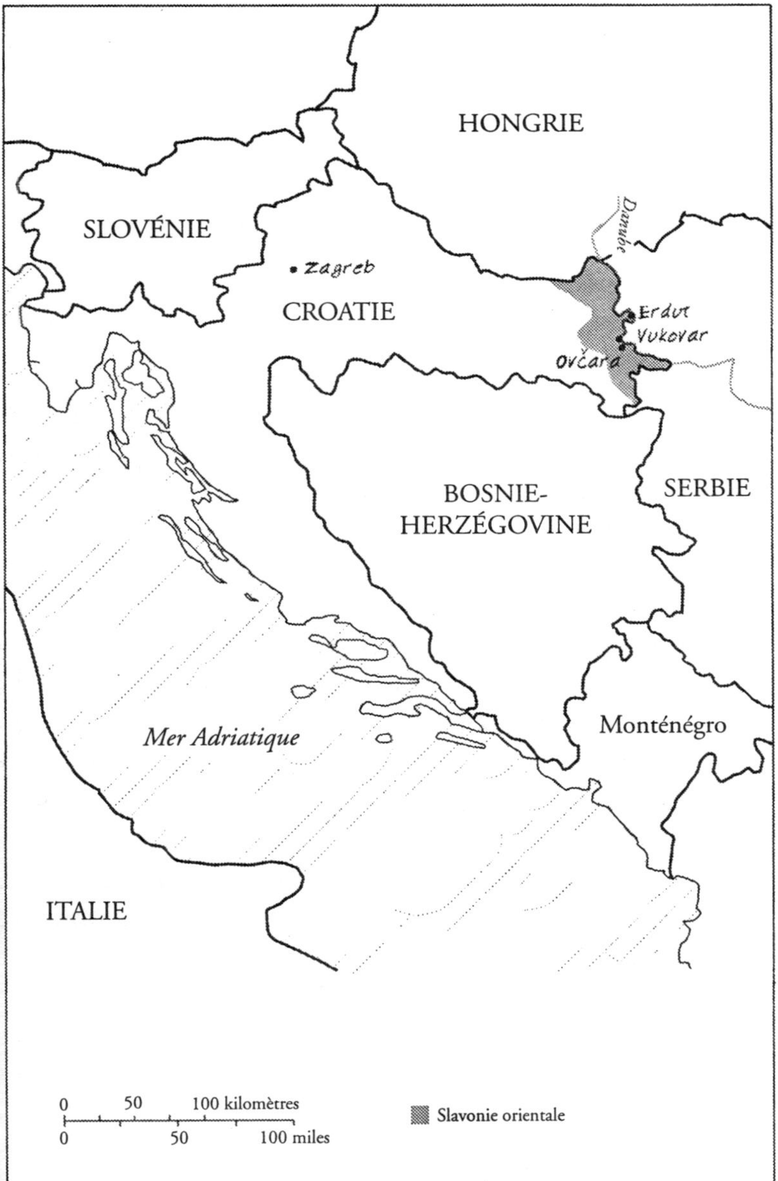
HONGRIE
SLOVÉNIE
Zagreb
CROATIE
Danube
Erdut
Vukovar
Ovčara
BOSNIE-
HERZÉGOVINE
SERBIE
Monténégro
Mer Adriatique
ITALIE
0 50 100 kilomètres
0 50 100 miles
Slavonie orientale

14

À LA RECHERCHE DES VIVANTS

MON SAC DE MARIN JETÉ SUR L'ÉPAULE, j'avais sauté dans le Land Cruiser blanc de Bill Haglund, et nous avons filé vers Vukovar. Clint Williamson, le Procureur du TPIY chargé du dossier, nous accompagnait. Pendant le voyage, il nous a raconté par le menu le siège de Vukovar et nous a expliqué comment la Slavonie orientale s'était constituée. Confortablement assise à l'arrière, j'avais l'impression d'assister à un cours d'histoire. Alors que Clint parlait de la voie ferrée traversant la région de Croatie où le meurtre de plusieurs policiers avait mis le feu aux poudres, les roues de notre véhicule cahotaient sur ces mêmes rails ! Le nez collé à la vitre, je cherchais sur la chaussée défoncée un signe indiquant que c'était à cet endroit précis que la guerre avait éclaté. Mais rien. Pourtant, ma vision de la Croatie était déjà faite : c'était selon moi une région figée dans le temps.

Cet après-midi-là, la découverte de Vukovar a vite confirmé cette impression. La ville s'était rendue à l'armée populaire yougoslave depuis cinq ans déjà, mais l'austère bâtiment de l'usine de bottes de Borovo portait encore les stigmates des bombardements et était à l'abandon. Les habitations avaient été totalement rasées. Les façades roses de la gare centrale, sculptées d'exubérants ornements baroques, étaient encore noircies de suie. Les façades blanches des immeubles de l'époque communiste n'avaient pas pansé les sombres blessures infligées par les tirs de mortiers. Ces bâtisses me faisaient penser aux remparts d'un château médiéval qui aurait résisté aux canons des envahisseurs, à cette différence près que par endroits, parmi les innombrables impacts de balles criblant les murs, un obus avait ouvert une énorme brèche. Et en y regardant de plus près, on se rendait compte que c'était tout le pan de mur d'un salon qui était tombé, laissant un trou béant. J'étais persuadée qu'il ne restait plus un seul habitant dans ces immeubles et ces maisons de deux ou trois étages dévastés par les bombes et les tirs d'armes automatiques, derrière ces larges portails délabrés et rouillés grinçant au vent, dans ces rues labourées par les chenilles des chars d'assaut.

Pourtant, quelques signes semblaient indiquer que la vie reprenait ses droits par-delà les grilles de fer forgé rongées par la rouille. Là, dans un carré de jardin, on avait planté des choux en rangées bien droites et les parterres de fleurs étaient parfaitement sarclés. Un peu plus loin, sur une corde à linge, un gros ours en peluche beige séchait, accroché par les oreilles. Il y avait donc bien des gens qui vivaient là, mais apparemment dans les arrière-cours. À ma grande surprise, les appartements dont les façades ravagées donnaient sur la rue n'avaient pas été totalement désertés non plus. Clint m'a fait remarquer plusieurs indices révélant une présence humaine : des cordes à linge tendues sur des balcons, des bâches de plastique fermant des fenêtres défoncées. En traversant la ville à la tombée de la nuit, je n'ai vu personne s'affairer dans les appartements, d'où ne filtrait pratiquement aucune lumière. Il est vrai que l'électricité était coupée et qu'il n'y avait plus de chauffage, malgré l'approche de l'hiver. Pourquoi ? Parce que beaucoup n'étaient pas d'ici. C'étaient des réfugiés, des Serbes qui, victimes de la politique de nettoyage ethnique, avaient été chassés du nord de la Bosnie ou de la Krajina, contraints de laisser leurs morts derrière eux. Réduits au plus strict dénuement, ravalant leur dignité, ils avaient dû se résoudre à squatter les appartements des Croates qui eux-mêmes avaient été expulsés de Vukovar par l'avancée des Serbes. C'était un gigantesque chassé-croisé de lieux de vie que personne n'avait souhaité. Toutes ces populations auraient préféré rester chez elles, dans leurs propres maisons, sous leurs propres toits, cultiver leurs propres jardins et repeindre leurs propres portails.

Le patrimoine privé constitue pour les vivants et leur descendance une réalité tangible essentielle. L'épuration ethnique avait laissé de terribles séquelles dans la vie de ces gens. Je devais bientôt prendre toute la mesure des conséquences matérielles de ce conflit interethnique en écoutant l'histoire que m'a raconté par la suite Barbara Davis, une amie de mes parents qui vivait à Vukovar en tant qu'observatrice de l'Organisation pour la sécurité et la coopération en Europe (OSCE). Barbara louait une maison à une vieille femme qui habitait en ville. À l'intérieur de cette maison, un mur avait été monté avec deux types de briques cimentées par un mortier flambant neuf. Ce détail n'avait pas manqué d'intriguer Barbara et la propriétaire s'était empressée de lui expliquer qu'elle n'avait pu finir de monter ce mur qu'en se dépêchant d'aller récupérer des briques dans les décombres de la maison de ses anciens voisins – des Croates emportés par l'exode vers Dieu seul savait où : ils avaient peut-être réussi à s'installer à Zagreb, à moins qu'ils n'aient fini au fond d'une fosse commune. Une seule chose était sûre : ils ne reviendraient pas. C'est pourquoi elle n'avait pas eu plus de scrupules que cela à récupérer leurs briques. Elle n'en était pas vraiment fière, pourtant son attitude était un brin provocatrice.

Cette tragique anecdote m'a permis de comprendre que pour les individus, les enjeux n'étaient ni politiques, ni religieux ; la guerre laissait libre cours aux comportements opportunistes. Pour cette vieille femme qui touchait déjà une retraite, il s'agissait de préserver son foyer pendant que le monde se laissait entraîner dans une folie destructrice. Elle, au moins, avait une maison à réparer. Je me demandais par quel miracle elle avait pu rester debout après les événements de novembre 1991. La propriétaire avait-elle demandé aux soldats de la JNA d'épargner cette propriété parce qu'elle appartenait à une Serbe ? Avait-elle dit quelque chose aux hommes qui avaient tiré des obus sur le pavillon de ses voisins avant d'y mettre le feu ? Avait-elle aidé ses voisins croates à se sauver ? Que savait-elle au juste ? Et que pouvait-elle bien penser, aujourd'hui ?

Deux ans après cette mission, lorsque l'ONU a décidé de réintégrer la Slavonie orientale à la Croatie, je me suis demandé ce qui se passerait si les Croates contraints à l'exil revenaient chez eux. Les voisins de la vieille dame lui réclameraient-ils leurs briques ? Leur demanderait-elle pardon ? Ou bien n'y aurait-il aucune explication claire ? Tous ces gens qui avaient vécu la même guerre passeraient-ils un accord tacite pour se maintenir dans les limbes du non-dit ?

Abattre une maison n'est pas un geste innocent. C'est un acte symbolique, plus encore dans des pays comme la Croatie et la Bosnie, où les gens construisent le plus souvent leur maison eux-mêmes, en rameutant la famille, les amis et les voisins, qui pour monter un mur, qui pour couler le béton, à charge de revanche. Pour ces familles, bâtir sa maison est en soi l'œuvre d'une vie, car les travaux s'étalent sur plusieurs années, le temps de réunir suffisamment d'économies pour élever un nouvel étage. Dans les quartiers résidentiels, on voit souvent des pavillons inachevés, où seuls le rez-de-chaussée et le premier étage sont habitables, tandis que sous une toiture provisoire, se dessine l'ébauche d'un deuxième niveau. Raser des années de travail, d'efforts communs et d'économies tout en épargnant ostensiblement la maison du voisin relève d'une forme de cruauté très particulière. L'acte même de destruction vise à démoraliser les propriétaires et leur famille, à leur faire parvenir un message on ne peut plus clair : nous démolissons votre foyer, nous effaçons la trace de votre passage sur cette terre. Ne revenez pas, car vous n'aurez jamais assez de cette vie pour recommencer à zéro.

Et lorsque les propriétaires dépossédés s'obstinaient à résister, après avoir détruit leur maison, on leur prenait encore la vie – au mépris des règles élémentaires de la guerre et parfois même au nez du Comité international de la Croix rouge. Malgré le logo rouge du CICR bien en évidence sur le toit, l'hôpital de Vukovar n'a pas échappé aux bombardements. J'ai vu des extraits des actualités de l'époque puisque les caméras de télévision avaient filmé la chute de Vukovar. Devant l'hôpital, un général de l'armée yougoslave faisait mine de dissiper les craintes du personnel de la Croix-Rouge qui demandait des garanties pour que tous les patients soient évacués. Pendant ce temps, derrière l'hôpital, à l'abri du regard inquisiteur des journalistes et des observateurs internationaux, ses hommes étaient en train d'entasser près de trois cents patients, civils et membres du personnel hospitalier, dans des autobus qui les conduiraient dans l'un des deux camps de prisonniers de la région. Dans le deuxième camp, les détenus étaient systématiquement passés à tabac pendant des heures. Deux hommes ont succombé à ces sévices. Les autres ont été embarqués par petits groupes dans un camion et emmenés par un chemin de terre débouchant sur une vaste décharge agricole à l'orée d'un champ. L'un des prisonniers a réussi à sauter d'un camion en marche et à prendre la fuite. C'est grâce à cet unique rescapé que nous savons ce qui s'est passé ce jour-là, du moins jusqu'à l'instant où les camions ont atteint la décharge. La science médico-légale nous raconte la suite de l'histoire.

Déjà, en 1992, la Commission d'experts des Nations unies avait demandé aux Médecins pour les droits de l'homme d'exhumer le site.

Une petite équipe d'archéologues et d'anthropologues avait commencé les fouilles sous la direction de Clyde Snow, premier anthropologue médico-légal à avoir fait des expertises aux quatre coins de la planète, et notamment en Argentine, où il avait formé l'équipe locale. À Ovcara, les employés de Snow ont repéré des impacts de balles sur plusieurs arbres, recueilli des douilles de cartouches de 7,62 mm près de la fosse, et vu affleurer un peu plus loin les squelettes de trois jeunes gens dont la boîte crânienne présentait des lésions provoquées par des armes à feu. Dans les deux tranchées qu'ils avaient creusées en croix, ils ont trouvé plusieurs cadavres ballonnés. Le site était désormais officiellement un charnier. Mais l'équipe médico-légale a reçu des menaces et des avertissements très clairs des autorités serbes de la région et a dû renoncer à poursuivre son travail. Depuis, l'ONU s'était efforcée de placer le site sous bonne garde pour éviter que la fosse commune soit dérangée avant le retour de spécialistes de médecine légale qui pourraient l'examiner en toute sécurité. Cette situation a duré quatre ans. Les Médecins pour les droits de l'homme avaient essayé plusieurs fois de revenir sur les lieux, mais leurs demandes s'étaient systématiquement heurtées à un refus catégorique des autorités locales. Entre-temps, la Slavonie orientale fut placée sous la protection des Nations unies, tandis que la Croatie et la Serbie continuaient de se disputer le contrôle des terres fertiles de cette région stratégiquement placée sur le Danube, première voie de commerce fluvial.

C'est vers cette période que les familles des disparus de l'hôpital de Vukovar se sont regroupées pour former l'association des Mères de Vukovar. Elles s'obstinaient à croire que leurs hommes étaient vivants, qu'ils étaient détenus dans des camps de prisonniers de guerre en Serbie. Elles étaient aussi convaincues que c'était davantage par les pressions politiques que par des excavations dans un dépotoir qu'elles réussiraient à les ramener à la maison. Elles en étaient si intimement persuadées qu'elles ont même manifesté contre la réouverture du site d'Ovcara. Elles ne voulaient pas être les survivantes de morts, elles cherchaient des vivants.

Une chose est certaine : nos objectifs étaient aux antipodes, car les anthropologues médico-légaux, eux, ne sont pas en quête des vivants. Ce paradoxe me trottait dans la tête le jour où nous nous sommes rendus pour la première fois sur le lieu des exactions. Nous n'arrivions pas avec des ambulances et des urgentistes. Nous apportions des civières qui certes ne s'apprêtaient pas à recevoir des blessés, mais des restes humains enfermés dans des housses mortuaires. Et si nous débarquions si vite sur les lieux, ce n'était pas parce que nous devions dégager des victimes ensevelies avant qu'elles ne soient asphyxiées sous les décombres, mais simplement parce que Bill conduisait toujours à toute allure.

En arrivant au bout du chemin de terre bordé de champs de blé, je n'ai pas tout de suite vu le site. Il avait été entièrement enclos par une vieille toile grise élimée. Cette clôture était assez haute pour décourager les curieux. Un véhicule blindé de transport de troupes gardait l'entrée près d'un petit bunker protégé de sacs de sable. Le charnier était surveillé depuis au moins deux ans par un régiment jordanien. Le capitaine Hassan est venu nous accueillir. C'était un homme d'une beauté toute militaire : grand, mince, élancé, la moustache parfaitement taillée sur un visage rasé de près. Il parlait un bien meilleur anglais que ses soldats et, tout au long de l'exhumation, il n'aurait de cesse de l'améliorer en nous tenant de longues conversations. Il était d'une courtoisie exemplaire et s'est montré plutôt fier d'avoir maintenu le chantier tel qu'il était au départ de la première équipe.

J'ai été agréablement surprise en découvrant le complexe. Il était beaucoup mieux aménagé que tout ce que nous avions connu au

Rwanda et en Bosnie : sur une vaste esplanade de gravier, se dressaient trois conteneurs blancs reliés par une passerelle surélevée. Derrière, une palissade blanche d'un mètre de haut entourait une immense tente blanche de l'ONU abritant un grand plancher. Cet espace saugrenu m'a fait penser aux salles des fêtes des petits villages de province. C'est d'ailleurs ainsi que j'allais l'appeler. Au fond de la salle, des portières ouvraient sur un petit carré de terre accidenté, jonché de détritus et délimité par des barbelés : c'était le charnier. Ce lopin anonyme qui cachait des horreurs inconnues n'avait rien d'extraordinaire, mais dans quelques semaines, nous aurions révélé une fosse commune nettement délimitée où nous ne trouverions que des corps et de la terre. Dans un premier temps, j'ai éprouvé un léger malaise face à ce site. Mais comme je l'ai parcouru aux côtés de Bill, j'ai retrouvé mes réflexes professionnels, ramassant quelques ossements d'animaux et les lui présentant. J'avais appris à reconnaître les molaires de sanglier à leur couronne très crénelée et, sur ce coup, mon mentor ne réussit pas à me coller. Bill n'était pas aussi impressionné que moi par le site. Il trouvait mille et une raisons de pester : ces « abrutis » de démineurs avaient remué la terre de surface du charnier ; la tente était mal placée et il faudrait « peut-être » la déplacer ; ce qui était « sûr et certain », c'était qu'il faudrait déplacer la clôture ; ces fichus barbelés empiétaient sans doute sur le périmètre de la tombe… Clint a écouté toutes ces récriminations de bonne grâce, s'est engagé à étudier les modifications nécessaires et a promis de nous faire livrer dès le lendemain des téléphones, des télécopieurs, des meubles de bureau et du papier toilette.

Plus tard, Clint m'a raconté que lorsqu'elle avait annoncé la reprise des exhumations, la délégation du Tribunal s'était fait invectiver par les Mères de Vukovar qui, en l'absence de preuves concrètes, refusaient de croire qu'il y avait un quelconque lien entre leurs hommes qui avaient quitté l'hôpital vivants et les cadavres d'Ovcara. J'étais surprise qu'elles se braquent à ce point, je ne comprenais pas bien leur attitude. Comment étais-je censée réagir, moi qui étais là pour rendre aux familles des restes ou des objets ayant appartenu à leurs morts ? Ces familles ne voulaient surtout pas récupérer quoi que ce soit, parce que cela les aurait contraintes à reconnaître que leurs disparus étaient bel et bien morts. Notre fonction d'anthropologues médico-légaux nous fait nécessairement entrer en scène après la mort. Je m'étais toujours accommodée de cet état de fait qui me paraissait dans l'ordre des choses. Pourtant, le lendemain, lorsque j'ai commencé à déblayer le cimetière, à en repérer les limites et à recueillir des étuis de projectiles, j'ai eu l'impression de trahir ces mères.

Mais les tâches qui nous incombaient étaient suffisamment automatiques pour me permettre de me plonger dans mon travail sans me laisser déstabiliser par ces pensées. Nous devions tout d'abord terminer ce que nos prédécesseurs avaient été contraints de laisser en plan en 1992. Toute excavation commence par l'inventaire du matériel disponible et manquant. Dans ce cas précis, nous disposions de housses mortuaires (modèle britannique, blanc, et modèle américain, vert, plus perfectionné, avec des poignées de transport), de gants de caoutchouc, de gants de toile, de savon, de serviettes, de serviettes en papier, de pelles, de pioches, de brosses et de pinceaux, de bâches de protection contre les intempéries, de drapeaux de signalisation, d'éponges, de tampons à récurer, de balais, de seaux, de désinfectant. Il ne nous manquait que des baguettes, des passoires, des tamis, des sacs poubelle et des balayettes.

Le 31 août, sous les caméras d'une équipe de télévision britannique qui réalisait un documentaire avec l'autorisation du Tribunal, nos pioches creusaient la première tranchée et nous avons procédé aux premiers repérages cartographiques et photographiques. Nous n'étions que quatre sur le terrain, car Bill partageait son temps entre Ovcara et Lazete, en Bosnie. J'avais retrouvé ici Doug Scott, Ralph Hartley et Becky Saunders qui était revenue des États-Unis. Nous nous connaissions tous bien et nous étions habitués à travailler ensemble, ce qui contribuait pour beaucoup à notre efficacité. Mais c'est surtout que mes trois coéquipiers avaient été membres de l'équipe qui avait engagé les opérations en 1992 sous la direction de Clyde Snow. Grâce à leurs souvenirs et aux documents de l'époque, dès le lendemain, nous avions localisé la limite sud de la fosse. La coupe de la tranchée faisait parler les strates de terre : sous le matelas herbeux de surface, à une première couche d'un brun profond succédait une deuxième couche de couleur, de consistance et d'odeur différentes. Doug et Ralph ont analysé ces données et ils ont retrouvé l'extrémité ouest de la première tranchée creusée en 1992. Nous avons aussi retrouvé le fameux « Homme à la chemise verte », un cadavre dont on savait depuis 1992 qu'il reposait sur le bord est de la tombe. À partir de ces repérages de base, nous sommes parvenus à estimer la surface d'ensemble du premier niveau des corps : la fosse s'étendait sur plus de huit mètres du nord au sud et sur près de sept mètres d'est en ouest. La seule chose que nous ignorions encore était sa profondeur.

Entre-temps, Clint avait tenu ses promesses. « De l'autre côté de la palissade », c'est-à-dire dans notre jargon, dans la zone administrative agencée dans les conteneurs propres autour de l'esplanade de gravier, les téléphones et le matériel de bureau étaient arrivés et avaient déjà été installés. On nous a même donné une clé du conteneur des sanitaires, qui était à peu près aussi vétuste que nos outils d'occasion. J'ai cru comprendre que les Nations unies envisageaient de brûler les infrastructures que nous utiliserions – y compris la tente à six mille dollars qui recouvrait la « salle des fêtes » où nous prendrions nos repas –, car les services logistiques pensaient que personne ne voudrait de ce matériel qui avait servi sur un charnier. Nous devrions donc nous contenter de ces toilettes puantes, où seul un siège sur trois était recouvert d'une lunette et où les douches avaient manifestement eu plusieurs vies. Je me demandais qui se dévouerait pour nettoyer cette porcherie. En l'espace d'une journée, nous couvrions le sol de boue avec nos gros godillots crottés.

Mais nous devions nous attacher en priorité à résoudre les problèmes qui se posaient à l'intérieur du périmètre de sécurité. Il pleuvait facilement trois fois par jour à Ovcara, et pour faire ruisseler les eaux de pluie sur le terrain plat, nous avons dû créer un système de drainage vers des tranchées d'évacuation que nous pourrions ensuite pomper. À chaque ondée, nous devions en outre étendre un patchwork de bâches sur toute la fosse pour maintenir au sec la terre de surface. Tous les soirs avant de quitter le site, ce rituel se répétait. Et au matin, lorsqu'il avait plu la nuit, nous formions une chaîne pour écoper l'eau accumulée en flaques sur les bâches avant de pouvoir les retirer et reprendre notre ouvrage. Au bout d'un moment, nous sommes passés maîtres dans l'art de tirer les carrés de plastique et de les chevaucher stratégiquement afin qu'ils ne forment pas aux jointures des rigoles qui détremperaient notre sol. Le déblaiement du secteur nord-est s'est avéré plus difficile et laborieux que prévu : avec nos pelles mal conçues et de mauvaise qualité, nous avons dû attaquer une terre si compacte que l'on aurait presque dit du béton.

Pour déjeuner, on nous avait fait parvenir des rations militaires allemandes, dont la date de péremption était légèrement dépassée. Elles étaient stockées dans des caisses sous la tente de la salle des fêtes. Tous les matins, nous les retrouvions ouvertes et il manquait systématiquement quelque chose – de préférence, les sucreries. Une partie de nos réserves d'eau potable disparaissait tout aussi mystérieusement pendant la nuit. Bill, qui poursuivait sans relâche sa reprise en main du site, a décidé de planter une ligne de drapeaux sur l'esplanade de gravier et a annoncé au capitaine Hassan que désormais ses soldats ne seraient plus autorisés à franchir cette limite. La pilule est mal passée. Le lendemain, avant que Bill n'arrive sur le site, nous avons payé les pots cassés : nous avons attendu une bonne demi-heure à l'extérieur pendant que Clint et le capitaine Hassan engageaient un bras de fer sur les drapeaux de Bill. Le soleil s'est éclipsé. Le temps que nous soyons à pied d'œuvre, le froid se serait installé. Nous étions furieux d'être pris en otage par ce ridicule affrontement que l'équipe de télévision aurait rêvé d'enregistrer, sans perdre une miette des éclats de voix, des gesticulations, des haussements d'épaule, des coups de pied rageurs dans la terre et des index menaçants braqués sous le nez de l'adversaire.

Au bout d'une semaine, le trajet quotidien jusqu'au site éclairait inexorablement les dernières heures de la vie des personnes dont nous recherchions les corps. Tous les matins, nous quittions sous escorte de la police militaire la base d'Erdut occupée par des Casques bleus belges et où nous étions logés dans des conteneurs. Nous prenions la route qu'avaient empruntée les camions chargés de prisonniers, puis nous enfilions un embranchement et passions devant la ferme dans laquelle les hommes avaient été battus, avant de prendre un chemin de terre parallèle à celui qui les avait conduits à leur tombe. Pendant ce parcours matinal, et le soir en rentrant, je pensais aux Mères de Vukovar, à l'hostilité qu'elles nous témoignaient et aux premiers indices qui confirmaient déjà que le site était un cimetière.

Un matin, il gelait presque, mais dans la nuit, le vent avait chassé l'épaisse couverture nuageuse. C'était la première fois que nous voyions Erdut sous un beau soleil – assez beau en tout cas pour nous caresser la peau et nous mettre de bonne humeur. Avant de partir pour le chantier, nous sommes passés prendre notre linge chez une femme du village qui faisait nos lessives moyennant rétribution. Je fus émerveillée par l'irréprochable propreté de sa cour, le charme de ses géraniums coquets, ses noyers, ses poules et son chien. Ce lieu de vie paraissait un havre de normalité dans une région meurtrie. La jeune femme m'a invitée à entrer pour récupérer mon sac et, en sentant la chaleur du linge propre et repassé, l'image de ma mère m'est apparue. Elle me manquait soudain terriblement.

En reprenant ma voiture pour Ovcara, j'avais envie de me concentrer sur les signes de vie qui ponctuaient le paysage. J'avais déjà repéré des détails charmants : des maisons particulières aux balcons de bois pittoresques ; des jardinets bordés d'impeccables parterres où des vivaces aux tonalités pastel mêlés aux gypsophiles et aux corbeilles d'argent ressemblaient à des bouquets de mariée disposés de part et d'autre de l'allée. À Dalj, on apercevait parfois le Danube au bout des étroites ruelles qui dévalaient vers les rives du fleuve et, entre les maisons, les scintillements du soleil reflétés sur l'eau jetaient des éclats aveuglants. Je me souviens de la vision éphémère d'un chat noir au ventre blanc, assis en équilibre instable sur le rebord de la fenêtre ensoleillée d'une petite ferme. Les pattes arrière tendues, il essayait de se lécher le ventre. À Vukovar, j'avais également remarqué une petite chatte noire fière et minaudière qui se promenait tranquillement dans les décombres d'un quartier dévasté. Je me rappelais même où j'avais vu cette scène insolite : c'était à l'angle du Café London qui, avec sa peinture rose écaillée et sa fresque de Big Ben en façade, avait dû à une certaine époque être le grand rendez-vous des jeunes de Vukovar. Depuis, les tirs d'artillerie avaient fait leur œuvre ravageuse.

Le 6 septembre, je me suis retrouvée seule avec mes trois coéquipiers sur le chantier. L'équipe de tournage était partie, non sans nous léguer ses réserves de bonbons pour nous témoigner sa reconnaissance. Vladimir Dzuro, l'enquêteur tchèque du TPIY affecté au chantier, s'était absenté pour la journée et Bill était retourné à Tuzla. J'appréciais tant d'être enfin au calme dans un espace dégagé que, pour la première fois depuis des mois, un sentiment de bonheur m'a envahie – le bonheur de travailler, et le bonheur de retrouver l'esprit d'équipe. Avec Doug, Ralph et Becky, nous avons redoublé d'ardeur en maniant la truelle, achevant de déblayer la terre du secteur nord-est avant d'en dresser le relevé. Assis dans le godet de la pelleteuse, Ralph a photographié le site en plongée. Nous avions une idée assez claire des contours du terrain et la pelle pouvait maintenant entrer en action pour ôter la couche superficielle de terre du secteur sud-est. Kamble maîtrisait si bien son engin qu'à travers ses manettes, il sentait les différences de consistance entre la terre compactée et le remblai des tombes. Si bien que c'était lui qui nous prévenait lorsque nous approchions du niveau des corps. Le quartier sud-est a rapidement été dégagé. Nous finissions de déblayer la terre de surface que la pelle rejetait sur le côté de la fosse, lorsque je vis apparaître le bout d'une chaussure. À l'intérieur, une chaussette solidarisait encore les phalanges des orteils. Bientôt, une autre chaussure émergea un peu plus au nord, dans une position anatomique très convaincante.

Nous avons cherché à savoir si ce corps pouvait indiquer la limite de la fosse commune. Pour l'instant, la fosse n'avait pas l'air très étendue, mais elle était peut-être profonde. Les deux secteurs étaient désormais ouverts et leurs dimensions étaient gérables. Nous n'avions plus besoin de la pelleteuse puisque nous abordions le deuxième niveau des corps à la pioche et à la pelle. Restait à savoir si l'heure était venue de passer des suppositions aux certitudes et de définir avec exactitude le périmètre de la fosse. À partir du moment où nous l'aurions délimitée, nous pourrions creuser une tranchée sur tout son pourtour afin de surhausser l'ensemble du charnier et de nous ménager des espaces de circulation et d'opération.

À la fin de la journée, en observant le dessus de la tombe, malgré cette impression persistante de trahir les Mères de Vukovar, je retrouvai mon assurance d'anthropologue. Pour se faire une image du spectacle qui s'offrait à nos yeux, il faut s'imaginer devant un lopin de terre brune totalement plat comme le jardin d'une maison neuve avant que l'on pose les tapis de gazon, à cette différence près que le terrain avait été ici totalement débarrassé de tout débris à la truelle et à la main. Et sur cette surface parfaitement aplanie, seuls sortaient deux bouts de chaussures pointés vers le ciel. Leur présence ne laissait plus place au moindre doute, il suffisait de les toucher pour achever de se convaincre : la chaussette maintenait en position anatomique les phalanges décharnées des orteils, grosses comme des bâtons de réglisse.

Les chaussures laissaient présager qu'il y avait là d'autres cadavres. J'étais impatiente de les découvrir et de les exhumer. Mais plus je restais sur le rebord de la fosse à fixer ces chaussures, plus elles me troublaient. Peu à peu, je prenais conscience du cadre qui m'entourait, du bouquet d'arbres qui cachait un ruisseau nourricier, des bruits de bottes des soldats qui battaient la semelle devant leur blindé pour se réchauffer, de l'odeur d'un feu de bois… Et soudain, ces chaussures qui sortaient de terre m'apparurent comme autre chose qu'un simple indice : elles dénonçaient les sinistres exactions qui s'étaient produites sur ce bout de champ pareil à mille autres. À cet instant, j'étais prête à affronter la pluie, le froid, le manque de nourriture et jusqu'aux toilettes sales pour exposer au grand jour le drame de ces gens. Si j'avais pu, je serais restée pour creuser et gratter la terre jusqu'à récupérer tous les cadavres qui reposaient sous mes pieds.

Forts de ce repère funeste qui semblait corroborer nos hypothèses sur le périmètre de la fosse commune, nous avons entrepris de creuser plus profond une première tranchée. Trois jours plus tard, nous savions que les cadavres étaient empilés sur au moins deux niveaux. Dans le secteur nord-est, Becky a découvert l'Homme au pull bleu et blanc et, juste sous lui, l'Homme au pull turquoise et noir, tandis que j'exhumais une autre botte. Dans le secteur nord-ouest, je suis tombée sur des pantalons et des tennis qui dégageaient une odeur nauséabonde : quelque chose se décomposait sous eux. Nous décidâmes de creuser la deuxième tranchée, autant pour nous aménager un espace de travail et de circulation que pour surhausser quelques restes, afin qu'à son retour, Bill puisse se mettre au travail sur un squelette entier.

Entre-temps, le capitaine Hassan avait retrouvé sa bonne humeur et sa courtoisie légendaires, et il nous a invités à partager son *mansaf*, un plat typique jordanien : du poulet à la sauce au yaourt accompagné de riz et arrosé de lait caillé. Le tout suffisamment épicé pour vous trouer l'estomac. Nous étions à l'extérieur du camp, dans le conteneur privé du capitaine qui abritait son bureau et son lit. Les cloisons étaient placardées de posters à l'effigie de lady Diana. Hassan a cru déceler dans mon regard étonné un intérêt particulier pour la princesse. « Vous connaissez lady Di ? » m'a-t-il demandé sur un ton presque grave. « Pas personnellement », me suis-je excusée. Il a levé sa tasse vers un portrait de son héroïne et s'est exclamé : « C'est une très grande dame, lady Di, une femme forte. Très pure. Mais le prince Charles, il ne vaut rien ! »

Après cet intermède exotique, nous sommes retournés à notre chantier. Notre équipe était plus restreinte que jamais, car Becky avait dû rentrer aux États-Unis. Il n'y avait donc plus que Doug, Ralph et moi, et nous travaillions tous les trois sans relâche. Notre opiniâtreté payait : nous disposions désormais de trois systèmes de drainage remarquablement efficaces. Nos relevés cartographiques et photographiques étaient parfaitement à jour, et nous avions consigné au fur et à mesure dans les formulaires tous les éléments de preuve. Il ne restait plus le moindre déchet ni drapeau sur le site, où nous n'avions laissé que le cordon de sécurité destiné à repousser les journalistes. Kamble, de son côté, avait posé un cadenas sur la pièce où nous stockions notre matériel et enfermé toutes les rations dans le deuxième conteneur administratif.

Comme Becky n'était plus là et que Bill n'était toujours pas revenu de Bosnie, Clint et les enquêteurs du tribunal sont venus nous prêter main-forte. Ils n'avaient aucune formation médico-légale. C'était à moi qu'ils s'adressaient pour tout ce qui concernait la tombe : ce débris était-il bien un os ? Était-ce un reste humain ?... Ils me demandaient mon avis sur tel ou tel point. Fallait-il commencer à découvrir cette zone ? Ou plutôt celle-là ? L'équipe de tournage a appelé et m'a demandé si elle devait revenir plus tôt que prévu pour ne rien perdre des exhumations. Les assistants logistiques voulaient savoir où ranger les bâches, où trouver des clous, où déposer la terre de déblai. J'étais ravie de répondre à toutes ces questions et d'être au centre de toutes les décisions, grandes et petites. Bien entendu, lorsqu'il s'agissait du charnier, je ne faisais rien sans consulter Doug et Ralph, les archéologues. Chacun s'en remettait au domaine de spécialité des autres.

Nous étions tous les trois d'accord pour cesser de considérer la fosse par secteurs et pour penser qu'il était grand temps de l'aborder dans son ensemble et de dégager les cadavres soit à partir de la tranchée nord ou est, soit à partir des deux en même temps. En prenant un appel de l'équipe de tournage, j'ai réalisé que nous approchions de la partie principale de la fosse : au moment même où je leur assurais qu'ils n'étaient pas en train de rater l'exhumation et que nous ne faisions que dégager quelques échantillons préliminaires, je me suis rendu compte que ma combinaison empestait. Cette odeur nauséabonde ne m'avait pas frappée dans la tranchée, et je m'en suis voulu de l'imposer à Clint, tout propre à l'autre bout de la pièce. Il fallait se rendre à l'évidence : nous n'en étions plus à retirer la terre de surface et à mettre au jour quelques squelettes épars à la périphérie de la fosse. Nous atteignions le cœur du charnier où, depuis cinq ans, de nombreux cadavres n'en finissaient pas de se décomposer.

15

L'INTERPRÈTE

EN APPRENANT QUE LES PREMIERS CORPS venaient d'être mis au jour, deux observateurs humanitaires, un Croate et un Serbe de Croatie, sont arrivés pour assister aux exhumations. Clint m'a demandé de leur expliquer ce que nous avions fait et où nous en étions. J'ai retiré une bâche et je leur ai montré le premier squelette que nous avions dégagé et surhaussé en attendant que Bill vienne le déterrer, puis je leur ai décrit l'ensemble du site. Ils m'ont posé quelques questions, par le truchement de notre interprète, Andrea. Ce squelette était-il celui de l'un des corps retrouvés en 1992 ? Non, ceux-là avaient été placés dans des sacs en plastique et attendaient dans la tranchée. Pouvait-il y avoir d'autres corps à tel ou tel endroit ? Là oui, là-bas, non. Seraient-ils tous à l'état de squelette ? Certainement pas, car le terrain humide avait ralenti le processus de décomposition.

Les observateurs venaient sur le chantier pratiquement tous les jours et restaient même pendant notre pause déjeuner, à discuter de certains points. J'étais agenouillée sur le sol à retirer la terre lorsque l'un d'entre eux, qui était resté derrière moi pendant un certain temps, m'a dit en secouant la tête : « Vous ne vous économisez pas, vous ! Je crois que ça va être difficile. »

À mesure que nous dévoilions de nouveaux restes humains, les visiteurs officiels se succédaient. Nous avions aménagé à leur intention une petite plate-forme en bois sur le rebord de la fosse, pour leur éviter de patauger dans la boue et la puanteur. Ce belvédère permettait aussi et surtout de les circonscrire et les empêchait de venir trépigner sur les lieux du massacre. Quand Clint leur présentait le site, le replaçant dans le contexte de la guerre et soulignant la finalité judiciaire de notre travail, ils étaient aussi fascinés qu'abasourdis par le charnier et nous considéraient comme des bêtes curieuses quelque peu repoussantes. Nous poursuivions notre travail en les observant du coin de l'œil, et en essayant de deviner qui ils étaient et d'où ils venaient. Lorsque Clint demandait à l'un d'entre nous de leur expliquer ce qu'ils avaient sous les yeux, la situation s'inversait. Nous redevenions des êtres humains. Plus je faisais visiter le chantier, plus j'avais l'impression qu'en dehors des cadavres, c'était l'équipe médico-légale qui avait le plus sa place dans la fosse commune, et que les vraies bêtes curieuses étaient les visiteurs.

Le 13 septembre, il faisait froid, il tombait des cordes et Doug était malade. Nous venions de recouvrir la fosse quand je me suis souvenu que le général Jacques Klein, l'administrateur des Nations unies pour la Slavonie orientale, était attendu sur le chantier. Nous avons donc dû renfiler nos combinaisons et redescendre dans les tranchées. Nous avons retiré les bâches malgré la pluie fine et glacée qui risquait de détremper le terrain, et nous avons creusé quelques rigoles supplémentaires pour favoriser l'écoulement des eaux. Nous glissions sur le sol boueux quand le général Klein est arrivé en fanfare suivi d'un cortège de voitures et de 4 × 4, qui s'est garé sur l'esplanade en formation militaire dans des crissements de pneus, soulevant des panaches de gravillons. Le général est descendu en conquérant, comme s'il venait d'acquérir cette propriété. Vu en contre-plongée, fièrement dressé sur la plate-forme d'observation, il avait l'air plus grand que nature, sanglé dans un blouson de cuir, une casquette de base-ball bleu marine ornée de toutes sortes d'écussons militaires vissée sur le crâne, la visière lui retombant sur les yeux ; il fumait un gros cigare et époussetait machinalement les cendres sur son blouson. Toute sa suite était en costume ou en tailleur, tenues franchement peu adaptées à une visite de charnier par un jour de pluie, sur une plate-forme de bois boueuse.

Clint m'a demandé de leur présenter le site. Un Américain qui tenait un bloc-notes à la main a pointé du doigt vers un côté du charnier et m'a demandé : « C'est bien un blue-jean que je vois là ? » J'ai confirmé, mais monsieur bloc-notes, incrédule, a poursuivi : « Ce ne sont que des vêtements, n'est-ce pas ? Il n'y a rien dedans ? » Le corps qu'il me montrait était encore charnu. J'ai failli lui demander où il se croyait et s'il prenait ce charnier pour un simple cimetière de vêtements, mais je me suis abstenue de tout sarcasme. Prenant une grande inspiration, j'ai répondu poliment : « Si, monsieur, il y a un corps sous ces vêtements. Il y a des cadavres sous tous les vêtements que vous voyez ici. »

Comment était-il possible qu'il ne les voie pas ? En le regardant se désarticuler le cou pour scruter le fond du charnier depuis son promontoire, j'ai compris qu'il ne pouvait pas voir ce qui me sautait aux yeux. Au-delà des questions d'angle ou de distance, c'était simplement parce qu'il ne pouvait pas l'imaginer. Il me fallait l'admettre et le respecter.

L'une des femmes de la suite du général avait l'air bouleversée ; une autre restait obstinément sous la tente. Soudain, il s'est mis à pleuvoir davantage et nous avons repris nos pelles pour creuser de nouvelles rigoles de drainage. À cet instant, le général Klein a aboyé : « Mais enfin, pourquoi ces gens n'ont-ils pas de tente ? Il leur en faut une ! Je vais leur envoyer une tente, moi, et tout de suite ! » La moitié de son entourage s'est aussitôt dispersée dans une éruption d'activité frénétique, qui s'empressant d'aller chercher un téléphone, qui faisant n'importe quoi pour ne surtout pas avoir l'air de lever le nez. Clint nous a raconté plus tard que l'ordre de Klein avait produit un tel effet que le téléphone de notre bureau n'avait pas arrêté de sonner : on aurait dit que tous les ingénieurs du pays s'étaient mobilisés pour nous faire livrer une tente sur-le-champ. En repartant, le général a traversé la salle des fêtes et a aperçu nos rations alimentaires périmées. Scandalisé, il a ordonné que l'on nous fasse porter chaque jour de la soupe et du pain frais.

Quelques personnes de la suite du général Klein m'ont adressé des regards pleins de compassion en voyant ma combinaison trempée et ma truelle au tranchant usé et ébréché. La femme qui avait refusé de sortir se tenait en retrait, derrière une vitre de notre salle des fêtes, et l'expression torturée de son visage m'a profondément touchée : elle n'avait visiblement aucun effort d'imagination à faire pour savoir qui se cachait sous les vêtements. Dès qu'ils sont partis, j'ai demandé à Andrea si elle la connaissait : c'était l'une des interprètes du général Klein, elle était serbe. Elle avait confié à Andrea qu'elle avait voulu croire jusqu'alors ce que les journaux affirmaient depuis des années : ce charnier n'existait pas.

Les restes humains ont ceci d'extraordinaire qu'ils parlent par eux-mêmes avant même que l'anthropologie et la pathologie ne délivrent leurs témoignages. Lorsqu'un État ou une armée nie le meurtre de ses propres citoyens, dès que l'on trouve ne serait-ce que trois corps, et à plus forte raison quand on en exhume plus d'une centaine, la vérité triomphe et tous les arguments tombent aussitôt. En un sens, l'identité des victimes qui reposent dans les fosses est abstraite. L'image peut suffire à elle seule à invalider des années de propagande. Ainsi, l'opinion serbe, très sceptique à l'origine, s'est totalement retournée contre le pouvoir après la découverte des corps ramenés du Kosovo en 1999 et enterrés derrière des commissariats en Serbie.

Deux jours après le passage mémorable du général Klein, notre première soupe est arrivée. Désormais, elle serait apportée tous les jours à midi précis par deux Casques bleus belges du siège de l'ONU à Vukovar, dans une immense marmite placée à l'arrière de leur jeep, avec du pain et du beurre. Ils ne pouvaient imaginer à quel point nous leur étions reconnaissants de cette attention : quand il faisait froid, rien n'était plus réconfortant qu'un bon bouillon de poule où flottaient deux tranches de carotte, et un gros morceau de pain tartiné d'une épaisse couche de beurre.

La tente a suivi, quelques jours plus tard. Elle ne ressemblait à rien de ce que j'avais pu voir jusqu'alors. Elle a été montée sur place par une vingtaine d'ingénieurs slovaques et par leur contremaître australien. Tous les Slovaques portaient des pantalons bouffants vert bouteille serrés par un cordon et les casquettes réglementaires bleu ciel de l'ONU. Ils ont passé tout un après-midi à manipuler avec dextérité les tubes métalliques pour construire l'ossature de la tente, qui promettait d'être encore plus grande que notre « salle des fêtes ». Le lendemain, la même équipe a apporté la toile de tente : c'était un matériau lourd et épais qui se fixait à l'ossature par un système de poulies si alambiqué que le plus petit des ingénieurs a dû grimper sur la charpente pour guider la toile le long de son cadre.

Lorsque les Slovaques ont achevé leur œuvre, le charnier semblait avoir été déménagé sous une immense grange de toile. Les ouvertures situées à chaque extrémité étaient suffisamment grandes pour permettre à la pelleteuse d'atteindre le bord de la fosse et de dégager les remblais. Sur les côtés, de lourds pans de toile pouvaient être relevés et attachés à grand peine, afin de laisser entrer davantage de lumière. L'effet d'ensemble était aussi impressionnant qu'efficace. Cette tente allait nous changer la vie. Je me souvenais encore de l'abri de branches recouvert de bâches que nous avions improvisé à Kibuye. Nous avions décidément fait bien du chemin depuis ! Tout n'était pas encore parfait, certes… Le jour où les techniciens étaient venus finir de monter la tente, il avait gelé dès le matin, et il n'y avait plus d'eau dans le conteneur des sanitaires. Mais du moins le général Klein avait-il résolu quelques-unes de nos pires difficultés.

Désormais, la pluie n'était plus un obstacle à notre travail. Le jour où Melissa Connor a rejoint notre équipe pour remplacer Doug qui était sur le départ, nous avons entrepris de finir de dégager la terre autour des cadavres, en partant des bords pour progresser vers le centre. Il fallait bien entendu veiller à ménager des voies d'accès vers le centre du charnier. À mesure que nous creusions, la terre était de plus en plus humide. Nous avons pensé un instant à une résurgence de source souterraine, mais elle dégageait une odeur tellement fétide qu'elle semblait plutôt jaillie des enfers. Dès que l'on retirait un peu de terre, l'eau remontait en un lent bouillonnement. Si on raclait encore, une petite flaque se formait. En fin de journée, nous avons comparé nos notes de terrain : tout le monde avait repéré des endroits humides. Dans mon journal, ce soir-là, je notais : « Il y a des cadavres, là-dessous, c'est sûr… » Melissa a fait remarquer que cette humidité lui rappelait beaucoup Kibuye, ce qui parlait à tout le monde, car nous avions tous travaillé là-bas.

C'était peut-être pour cette raison que je repensais systématiquement au Rwanda au cours de cette mission, même lorsque je n'étais pas sur le chantier. Pour mon vingt-quatrième anniversaire, j'ai pris ma journée et je me suis promenée dans la petite ville d'Erdut, sans toutefois oser trop m'éloigner de la base. Des cochons reniflaient dans la terre limoneuse des rues, mais je n'ai pas vu âme qui vive. Les maisons étaient endommagées, leurs cours envahies par les hautes herbes jonchées de débris emmenés par le vent et désagrégés par les explosions. Les fenêtres et les portes avaient disparu et je voyais jusque dans les salons et les couloirs abandonnés, où traînait un fatras de vêtements, de poupées et de morceaux de meubles brisés. Ces habitations désertes me rappelaient l'église de Ntarama, près de Kigali, sans doute à cause de la présence obsédante d'objets ordinaires réduits à un tapis de débris et de décombres, de poussière et de saleté mêlées au sang séché et aux bouses déposées par le bétail en liberté.

Sur le chantier, la référence au Rwanda s'est imposée à nouveau lorsque nous avons achevé de mettre au jour la première couche de cadavres : sur les mains, plusieurs avaient des phalanges mutilées, ce qui me rappela l'Homme Banane, l'un des rares squelettes de Kibuye à présenter des entailles sur les doigts, les mains et les avant-bras. Mais au-delà de ces similitudes, la tombe d'Ovcara commençait à se révéler dans toute sa singularité.

En Europe, le personnel hospitalier porte des sabots blancs ouverts sur l'arrière. Les semelles sont soit en bois, soit en caoutchouc, et le dessus de la chaussure presque toujours un cuir ou un vinyle lisse percé de petits trous. Par la suite, en 2000, j'ai porté ce type de sabots à la morgue du TPIY au Kosovo. Mais la première fois que j'en ai vu, c'était dans la fosse d'Ovcara. Je travaillais sur un petit carré quand j'ai mis au jour la première paire. Les pieds de la victime étaient toujours dedans, bien que le corps fût allongé sur le côté. Ce détail m'a d'autant plus surprise que les sabots étaient ouverts sur l'arrière. Fallait-il comprendre que la victime avait été obligée de se coucher avant d'être abattue ? C'était sans doute l'une des dernières personnes à avoir été massacrée, car elle reposait sur le haut de la pile de cadavres. Qu'avait-elle vu avant de mourir ?

Dans le même secteur, je devais retrouver six cadavres portant toujours leurs chaussures. Tous étaient allongés sur le flanc. Certains avaient des sabots d'hôpital. Un peu plus loin, un homme avait le bras gauche dans un plâtre prenant le coude. Il était allongé sur le dos et avait rejeté le bras plâtré sur son front. Près de ses pieds, j'ai aperçu un tube de caoutchouc orange de petit diamètre. J'ai d'abord pris l'objet pour un débris quelconque, car il n'était visiblement pas relié à l'homme plâtré. Mais en dégageant un peu plus le squelette, je me suis rendu compte que ce tube disparaissait dans les vêtements de l'un des corps du niveau suivant. C'était sans doute un tube de cathéter. Ou autre chose.

Certains corps étaient habillés de pyjamas. Un homme avait glissé des clichés radiographiques dans le dos de son peignoir à rayures roses et blanches. Je n'en ai pas cru mes yeux : ces radios m'ont fait l'effet d'une bouteille à la mer. Ces grandes feuilles noires et rigides étaient pour moi à mi-chemin entre la voix de femme désespérée enregistrée sur le répondeur de la police en Arizona et le collier de plastique rose sur le corps de la femme à Kibuye : la victime avait fourré ces radios à la hâte dans le dos de son peignoir, il les avait cachées. Étaient-ce les siennes ? Les avait-il emportées en espérant les montrer à un autre médecin après son « évacuation » de l'hôpital ? Ou bien se doutait-il de ce qui l'attendait et s'en était-il sciemment protégé les reins pour résister aux coups de pied ou de bâton de ses bourreaux ?

À l'heure où j'écris ces lignes, j'ai les larmes aux yeux en repensant à cet homme, mais sur le coup, j'étais convaincue qu'il avait voulu nous laisser un message. Peut-être avait-il pris ses radios parce qu'il savait qu'il allait mourir et qu'il tenait à ce que l'on puisse identifier son corps si on le retrouvait un jour, et le rendre à sa famille. Un objet caché dans le dos des vêtements n'a pas la même charge émotionnelle que les objets que les gens portent en permanence – bijoux, portefeuille, clés, ou bâton de rouge à lèvres.

Avant même que les anthropologues n'analysent et n'identifient les corps du cimetière d'Ovcara, des éléments de preuve indiquaient déjà que certaines victimes faisaient indubitablement partie du groupe de personnes portées disparues depuis leur « évacuation » de l'hôpital de Vukovar, le 18 novembre 1991. À mesure que nous déterrions des corps et que nous trouvions des accessoires médicaux, les pièces du puzzle se mettaient en place et la clé de l'énigme se profilait avec une terrifiante netteté.

Ces résultats me confortèrent dans l'idée que le tribunal avait parfaitement le droit de procéder à l'exhumation en dépit des objections des Mères de Vukovar. Les cadavres et les objets que nous livrait le charnier étaient autant de pièces à conviction qui désigneraient les coupables. Par leur seule présence, les corps apportaient un démenti cinglant à la propagande de leurs assassins, qui s'obstinaient à nier l'existence du charnier et à ironiser sur les hommes portés disparus qui, selon eux, étaient en train de lézarder sous le soleil d'Italie. Jamais ils n'avaient admis que des crimes contre l'humanité avaient été commis cinq ans plus tôt. Désormais, j'étais galvanisée par la certitude que l'analyse médico-légale donnerait aux victimes une suprême occasion d'incriminer leurs assassins et d'écrire l'histoire aussi précisément que possible. Mais je n'oubliais pas que les Mères de Vukovar ne souhaitaient rien de tout ce que nous pouvions leur apporter, parce que justement nous étions des experts médico-légaux. À leurs yeux, nous étions du mauvais côté de la vie, de la science, de la justice pénale et de la loi.

16

Témoignages d'outre-tombe

Quelques semaines après le début des fouilles, j'avais encore des scrupules vis-à-vis des Mères de Vukovar, mais avec tous les restes que j'avais déterrés, ma foi était désormais inébranlable. Cette détermination était ma motivation. Je n'ai même pas flanché le jour où Bill est passé en coup de vent sur le chantier et m'a traitée avec autant de dédain qu'à l'époque où il jouait les grands chefs en Bosnie. Un matin, j'ai eu droit à une volée de bois vert devant toute l'équipe pour avoir osé « autoriser » les enquêteurs du TPIY à participer aux fouilles. Ce reproche m'a d'autant plus blessée que j'avais passé des jours à tenter de les éloigner de la fosse, sans me risquer à les expulser car, n'ayant pas officiellement été nommée responsable du site, j'estimais ne pas être habilitée à le faire. Si Bill pouvait être soupe au lait, il oubliait aussitôt ses colères et redevenait charmant et attentionné. Ce soir-là au dîner, il a insisté pour que je reprenne la mission après le mariage de ma cousine, prévu le 12 octobre. Et faisant mine de se concentrer sur un problème insoluble, il a ajouté : « Voyons, qui va bien pouvoir remplacer Clea, en attendant ? Eh bien, disons, Patrick, Dorothy… et puis José Pablo. Dis donc, tu as intérêt à te dépêcher de rentrer, Clea ! »

Bill avait énormément de travail de coordination et de planification, car il dirigeait des exhumations parallèlement en Bosnie et en Croatie. Il ne pouvait pas être partout à la fois. C'était pourtant ce qu'il essayait de faire. Ce qui expliquait le temps record qu'il mettait à relier Tuzla et Ovcara tous les quinze jours au volant de son 4 × 4. Non content de rouler à une vitesse vertigineuse, il avait trouvé des raccourcis et, à en juger par l'état de sa Land Cruiser maculée d'excréments de cochon, il devait semer la terreur sur les petites routes.

Je crois que le fait de ne pas avoir le don d'ubiquité exacerbait la frustration de Bill et qu'il se défoulait sur moi en me passant des savons plus ou moins justifiés, soit parce que j'avais laissé des non-scientifiques pénétrer dans la fosse, soit parce qu'à la demande de Clint, j'avais pris l'appel de l'équipe de tournage. J'acceptais ce rôle de bouc émissaire sans m'en formaliser outre mesure. Pour l'heure, j'étais plus soucieuse de guérir un méchant rhume que Doug m'avait refilé avant de partir et que j'ai passé à Ralph, puis à Bill. Ce coup de froid ne leur a rien valu : un soir, Ralph a attrapé sa brosse à cheveux et son dentifrice pour aller se laver les dents, et Bill commençait à sérieusement fatiguer, comme me l'a prouvé le passage d'une cassette qu'il m'avait fait retranscrire : « Corps numéro soixante et un : pull de laine à rayures horizontales et ceinture à manches longues. » Voulait-il parler d'une ceinture ? D'une chemise à manches longues ? Les deux ? Il faudrait vérifier dans le rapport d'exhumation.

Je m'évertuais par ailleurs à restituer la logique de ce que je découvrais dans le charnier. J'avais exhumé un corps en position fœtale. Cet homme avait-il été contraint de descendre dans la fosse avant d'être abattu, comme certaines victimes de Nova Kasaba ? S'était-il recroquevillé après avoir été abattu, en ramenant les genoux sur la poitrine ? Plusieurs cadavres portaient des pantalons verts et des pulls bleus. J'ai appris que ces vêtements avaient été envoyés par des associations caritatives à l'hôpital de Vukovar. Puis, j'ai vu un cadavre au crâne enturbanné de gaze. Certains corps n'étaient que partiellement réduits à l'état de squelette, présentant encore par endroits des tissus mous. Ainsi, sur l'une des victimes, l'os coxal était totalement décharné alors que les muscles du torse ne s'étaient pratiquement pas décomposés. Sa chemise était étrangement remontée jusqu'au cou. Tout près de là, j'ai vu un crâne sur lequel il restait des cheveux brun foncé. Je pensais trouver le reste du corps allongé horizontalement, comme les autres. Mais ce n'était pas le cas. Je m'obstinais à racler la terre, m'attendant à voir surgir des ossements ou des tissus en décomposition, mais ma truelle ne rencontrait que les hanches et les pieds des cadavres voisins. J'ai fini par comprendre que l'homme brun avait été enseveli à la verticale. Il était soit assis, soit debout dans la fosse où tous les autres cadavres de surface reposaient à l'horizontale. Sur son front, une moisissure était en train de former de minuscules cercles bleu vif.

Cet homme assis est souvent revenu hanter mes rêves et mes pires cauchemars. Je voyais le plus souvent sa tête s'aplatir pour ne plus faire que quelques centimètres d'épaisseur. Dans un autre rêve, j'astiquais une table sans me rendre compte que sa tête était incrustée dans le bois. En frottant la surface cirée, mon éponge entraînait inlassablement de gauche à droite les mèches noires du sommet de son crâne. Ailleurs, je devais grimper à un arbre pour récupérer les différentes parties du cadavre de quelqu'un qui s'était fait exploser et je m'apercevais que sa tête pendait à une branche juste derrière moi et que ses yeux suivaient chacun de mes mouvements.

Ces rêves ne sont apparus qu'après mon retour de mission. Sur place, la routine quotidienne m'assurait un sommeil relativement paisible. Pendant le trajet sous escorte, j'ai lu *La Chute de la Yougoslavie*. J'ai levé le nez de mon livre à temps pour admirer mes portails et mes jardins préférés, voir un vieil homme heureux de tailler sa pelouse avec un outil pas plus gros qu'un couteau à beurre, sollicitant tous les muscles de ses épaules et de ses poignets, comme les jardiniers de la pension de Kibuye qui coupaient ras la pelouse à la machette. Et durant les longues heures sur le site, je me suis épuisée à tenter de décrypter les indices tout en luttant contre les morsures d'un vent glacial. Avec pareil programme, pour peu que l'on ait encore une once d'énergie, le dîner tardif et lourd de salami ou de saucisses à la compote de pommes achevait de nous épuiser. C'était à peine si je trouvais le temps de rédiger quelques lignes de mon journal avant de m'endormir sur mon clavier vers les dix heures.

Nos estimations initiales quant à la superficie du charnier semblaient assez exactes, mais nous avions désormais mis au jour plus d'une cinquantaine de cadavres en surface. Après avoir retiré toute la couche de terre superficielle, nous avons été en mesure de surhausser la fosse en creusant plus profond la tranchée qui en délimitait le périmètre. Le premier niveau des corps nous arrivait donc pratiquement partout à hauteur de la taille. Pour nous permettre de descendre plus facilement au fond des tranchées, Kamble découpa à la pelleteuse des marches sur les parois externes. Les deux chaussures pointées vers le ciel étaient toujours là, mais elles n'étaient maintenant plus qu'une paire parmi tant d'autres dans l'enchevêtrement de cadavres qui semblait posé sur le sol comme un gâteau sorti de son moule. Sous notre grosse tente dressée par les Slovaques, maintenant que nous opérions à près de deux mètres sous le niveau du sol, nous avions encore plus l'impression de ressembler à des bêtes de cirque dans l'arène. D'autant que nous recevions désormais un défilé permanent d'observateurs humanitaires, d'équipes de tournage et de visiteurs officiels – essentiellement des représentants d'Interpol et de la Mission de surveillance de la Communauté européenne (MSCE).

Tout ce petit monde se massait sur les rebords de la fosse et, penchés au-dessus de nous, la tête inclinée, essayait de donner un sens à ce qu'il voyait.

Ce qu'il voyait était surtout le résultat de l'acharnement que nous déployions depuis des semaines à nettoyer intégralement la surface du charnier afin de le photographier à titre de preuve avant l'exhumation. Ces documents seraient surtout utilisés au cours du procès des inculpés. Notre expérience en Bosnie nous avait appris à quel point cette phase de nettoyage était importante. Et grâce à la présence de Ralph, qui était à la fois archéologue et photographe, elle fut particulièrement soignée. Ralph savait que sur un cliché, un cadavre mal dégagé ne ressemblait qu'à un vulgaire tas de terre. Nous nous employions donc à retirer minutieusement la terre des vêtements et des cheveux. Une partie de l'équipe travaillait aux extrémités de la fosse, tandis que Melissa et moi œuvrions à partir du talus de terre qui donnait accès au cœur du charnier. Accroupie ou assise, l'une grattait la terre penchée en avant, puis en remplissait les seaux situés derrière elle ; l'autre emportait la terre dégagée vers un remblai et ramenait les seaux vides. C'était un travail très physique et éprouvant. Nous nous relayions souvent à la truelle et aux seaux. Ce système présentait toutefois un inconvénient, car lorsque nous avions déblayé la terre et le talus qui était sous nos pieds, on ne pouvait plus accéder au centre du charnier. Il fallait attendre que tous les corps de la périphérie aient été déterrés et retirés.

Avec Melissa, nous passions parfois des journées entières à creuser de profonds sillons pour bien séparer les corps, retirant à la main des poignées de terre compactée. Par un jour de tempête, un vent puissant faisait claquer les toiles de notre tente, à un rythme qui me rappela la chanson *Corazón* de Sylvio Rodriguez, que José Pablo m'avait fait découvrir en Bosnie. Je me suis mise à chantonner cet air en cadence. Entre-temps, Melissa et moi continuions à piocher, à pelleter et à vider nos seaux. Je plaignais la pauvre Évangéline, l'observatrice philippine du TPIY, qui avait été chargée de nettoyer le pourtour de la tombe. Progressant centimètre par centimètre, elle gelait sur place. C'était la corvée la plus désagréable qui puisse être par un tel froid. Je me laissais pénétrer par le doux bruissement des feuillages sous le vent, le crépitement des feuilles mortes qui s'engouffraient dans la tente et les gémissements d'Évangéline qui souffrait, claquait des dents et finit par aller se faire un café.

Dès qu'elle fut partie, je me suis aperçue qu'elle avait rejeté tous ses déchets et ses remblais dans les sillons que j'avais tant peiné à ménager au centre du charnier. Et, comble de malheur, cet endroit n'était plus accessible. J'ai respiré un grand coup, j'ai fait un effort surhumain pour ne pas laisser exploser ma colère et, les larmes aux yeux, j'ai ravalé ma déception. Mais je savais que cette partie du charnier ne ressemblait plus à rien sur les clichés de Ralph. Pour ne pas m'énerver contre Évangéline, je me suis remémoré la douceur avec laquelle, ce matin-là, elle s'était excusée en ouvrant la porte du conteneur où j'étais en train de me changer. « Oh, je suis désolée, ma chérie, » s'était-elle exclamée. Comment aurais-je pu en vouloir à quelqu'un qui m'avait appelée « ma chérie » sur un ton aussi maternel? Sa sincérité m'avait touchée. C'était une femme pleine de bonne volonté.

Le 20 septembre au matin, j'ai cru vivre un roman : Clyde Snow venait d'arriver sur le site. Mon héros! C'était lui qui dirigerait les opérations d'analyse et d'identification des corps à Zagreb. Il ne faisait que passer et était arrivé presque en même temps que Louise Arbour, procureur du TPIY chargée de l'accusation qui n'était accompagnée que d'une poignée d'assistants. Bill était en grande discussion avec son vieux copain Clyde, et Clint m'a donc demandé de présenter à la magistrate une vision anthropologique du site. Je n'ai pas eu le temps de finir mon introduction, que Bill déboula et prit le relais. J'ai donc eu tout loisir d'observer notre autre visiteur de marque. Clyde était mon idole en matière d'anthropologie médico-légale. Il inspectait le chantier en compagnie d'Eric Stover, dont j'avais eu le plaisir de faire la connaissance une semaine plus tôt et qui avait décrit les travaux de Clyde dans *Witnesses from the Grave*. C'était ce livre qui avait attisé ma passion pour la médecine légale humanitaire. Je regardais mes deux mentors sans oser en croire mes yeux. Et pourtant, oui, c'était bien Clyde Snow, là, à quelques mètres de moi, et Eric Stover qui l'accompagnait. Luis Fondebrider, membre fondateur de l'équipe argentine, était là aussi, juste derrière moi, maniant la pioche comme un « simple manœuvre »! Il m'a offert une gorgée d'eau. Il avait sur la tête le même type de bonnet de laine que ceux que mon frère et moi portions quand nous étions enfants. Je n'en revenais pas. J'étais radieuse, incapable de me départir de mon sourire. J'avais l'impression d'être transportée dans un nouveau chapitre de *Witnesses from the Grave.*

Puis Eric m'a posé une question à laquelle je n'ai eu à répondre que par oui ou par non. Clyde est revenu à la charge : « Et est-ce que vous avez trouvé des cheveux, Clea? C'est important car c'est l'une des données du formulaire *ante mortem.* » Il m'avait appelée par mon prénom! Je me suis empressée de lui signaler un crâne encore recouvert d'une épaisse tignasse. Mais à la question suivante, j'ai été désolée de ne pouvoir lui montrer aucun barbu! Soudain, avec le plus grand naturel du monde, il m'a tendu la main et m'a dit : « Nous ne nous sommes jamais rencontrés, je crois? » Tout étonnée, je me suis présentée : « Clea. Ravie de faire votre connaissance. » À quoi il a répliqué : « Enchanté. Clyde Snow. » La précision était superflue! « Oh mais je sais qui vous êtes! » me suis-je exclamée en riant. Nous avons poursuivi tous les trois notre discussion, échangeant nos hypothèses et nos théories. Ce soir-là, en repartant, il nous a tous invités à dîner chez lui à Zagreb quand nous passerions par là. Je me suis surprise à le dévorer du regard, comme si je voulais fixer à jamais son image dans ma mémoire.

J'admirais éperdument cet homme depuis six ans. Ses qualités d'anthropologue médico-légal, sa volonté d'exporter ses talents à l'étranger et sa détermination à rendre l'équipe argentine autonome étaient autant de traits qui m'avaient inspirée. Voilà qu'il était juste en face de moi, grand, tout ridé, tirant sur sa pipe. Je ne l'ai pratiquement pas revu le lendemain car l'équipe de télévision a passé l'après-midi à l'interviewer, avec Eric et Bill. Le tournage était parfois menacé par le bruit de fond de la pelleteuse ou par les soldats jordaniens qui chantaient de l'autre côté de la clôture du site, perchés comme à leur habitude sur le toit de leur blindé.

Quant à la juge Arbour, elle ne s'est pas bornée à faire le tour du chantier, ce jour-là : elle est descendue dans la fosse, sous le regard légèrement effaré de certains de ses accompagnateurs, et a posé des questions aussi subtiles qu'intelligentes. Elle abordait le site avec beaucoup de déférence et semblait y voir autre chose qu'une simple tombe : pour elle, c'était aussi un endroit qui recelait des réponses qui la révoltaient, mais qu'il était indispensable d'exposer au grand jour. Je lui ai manifesté un grand respect et j'ai été particulièrement flattée de sentir qu'elle s'accrochait spontanément à mon bras pour ne pas glisser en passant dans notre tranchée de drainage.

Quatre ans plus tard, Louise Arbour est venue prononcer une conférence à Los Angeles, sur l'invitation d'une association locale. Ce fut pour moi l'occasion de la revoir dans un environnement « normal ».

J'étais la dernière d'une longue file de personnes qui attendaient de se faire photographier à ses côtés. La plupart étaient des hommes d'affaires et des philanthropes de la région. Lorsque mon tour est arrivé, j'avais un peu le trac, mais je lui ai rappelé que j'étais celle qui lui avait donné le bras lorsqu'elle était descendue dans la fosse commune d'Ovcara. Je lui ai offert une photo de l'équipe du site et elle l'a acceptée avec surprise et plaisir, me demandant si je connaissais Williamson, qui l'avait représentée pour l'enquête. Je lui ai présenté mes parents, qu'elle complimenta : « Vous avez une fille très courageuse. »

La magistrate s'était montrée dure et sans concession pendant son mandat au TPIY, et c'était une des rares spécialistes qui comprenaient vraiment l'importance et le potentiel des enquêtes médico-légales. À Los Angeles, elle a prononcé un discours éloquent et instructif sur l'avenir de la justice internationale. En l'écoutant, j'avais les larmes aux yeux. J'étais fière d'avoir fait partie de son équipe, mais j'étais aussi émue au souvenir de cette journée froide et poussiéreuse, sur un autre continent, au-dessus d'un charnier dont nous avions au bout du compte exhumé les corps de plus de deux cent cinquante personnes.

Au lendemain du passage de nos célébrités, Bill a organisé sous la tente de la « salle des fêtes » une réunion d'information avant la reprise du travail. Pour une fois, il ne nous avait pas entassés dans sa voiture, où nous tendions l'oreille pour entendre sa voix couverte par le vent (au Rwanda), ni réunis dans la fosse commune (comme en Bosnie). Comme je l'écrivis dans mon journal, cette expérience « ne concernait qu'une poignée d'entre nous, contraints de le caresser dans le sens du poil, de lui emboîter le pas, de sauter d'une tranchée à l'autre, pour essayer de suivre ce qu'il marmonne entre ses dents. » Mais ce jour-là, Bill nous a félicités pour notre excellent travail et notre parfaite organisation. Il fallait cependant accélérer un peu le mouvement. À cette fin, il avait détaché de Bosnie Fernando Moscoso, David Del Pino et Patrick Myers, qui viendraient nous prêter main-forte. Il nous enverrait également dans la foulée quatre légionnaires français, qui arriveraient au moment où nous serions pratiquement prêts à attaquer la phase d'exhumation. Pendant que nous étions en réunion, le photographe Gilles Peress a profité de la dernière levée de terre du charnier pour photographier les corps dans la fosse. Tout de noir vêtu, il était d'une élégance et d'une propreté qui détonaient un peu dans le paysage.

Une semaine plus tard, nos renforts étaient arrivés de Bosnie et nous avons commencé à exhumer les corps. Notre laborieuse préparation du chantier a largement été récompensée : grâce aux surélévations des groupes de cadavres et aux tranchées ménagées sur trois côtés, nous avons pu mettre en œuvre les procédures habituelles avec une efficacité optimale. Un groupe s'est chargé de photographier chaque corps dûment numéroté, de relever sa localisation précise à l'aide de l'appareil de cartographie électronique, de remplir le formulaire d'exhumation et de placer les mains ou les ossements de mains dans un sac en plastique étiqueté et attaché aux vêtements de la victime. Puis une autre équipe apportait une housse étiquetée pour exhumer le corps, écartant au besoin les cadavres voisins ; la housse était alors posée sur une civière et sortie à grand-peine de la tranchée. Pour faciliter la tâche de nos collègues, Kamble avait aménagé une rampe à l'extrémité sud de la fosse. La civière était ensuite transférée dans le conteneur frigorifique qui se trouvait derrière la palissade blanche.

La première journée d'exhumation a été quelque peu poussive. Les nouveaux venus avaient du mal à s'adapter à nos procédures car ils avaient une autre façon de travailler, et Bill avait oublié que c'était à sa demande que l'on avait mis les mains en sac. Il n'arrêtait pas de hurler : « Où sont passées les mains de ce type ? Qu'est-ce que vous avez foutu de cette main ? » À chaque fois, quelqu'un se dévouait : « Elle est dans la pochette attachée à sa ceinture ». Puis, les cameramen de la télévision sont venus se poster au milieu de la tranchée, bombardant Bill de questions. Sans lâcher sa truelle, Bill se prêtait au jeu et se perdait dans de grandes considérations philosophiques. Nous avons bientôt trouvé notre rythme, et Bill s'en réjouissait car l'enlèvement des corps progressait beaucoup plus vite qu'il ne l'avait espéré. J'ai demandé à Patrick, David et Fernando pourquoi ils portaient tous les trois le même pull bleu nuit. « Tout simplement parce que Bill aime bien nous voir dans cette tenue. » Cette réplique leur a valu le surnom de « Hommes de Bill » ou encore celui de « service d'enlèvement des corps de Bill ».

J'aimais beaucoup ces garçons, mais force était de constater que depuis l'arrivée de cette « équipe de choc », l'entretien du site ne cessait de se dégrader. Du jour au lendemain, notre tranchée impeccable s'est retrouvée jonchée de gants chirurgicaux sales, d'emballages de cellophane et de drapeaux indicateurs usagés. En fin de journée, nous retrouvions des seaux, des pelles et des pinceaux crottés de boue grise aux quatre coins du charnier, et sur les murets des tranchées des truelles sales qui durcissaient tellement pendant la nuit qu'elles étaient inutilisables le lendemain. Un soir, j'ai fait remarquer à Bill qu'il fallait remettre un peu d'ordre et de discipline sur le site. Il a lancé à la cantonade : « Bon, écoutez-moi bien tous : les gants en caoutchouc, vous les jetez ici, et pas n'importe où dans le remblai ! » Les gants ont été ramassés, mais personne ne s'est soucié de réunir les autres outils éparpillés sur tout le terrain.

Et tous les soirs, quand les autres étaient partis se changer, c'étaient Melissa, Ralph et moi qui nettoyions le chantier. Nous grattions et regroupions les outils par catégories (pioches, truelles, pelles à long manche, pelles à manche court, en distinguant celles au tranchant plat de celles en pointe), nous lavions et empilions les seaux, rassemblions et pliions les sacs en plastique destinés à recueillir les os des mains, récupérions les sacs en papier pour envelopper les crânes, alignions les deux civières et retournions les brouettes le long du muret pour éviter qu'elles se remplissent de déchets et de terre pendant la nuit.

Ce zèle ne visait pas simplement à donner l'exemple. C'était surtout la seule solution pour que l'exhumation puisse reprendre rapidement le lendemain, car tout le matériel serait à sa place quand on en aurait besoin. On ne perdrait pas un temps infini à aller chercher des truelles enfouies sous les remblais et ces précautions élémentaires éviteraient à nos collègues de marcher sur un outil enfoui et de se prendre le manche dans la figure. De plus, les outils ne durent que s'ils sont régulièrement entretenus, et comme nos budgets d'équipement étaient très serrés, nous n'avions pas les moyens de gaspiller.

Lorsque je me suis mise en colère car personne ne se déchaussait pour entrer dans notre vestiaire qui était devenu une vraie porcherie, j'ai compris que je m'étais approprié la tombe, ses cadavres et les collègues qui y travaillaient depuis des semaines. Mais la réalité du terrain m'a rappelé la finalité de notre entreprise. En aidant Luis à soulever un cadavre, je trouvai des béquilles cassées sous lui. Luis m'a alors montré le portefeuille retrouvé sur un autre corps, dans la poche intérieure d'un veston qui n'était plus qu'un linceul de fil. Je savais qu'en quelques jours l'identité de ces hommes serait confirmée. Les Mères de Vukovar connaîtraient très bientôt la vérité.

17

Les Mères

Bill détendit un peu l'atmosphère grave de l'exhumation en multipliant les plaisanteries sur mon départ imminent.

– Tu vas voir, Clea, on va se faire une bringue à tout casser le 29. Je te conduirai à l'aéroport de Zagreb sur le coup de quatre heures du matin.

– Formidable! Je n'aurai même pas besoin de prendre ma douche.

– Surtout pas! Comme ça tu auras une rangée de sièges pour toi toute seule dans l'avion. Enfin, ça, ce n'est pas gagné. Crois-moi, tu ferais mieux de rester ici.

Fidèle à sa promesse, Bill a organisé une « grande bringue » à sa façon, rameutant toute l'équipe pour un dîner chez Lady M., un restaurant de Vinkovci où nous nous étions arrêtés avec Clint en arrivant de Bosnie un mois plus tôt. Tout le monde a suivi, jusqu'aux mercenaires français et aux cameramen de la BBC. Nous avons passé une excellente soirée, à manger, trinquer, rire et disserter. Le point fort de ce moment de détente fut une discussion très animée sur ce que nous éprouverions s'il fallait des décennies pour arrêter et juger les responsables des massacres que nous avions révélés, comme cela s'était produit pour certains grands criminels de la Seconde Guerre mondiale.

Le lendemain après-midi, en partant, après une matinée d'exhumation et de saisie informatique des données sur les formulaires, près de soixante-dix dépouilles avaient été exhumées. Cela représentait tout le niveau supérieur des corps et le début du niveau suivant. Ralph quittait également la mission. Nous avons fait nos adieux à tout le monde. Les Jordaniens nous ont gratifiés d'un salut militaire. Les Français m'ont embrassée sur les deux joues (Gérard, un para à demi analphabète, a promis de m'écrire et il l'a fait). Les Belges ont agité les mains jusqu'à ce que notre voiture disparaisse derrière un virage. Les Anglais de la télévision m'ont chacun laissé leur carte de visite. Luis m'a serrée dans ses bras et m'a souhaité de me reposer et de bien profiter de Zagreb. David, qui pensait sans doute que je repartais pour de nouvelles aventures médico-légales, s'est félicité de me voir si bien accompagnée. Et Vladimir m'a demandé de sourire juste une fois, mais gratuitement, car depuis quinze jours, il m'avait donné cinquante pfennigs à chaque fois que je souriais.

Nous avons sauté dans la jeep et, comme à son habitude, Bill a démarré en trombe et n'a plus levé le pied de l'accélérateur. Dans l'habitacle, le fouillis de ses effets personnels – un rouleau de papier toilette, une lampe de poche, des stylos, une pochette étiquetée – valdinguait sur le tableau de bord. Je regardais le paysage défiler derrière la vitre, mais à partir de la bretelle de la route de la Fraternité et de l'Unité, un grand rideau d'arbres obstruait le paysage. C'était là que Ralph prenait le volant, et je me suis tout de suite sentie plus détendue. J'ai fait le bilan de mes petits bobos : syndrome de la pelle sur le creux du pouce droit, lombalgie du fossoyeur, cal de la phalange gauche, ecchymose de la pioche sur l'intérieur de la cuisse, et durillon de la truelle sur l'index droit. Bill est venu me rejoindre à l'arrière, s'est plongé dans sa lecture et s'est endormi. Le soleil commençait à décliner et j'appréciais d'être enfin sur une vraie route en dur, sans nids-de-poule, où il n'y avait ni chevaux et charrettes à dépasser, ni troupeaux de vaches ou de cochons menés par des gamins ou des grands-mères à éviter, ni chiens sauvages qui se jetaient sous les roues… Nous partagions la voie avec des voitures dignes de ce nom – et non de drôles d'engins improvisés à partir d'une charrette équipée d'un moteur de tondeuse à gazon. Bien entendu, tout cela me manque à l'heure où j'écris ces lignes, mais à l'époque je ne supportais plus ces dangers publics imprévisibles qui obligent à zigzaguer en permanence sur la route.

Bill a repris le volant pour entrer dans Zagreb. Nous nous sommes perdus car nous passions trop vite devant les panneaux indicateurs pour avoir le temps de les traduire. Il faisait sombre, mais les rues étaient éclairées. Après avoir fait demi-tour sur un passage pour piétons, et manqué d'écraser un vieillard en chaise roulante et une haie, Bill a reconnu la rue du McDonald's et s'est arrêté dans un crissement de freins sur le parking. Nous sommes entrés prendre un hamburger et des frites. La saleté de l'intérieur tranchait singulièrement sur l'élégance des jeunes Croates. Après ce repas express, nous avons trouvé de la place à l'hôtel Dubrovnik. Dans ma chambre, j'ai été prise de vertiges en essayant en même temps de regarder la télévision et la vue sur la petite place pavée pendant que je surveillais le bain qui coulait. Dans la rue, j'apercevais les vieux tramways, les étals ambulants couverts qui vendaient des crêpes et les couples d'amoureux qui se promenaient bras dessus bras dessous.

Ce panorama de paysage urbain était aux antipodes de celui que j'avais vu défiler pendant un mois derrière la vitre de notre minibus. Nous n'avions fait que quelques heures de route, mais c'était à croire que nous avions atterri sur une autre planète. Je me remémorais les détails devenus si familiers, comme cette vieille femme que je voyais tous les soirs s'installer avec son petit chien devant sa porte, un tabouret vide à côté d'elle, sur lequel elle s'asseyait parfois pour laisser son fauteuil à un visiteur. D'autres événements plus exceptionnels me revenaient également en mémoire, comme le jour où des véhicules de l'ONU avaient été lapidés à Vukovar, obligeant notre escorte de la police militaire à nous ramener par un autre itinéraire. Nous étions passés devant une statue dont le socle en béton avait été barbouillé sur chaque face d'un « + » orné de quatre C renversés : un symbole nationaliste serbe, quatre S en lettres cyrilliques autour d'une croix, pour « *Samo Sloga Srbina Spasava* » (Seule l'unité sauvera les Serbes). Et je repensais au charnier, désormais abandonné à d'autres, et à Clyde Snow qui attendait que les corps arrivent à Zagreb pour commencer à les analyser. Je songeais à certains hommes de la tombe qui portaient deux paires de pantalons superposées, comme les victimes du Rwanda. Le Rwanda, point de départ de ma vie consacrée aux missions. Cela ne faisait pas plus de dix mois que j'étais allée à Kibuye, mais j'avais l'impression que je faisais ce métier depuis beaucoup, beaucoup plus longtemps. Pourtant, je me souvenais des deux paires de pantalons ou des sous-vêtements sur les corps de la tombe de Kibuye comme si c'était hier. Aujourd'hui encore, ce souvenir reste vivace.

❧

L'équipe d'Ovcara finit par retirer plus de deux cent cinquante corps du charnier. Ils furent tous envoyés à Zagreb où Clyde les répertoriait à mesure qu'ils sortaient du conteneur frigorifique. Les autopsies et les analyses anthropologiques se déroulaient parallèlement à l'analyse des éléments de preuve et à la confrontation avec les bases de données *ante mortem* des patients de l'hôpital portés disparus. Ceux qui portaient sur eux un portefeuille ou des radios furent rapidement identifiés. Il suffisait de croiser les informations dont on disposait avec les données anthropologiques indiquant pour chaque corps l'âge, le sexe, la taille, la couleur de cheveux et les signes particuliers.

Des milliers de gens ont disparu à Vukovar, mais ces cadavres étaient bel et bien ceux des hommes qui avaient été enlevés à l'hôpital, ceux qu'avait décrits le témoin qui avait réussi à sauter du camion en marche. Il serait bientôt temps d'avertir les Mères de Vukovar.

Mes anciens collègues m'ont appris que beaucoup ont refusé de prendre pour argent comptant les identifications anthropologiques, même si le cadavre correspondait exactement par son âge, son sexe et sa taille au mari, au fils ou au frère qu'elles avaient perdu, jusqu'au nombre de dents manquant depuis des années ou aux fractures ressoudées. Elles ont en revanche réagi beaucoup plus vivement aux effets personnels des disparus – alors que pour les experts médico-légaux, ces objets n'ont qu'une fonction indicative. Une femme n'a été convaincue qu'en voyant les clés de son ancien appartement, retrouvées dans la poche de pantalon d'un homme que les anthropologues avaient identifié comme étant son mari.

Au bout du compte, quand les corps ont été formellement identifiés, les Mères de Vukovar ont fini par se rendre à l'évidence. On a célébré pendant plusieurs semaines des obsèques publiques, dont certaines furent retransmises à la télévision. Ces images m'ont arraché des larmes. Nous avions obligé ces femmes – et avec elles, le reste du monde – à regarder leur passé en face et, ce faisant, nous avions bouleversé leur avenir.

V

Kosovo

2 avril-3 juin et 3 juillet-23 juillet 2000

Kosovo

En 1989, le président serbe Slobodan Milosevic priva la province du Kosovo de son autonomie. Les Kosovars, Albanais du Kosovo, furent soumis à une oppression systématique. Enseignants, policiers, médecins et mineurs en particulier furent licenciés et remplacés par des Serbes du Kosovo. Leurs maisons furent incendiées, certains furent tués. En 1999, le président Milosevic rejeta l'ultimatum des États-Unis et de leurs alliés européens, qui exigeaient de lui qu'il retire les troupes de l'armée populaire yougoslave (JNA) du Kosovo et qu'il rétablisse l'autonomie de la province. Un mois plus tard, l'OTAN commençait à bombarder la Serbie et le Kosovo, ce qui mit un terme à l'expulsion massive de près de deux millions de Kosovars orchestrée par la police serbe du Kosovo et l'armée populaire yougoslave. Quand les Kosovars rentrèrent de l'Albanie et de la Macédoine voisines, quelque cent mille Serbes du Kosovo furent contraints soit de quitter la province, soit de s'enfuir par peur des représailles. Plus d'un millier furent effectivement tués. Plusieurs milliers de Kosovars avaient également disparu. À la fin de l'année 1999 et en 2000, des équipes de légistes internationaux se rendirent au Kosovo en liaison avec le chef d'inculpation invoqué par le Tribunal pénal pour l'ex-Yougoslavie à l'encontre du président Milosevic, pour crimes contre l'humanité et crimes de guerre.

HONGRIE
Danube
CROATIE
ROUMANIE
Belgrade
BOSNIE-
HERZÉGOVINE
SERBIE
Monténégro
Priština
Mališevo
Djakova
Prizren
Skopje
Mer Adriatique
MACÉDOINE
ALBANIE
0 50 100 kilomètres
0 50 100 miles
Kosovo

18

« C'EST QUOI, LE TÉPÉI ? »

J'ÉTAIS DEPUIS CINQ HEURES DÉJÀ à bord du vol pour Zurich quand je sortis de mon sac un article de journal consacré à ma destination finale, le Kosovo ; il remontait à deux ans, au moment du massacre de Racak. Des habitants de la ville y réclamaient la venue d'une équipe internationale de légistes afin d'autopsier les corps de personnes abattues peu avant dans les environs. Ils souhaitaient démontrer que ces gens avaient été assassinés, et non tués au combat comme l'affirmait la police locale. L'article était en mauvais état tant je l'avais manipulé. Au début, je l'avais trouvé formidable parce qu'il était selon moi la preuve que les opprimés avaient pris conscience du potentiel de la médecine légale, au point d'appeler à une enquête sur leurs morts plutôt qu'à une aide humanitaire pour les vivants. Je m'en étais servi au moment où je donnais des cours tout en préparant ma maîtrise d'anthropologie. Pour finir, j'avais dû le glisser dans une chemise plastifiée. Il m'arrivait alors de le brandir devant une centaine d'étudiants, de leur parler des nouvelles du matin sur les Kosovars en fuite qui submergeaient la frontière albanaise et de leur dire : « Voici une province où des quartiers entiers sont incendiés, où plus de sept cent mille personnes sont sur les routes, d'autres sont tuées, et que réclament-ils ? Pas des forces d'interposition, ni des observateurs militaires, non. Ils veulent des médecins légistes. »

Cette prise de conscience de l'importance de ma discipline avait pour moi une signification plus personnelle. L'appel des habitants de Racak avait été l'antidote à une déprime causée par un autre article publié quelques mois plus tôt dans lequel il était également question de médecine légale, mais celui-ci concernait la république démocratique du Congo. Autrement dit, le Zaïre, tel qu'il avait été rebaptisé par le général Laurent Kabila après le renversement du président Mobutu. Pendant l'insurrection, de nombreux civils avaient été tués ou avaient disparu, dont deux cent cinquante mille réfugiés rwandais qui avaient fui leur pays quand le génocide avait pris fin en 1994. Depuis, ils avaient vécu dans des camps dans l'est du Congo. Mais on commençait à signaler qu'ils avaient été massacrés par les troupes de Kabila et enterrés dans des fosses communes. Les Nations unies avaient délégué l'équipe de légistes argentins pour enquêter au Congo. À leur arrivée à Kinshasa, ils avaient été retardés pendant des semaines par Kabila tandis que, de l'est, filtraient des rumeurs selon lesquelles les soldats étaient occupés à exhumer les cadavres pour les brûler sur des bûchers surveillés de près.

À la lecture de cet article sur le Congo, une de mes plus profondes convictions depuis que j'avais découvert *Witnesses from the Grave* quand j'avais dix-huit ans avait volé en éclats. À l'époque, naïve que j'étais, ou peut-être simplement optimiste, j'avais décrété que l'anthropologie médico-légale et les sciences qui y sont liées, si on les appliquait aux enquêtes sur les violations des droits de l'homme, aboutiraient à l'éradication du meurtre d'État. Les despotes du monde entier cesseraient d'y avoir recours comme moyen facile de marquer des points en politique. Or, l'article sur le Congo me montrait que les coupables continuaient de massacrer des civils. Sauf que désormais, ils s'efforçaient de masquer les indices, les indices médico-légaux.

Non seulement l'une de mes plus profondes convictions quant aux rouages de ce monde venait donc d'être torpillée, mais je me trouvais en outre contrainte d'accepter d'autres aménagements. En 1997, j'étais retournée à l'université dans le sillage de deux missions en Bosnie : l'une à Sarajevo, pour le compte de la Commission internationale sur les personnes disparues (CIPD), et l'autre de médecine légale à Brcko. Quelques jours après être rentrée aux États-Unis, je m'étais rendue à mon premier cours à l'université de Nebraska-Lincoln encore vêtue de mes habits de terrain. D'humeur maussade, je ne me sentais pas à ma place. Je n'attendais qu'une chose, que l'on me pose une question, pour que je puisse rétorquer : « Je n'ai pas de stylo » avant de me mettre à hurler : « Comment peut-on débattre des subtilités de la matrilocalité et de ses effets sur l'identité sexuelle quand des gens meurent partout dans le monde *en ce moment même* ?! » Je ne tardai pourtant pas à découvrir que trois de mes professeurs étaient de brillants érudits parfaitement en phase avec la réalité. Je finis par me détendre et par accorder à l'université la légitimité qui lui revenait de droit, comprenant que la possibilité de préparer une thèse sur le thème de mon choix me permettrait d'analyser des sujets comme le Rwanda précolonial ou encore d'appréhender sous un jour nouveau les effets, par exemple, des déséquilibres hommes-femmes sur les populations eskimos pour les appliquer ensuite à des populations d'après-guerre comme les Mères de Srebrenica. Paradoxalement, le fait d'être éloignée du terrain tout en m'y intéressant intellectuellement me rapprocha de mes travaux pour les Médecins pour les droits de l'homme et les Tribunaux.

Plus je lisais sur le contexte qui avait mené à l'existence de ces charniers, plus j'avais recours à des outils universitaires pour m'aider à les comprendre, et plus les cadavres et les analyses auxquels nous les soumettions gagnaient en puissance évocatrice. Parfois, je me sentais particulièrement affûtée quand, après avoir rêvé que j'étais sur le terrain, j'apprenais un concept qui me poussait à me dire : « Ça s'applique parfaitement au Rwanda. » En rentrant chez moi en voiture, j'entendais à la radio un bulletin spécial d'informations sur tel ou tel inculpé de Vukovar qui venait d'être interpellé et envoyé au tribunal de La Haye. Si bien que quand j'avais découvert cet article sur le Congo, je m'étais sentie physiquement atteinte. Puis, quand j'avais lu les déclarations des habitants de Racak, j'avais eu l'impression qu'ils s'adressaient directement à moi. Cet extrait de journal fut la première chose que j'ai fourrée dans ma valise avant de partir pour le Kosovo.

À l'aéroport de Zurich, un groupe de démineurs zimbabwéens défilait sous le nez de touristes européens. Je savais qu'il y avait de grandes chances que les démineurs se rendent au Kosovo en passant par la Macédoine, les aéroports de la province serbe n'ayant pas encore été rouverts. Je les ai donc suivis jusqu'à leur porte d'embarquement. Comme je m'y attendais, c'est là que j'ai retrouvé José Pablo Baraybar.

L'avion pour Skopje survola des paysages qui, de prime abord, ressemblaient à la Suisse et à ses alpages, puis à l'Autriche, avec ses pâturages verdoyants et ses champs cultivés, et enfin beaucoup plus aux collines jaunies et ondulantes de l'intérieur des terres en Californie. Mais les chênes californiens avaient été supplantés par des buissons couleur de rouille. À l'approche de l'aéroport, j'ai distingué d'autres champs et des amas de maisons typiques aux toits de tuiles rouges. Comme en Grèce, en Bosnie et en Croatie, le dernier étage était inachevé. Vu du ciel, Skopje ressemblait au fond d'une cuvette dont les rebords s'incurvaient gracieusement vers le haut. Au-delà, dans le lointain, s'étendaient le Kosovo et ses sommets enneigés qui donnaient l'impression d'avoir été peints sur l'horizon. L'aéroport de Skopje, quant à lui, m'a rappelé celui de Zagreb : un petit bâtiment tout en angles près duquel les avions venaient s'arrêter tandis que l'on dressait une rampe. Sortir d'un avion par le sas arrière et en descendre par un escalier en plein air a quelque chose de grandiose. Comme le fait d'être en Afrique, peut-être.

À l'intérieur, nous avons été accueillis par deux administrateurs du TPIY, un aimable Américain répondant au nom de Phil et une jeune Néerlandaise, Madelon Schara. Au fil des années, j'avais échangé de nombreux fax et courriers électroniques avec Madelon à propos de billets d'avion et de dates de mission. J'étais ravie de la rencontrer. Jolie, bien habillée, elle tranchait de façon presque incongrue sur le contexte de notre mission. J'ai vite perçu qu'elle était aussi souple qu'efficace. Un blond à l'air dépenaillé faisait la queue derrière nous pour obtenir un visa. Madelon lui a demandé : « Vous êtes avec le TPI ? » Apparemment perplexe, il a répondu : « C'est quoi, le tépéi ? » « Peu importe », a riposté Madelon en l'abandonnant sur place. Une réaction digne de James Bond qui eut le don de me plaire.

Plusieurs de nos bagages avaient du retard, dont ceux de Justine Michael, une spécialiste de la scène du crime et la seule autre femme à débarquer de notre avion. Son vol en provenance d'Australie où elle travaillait dans la police fédérale avait fait escale à Singapour, et ses sacs étaient restés bloqués là-bas. Je lui ai donc prêté les rechanges et un nécessaire de toilette que j'avais entassés dans mon bagage à main en prévision d'une telle éventualité. On nous a conduits jusqu'au bureau du TPIY, installé comme par hasard dans les locaux de l'ancienne ambassade yougoslave. Grande bâtisse à deux étages avec une vue plongeante sur Skopje, elle est située dans un faubourg orné de jardins privés et de roseraies qui surplombent la capitale macédonienne, avec ses barres d'immeubles, son unique hôtel de luxe et la rivière qui court en son milieu. Dans le bureau, on a pris des clichés de nos papiers d'identité provisoires et on nous a fait signer une série de documents avant de nous déposer à l'hôtel Tasino Cesmice. Là, je partageais une chambre avec Justine, qui était bien contente de constater que je possédais un sèche-cheveux. Tandis qu'elle s'efforçait d'obtenir une liaison par satellite de son ordinateur portable dernier cri, je m'escrimais à empêcher ma propre antiquité, qui datait de 1990, de s'éteindre régulièrement selon sa noble habitude. J'éprouvai un curieux sentiment d'anonymat. J'avais déjà effectué cinq missions, mais en dehors de José Pablo, personne n'en savait rien. Certains aspects de notre arrivée m'avaient paru familiers, mais d'autres étaient entièrement nouveaux, comme l'accueil aussi formel à l'aéroport (on avait vérifié mon nom sur une liste) et le fait de devoir signer immédiatement des documents. Tout cela me semblait de bon augure. Manifestement, le TPIY avait progressé dans sa façon de gérer les missions médico-légales depuis que nous les avions entamées quatre ans plus tôt. Peut-être même nous fournirait-on de l'équipement de qualité et des scalpels dont les lames seraient adaptées au manche…

Le lendemain, quatre archéologues et un autre spécialiste de la scène du crime ayant débarqué, on nous a affecté des chauffeurs pour nous emmener au Kosovo. Je me suis retrouvée avec Justine dans un véhicule conduit par Blerim, originaire de Pristina. En convoi, nous avons traversé le centre de Skopje, littéralement envahi de Land Cruiser des ONG et par conséquent pollué par les gaz d'échappement. Nous avons atteint la frontière avec le Kosovo, sur un plateau en plein cœur d'une vallée montagneuse. Il y avait vingt minutes d'attente, autant dire une bagatelle comparée au temps qu'il fallait patienter avant de prendre le ferry pour traverser la Save entre la Croatie et la

Republika Srpska. La file se composait de véhicules civils, de porte-chars de la KFOR (la force de l'OTAN au Kosovo) et de quelques piétons. La guérite du garde-frontière était tellement surélevée qu'il ne pouvait pas nous voir, et nous non plus. Blerim s'est contenté de lui tendre nos passeports par la fenêtre aussi haut que possible pendant une minute jusqu'à ce qu'une main fasse enfin son apparition. Le garde, sans un regard pour nos passeports ni un seul coup de tampon, récupéra simplement nos visas macédoniens. C'était tout : nous étions maintenant au Kosovo. La route était correcte et se poursuivait pour un temps sur le plateau parsemé de maisons éparpillées tandis qu'au loin se dressaient les sommets enneigés. Les premiers édifices que nous avons passés étaient en reconstruction. Partout des tas de tuiles, de briques et de planches traînaient, ce qui me remit en mémoire les villages des environs de Vinkovci, près de Vukovar, où le gouvernement distribuait des tuiles à quiconque acceptait de revenir et de reconstruire. La vallée allait en s'évasant et nous avons longé des champs pendant des kilomètres. Beaucoup avaient été fraîchement retournés, comme s'ils attendaient les semailles. Je distinguai trois hommes autour d'un tracteur, se détachant sur la terre riche et noire. La route, elle, empirait au fil de notre progression, et nous nous sommes retrouvés encadrés de Humvee de la KFOR transportant des soldats américains, ce qui m'a rappelé la Bosnie. Le paysage était différent, de grandes vallées ou des plaines avec les montagnes au loin, alors qu'en Bosnie, ces dernières étaient omniprésentes. Blerim m'a expliqué que Pristina ne comptait que deux cent cinquante mille habitants, mais donnait l'impression d'être plus grande parce qu'elle était bâtie en hauteur. J'ai pensé à *Blade Runner* à cause des immenses immeubles flanquant des rues étroites, de la sensation de surpopulation, de congestion même, tandis que se bousculaient véhicules et gens vêtus de noir. Les passages souterrains et les antennes satellites étaient autant d'indices d'une double vie futuriste connue des seuls résidents. En grande partie, la congestion était due aux ONG : Pharmaciens sans frontières, le Programme alimentaire mondial, Al Haramain, Caritas, le Secours catholique. Comme à Kigali avant le retrait de l'ONU. Arrivés au quartier général des Nations unies, nous avons tenté de récupérer nos cartes d'identité du TPIY. Et c'est là que j'ai compris que le TPI n'était peut-être pas aussi efficace que je le pensais.

Pour commencer, nous n'avons même pas pu pénétrer dans les locaux du tribunal parce que le garde refusait de nous laisser entrer sans papiers d'identité. Nous lui avons expliqué que nous étions justement là pour les chercher, ce qui a semblé lui déplaire prodigieusement. Nous avons donc opté pour une autre approche : « Nous sommes avec Blerim. » Sceptique, il n'avait pas l'air de connaître Blerim, ou de lui faire confiance. C'était pire que quand nous avions été retenus à l'extérieur de nos bâtiments par notre unité de gardes jordaniens à Ovcara. Nous sommes restés dans l'impasse jusqu'à ce que surgisse un employé du TPIY dans le hall qui reconnut en nous l'équipe médico-légale et nous a fait entrer. Le garde, mauvais, lâcha : « Ouais, bon, peu importe » tout en nous faisant signe de franchir le détecteur de métaux.

Nous avons passé l'heure suivante à remplir de la paperasse dans une salle de conférence glaciale, où nous a rejoints notre coordinateur sur le terrain, Eamonn Smythe, un Irlandais. Il nous a détaillé ce que seraient nos activités dans les jours suivants (recherche d'un logement à Prizren, formation au risque des mines) et nous a distribué une brochure de présentation. J'ai bien dit une brochure de présentation. Je restais dubitative. Tout avait certes l'air d'être plus organisé que dans les missions précédentes, mais on avait surtout l'impression d'un surcroît de bureaucratie. En fait, rien de sérieux ne nous avait encore été dit. D'ailleurs, José Pablo, plusieurs heures plus tard, passa dans la salle de conférence pour nous déclarer qu'il ne savait rien et que nous avions intérêt à guetter d'autres instructions dans les jours à venir. Dans l'intervalle, on nous embarquerait jusqu'à Prizren, la ville du sud-ouest de la province où nous prendrions nos quartiers.

Blerim s'est engagé sur la route qui passait par Kosovo Polje, l'aéroport désaffecté et la ville de Malisevo. Çà et là, on voyait des maisons endommagées et des chantiers de reconstruction. Bien qu'incendiées, les demeures étaient de nouveau occupées, l'inévitable antenne satellite légèrement inclinée sur chaque balcon d'un premier étage noirci par les flammes. Autres signes de présence humaine : un cimetière de l'UÇK (l'Armée de libération du Kosovo) sur le bord de la route, orné de couronnes aux couleurs vives, de drapeaux, d'un lampadaire pour l'éclairer la nuit ; des tombes fraîches et identifiées éparses dans les champs ; des jardins potagers protégés sous du plastique ; des vignes avant la ville d'Orahovac.

À Orahovac, Blerim s'est arrêté devant un grand portail et a klaxonné. Un garde est venu ouvrir et Blerim s'est garé devant un long bâtiment bas, la morgue du TPIY. Impressionnée, j'en ai fait le tour, la comparant aux morgues improvisées des missions précédentes. L'édifice, restauré depuis peu, abritait une salle de réception, un espace où présenter aux familles les vêtements des défunts, une réserve pour les pièces à conviction, des toilettes multiples, une salle de radiographie aux murs de plomb, l'eau courante et l'électricité et – incroyable ! – des tables d'autopsie avec écoulement intégré et hottes de chimie.

J'étais sous le choc. C'était une chose que les autres membres de l'équipe ne pouvaient pas apprécier, me disais-je. D'une part, ils n'étaient ni pathologistes, ni anthropologues, aucun n'aurait à utiliser ces équipements, d'autre part, ils n'avaient aucune conscience du chemin que nous avions parcouru, depuis la tente gonflable au Rwanda ou la morgue sans fenêtre, sans eau ni électricité en Bosnie en 1996.

Je me suis demandé alors à quoi pourrait bien servir ce bâtiment construit uniquement à cette fin, une fois le TPIY parti. Théoriquement, c'était la dernière saison de fouilles pour les équipes médico-légales du tribunal au Kosovo. Les experts locaux s'en serviraient-ils quand ils se seraient dotés de commissions sur les disparus, comme en Bosnie ? Là, Ewa Klonowski, Becky Saunders et moi-même avions animé des ateliers de formation des Médecins pour les droits de l'homme sur les techniques d'exhumation pour les forces de l'ordre dans toute la Bosnie-Herzégovine en 1997. Puis le Comité international sur les personnes disparues avait demandé aux Médecins pour les droits de l'homme d'évaluer les besoins en matériel des nouvelles équipes locales. Pour réaliser cette étude, Ewa et moi nous étions entretenues avec des membres du personnel des morgues, des maires et des pathologistes. À la suite de notre rapport, les équipes s'étaient vu attribuer la somme de deux cent cinquante mille dollars. Pour ce qui est d'Ewa, jamais elle n'a cessé de se consacrer aux équipes bosniaques. Mais ici, au Kosovo, nous n'en étions qu'aux premiers jours, et je me suis dit qu'il valait mieux ne pas se poser trop de questions.

L'increvable Blerim nous a entassés dans le minibus pour poursuivre notre route jusqu'à Prizren. Nous commencions tous à mourir de faim et avions désespérément besoin de trouver des toilettes. La route était parfois tellement trouée par les bombes que nous roulions au pas. Les chauffeurs étaient pratiquement obligés de s'arrêter pour pouvoir s'engager dans des crevasses si profondes que leurs voitures trop basses disparaissaient dedans avant de remonter de l'autre côté. Plus nous nous rapprochions de Prizren, plus l'état de la chaussée était catastrophique. Dans les deux sens, voitures, chevaux, carrioles et camionnettes ne cessaient de quitter la route pour en contourner les obstacles et avancer (grâce soit rendue aux bas-côtés herbeux). La poussière soulevée par la circulation engendrait un brouillard permanent où luisaient les lumières des restaurants à la périphérie de la ville. Eamonn nous avait affirmé que Prizren était « la plus belle ville du Kosovo ». Il m'a fallu attendre le lendemain pour me faire ma propre idée.

Nous étions installés à l'hôtel Prizreni, où je partageais de nouveau une chambre avec Justine. Il faisait froid, les lits étaient défoncés, mais c'était toujours mieux que de traîner dehors sous l'averse qui venait de commencer. Quand on actionnait le robinet, il y avait de l'eau, sous pression et chaude, et les lampes fonctionnaient. Je me suis écroulée, reconnaissante, sur le lit. Je me suis glissée sous une couverture d'un rose saumon dont les qualités isolantes étaient quelque peu atténuées par la multiplicité des trous de cigarettes. Dans mon journal, je me suis demandé si l'on traitait désormais l'équipe médico-légale comme des employés de l'ONU, et par conséquent davantage comme des enfants gâtés que l'on trimballait d'un lieu à un autre. Mais peut-être n'était-ce qu'une impression.

À la lumière du jour, Prizren s'avéra être une ville d'une grande beauté, traversée par une rivière sinueuse aux rives rocailleuses. On accédait à la vieille ville par d'antiques passerelles de pierre. Mais nous ne goûterions que plus tard à ses charmes, puisqu'il nous fallait retourner à Pristina, au quartier général des Nations unies, où nous avons rencontré Nancy Barrett, coordinatrice de l'Organisation psychosociale transculturelle (TPO). La TPO rassemblait des médecins, des étudiants en médecine, des psychologues locaux et internationaux qui se chargeraient de la collecte de données *ante mortem* nécessaires à l'identification présomptive des cadavres sur le terrain, à la fois avant notre arrivée et pendant nos travaux. Nancy Barrett nous a fait savoir qu'ils auraient également pour mission de soutenir à la fois les familles sur les sites et nous. Littéralement, ou sur le plan psychosocial, je n'en étais pas sûre. L'un et l'autre pouvaient être utiles. Enfin, elle nous a assuré qu'à ses yeux, l'aspect le plus important de l'organisation actuelle était que la TPO soit intégrée à notre équipe. Très engagée (sans que sa volonté de bien faire ne paraisse trop rébarbative), elle était typique des ONG, et je l'imaginais déjà, dans trois semaines, exaspérée parce que la majorité des gens avec qui elle devrait traiter au sein du TPIY ne partagerait pas sa vision enthousiaste et participative. Ses collègues se sont présentés, dont Amor, coordinateur sur le terrain, et Benny, qui avait travaillé avec les Médecins pour les droits de l'homme l'année précédente pour rassembler les témoignages de Kosovars déplacés qui avaient réussi à se réfugier en Albanie. Puis José Pablo a dû présenter son équipe ; il se contenta de marmonner nos noms sans mentionner nos fonctions, laissant la TPO dans le flou quant à nos capacités, ce qui n'empêcha pas Nancy Barrett de continuer avec détermination, nous invitant à prendre avec eux des rafraîchissements afin de « mieux se connaître ».

J'ai eu une conversation vraiment passionnante avec Benny, Amor et Luigi, qui avait étudié l'anthropologie culturelle, sur ce qu'ils faisaient quand les familles souhaitaient voir les restes. Les proches peuvent avoir des réactions très diverses et la TPO, par conséquent, s'efforce d'évaluer dans quelle mesure une personne est à même de gérer l'événement. Nous avons aussi abordé le fait que le personnel médico-légal lui-même peut être confronté à ses propres difficultés émotionnelles. Je leur ai parlé de la nièce du prêtre à Kibuye, comment j'avais voulu en faire plus pour elle. Dès que j'ai pensé à elle, mes yeux se sont embués et je me suis demandé comment je m'en tirerais avec la famille d'un défunt à côté de moi pendant les fouilles. Une éventualité qu'il ne fallait pas écarter, m'avait dit José Pablo.

Après les rafraîchissements, on nous a asséné le cours le plus détaillé sur les mines et les moyens de les éviter que j'avais jamais suivi. S'agissant d'une spécialité locale, nous avons eu droit à des diapositives sur les marqueurs le plus souvent utilisés pour prévenir les gens de la présence de ces armes : des bouteilles enfoncées sur des bouts de bois, des empilements de cailloux, des branches abattues, des brindilles croisées, des chemins dessinant d'improbables détours et des crânes de vaches suspendus entre des arbres. À la projection a succédé une virée dans les salles du programme de lutte antimines de l'ONU, où l'on nous a montré les types de mines récupérées jusqu'alors. Puis on nous a entraînés dans une cour déserte entre deux immeubles, où trônait la carcasse d'une jeep. On nous a alors invités à chercher vingt-cinq indices prouvant la présence de mines ou de munitions. Nous sommes passés à côté de la plupart, pas seulement le fil du déclencheur sur lequel nous venions de marcher mais aussi les détonateurs en étoile au sommet des mines antipersonnel dans l'herbe rase. Quand le soldat qui nous faisait l'instruction nous a indiqué un emplacement dans l'herbe à l'aide de sa baguette télescopique, je n'ai rien vu. Alors il a écarté quelques brins d'herbes, et elle était là. J'ai rarement vu un petit objet avoir l'air aussi menaçant. Sur le chemin du retour vers Prizren, j'ai remarqué dans l'une des maisons abandonnées près de laquelle j'étais passée plusieurs fois un des marqueurs que l'on venait de nous apprendre à reconnaître : un V vert à l'envers, peint à la bombe sur la porte d'entrée.

Il restait une dernière étape au programme avant que les équipes ne démarrent leur travail : un discours de James Mills, l'assistant social du TPIY. C'était la première fois que je participais à une mission où le TPIY avait prévu ce qui ressemblait le plus à un soutien psychosocial. J'étais curieuse de voir ce qu'il avait à dire, et quelles seraient les réactions des autres. Quand Eamonn a présenté James, il déclara, avec son accent irlandais : « Je pense qu'il faut que vous entendiez ce qu'il a à dire. Je vous demande donc, même si vous estimez que cela ne vous concerne pas, de bien vouloir garder vos opinions pour vous, s'il vous plaît, pour que ceux qui le souhaitent puissent l'écouter. »

James a attaqué en nous détaillant tous les aspects physiologiques du stress, l'augmentation de la tension artérielle, la crispation involontaire des muscles. Il nous a décrit le « stress d'incident critique » et la réaction qui consiste à hésiter entre « fuir et se battre ». Immanquablement, je repensais à la nuit des tirs au bord du lac, au Rwanda. Je n'avais pas oublié comment mes mains avaient continué à trembler longtemps après, comment j'avais placé ma main sur mon cœur, la sensation que mon ouïe était soudain plus développée. Ces symptômes avaient perduré au-delà de cette nuit et depuis, je sursautais dès que j'entendais un moteur de hors-bord. Je me souvenais aussi de l'incroyable soulagement que j'avais ressenti quand j'avais enfin pu quitter le lieu de l'incident.

Mes souvenirs étaient parfaitement en phase avec ce que James nous a appris sur la différence entre le stress à court terme et le stress durable, et comment on s'adapte jusqu'à ce que même la capacité d'adaptation finisse par s'user, jusqu'à ce qu'elle soit remplacée par l'épuisement. Il a cité les exemples de Kosovars qui servaient d'interprètes pour l'ONU à Mitrovica (dans le nord de la province). Une femme ne pouvait même pas regarder un homme qu'elle avait vu être passé à tabac ; une autre faisait de terribles cauchemars, revivant la nuit où elle avait entendu ses voisins se faire agresser. Dans le même temps, à La Haye, les gens – dont certains étaient originaires du Kosovo – qui triaient les photos et compilaient les témoignages étaient eux-mêmes atteints de stress post-traumatique. James estimait qu'en s'arrêtant pendant une certaine période, ils pourraient continuer à travailler au lieu de perdre leur emploi. Il nous a aussi dit avoir conseillé une « personne de haut rang qui a fait carrière à l'ONU et dont je tairai le nom », qui avait été en poste au Rwanda. Cette personne s'était vu confier un enfant par une femme qui lui avait dit que c'était son seul enfant encore en vie. « S'il vous plaît, prenez mon bébé », avait-elle supplié, « je ne pourrais pas supporter de voir un autre de mes enfants mourir. » À l'instant même, le nourrisson était mort dans les bras de l'homme. Depuis, il éprouvait un sentiment de culpabilité et d'impuissance. Il était sujet à des crises de larmes et à des cauchemars. Soumis à un débriefing, il avait ensuite fait une pause de six mois à New York avant de reprendre son travail. J'imagine qu'il n'est pas encore guéri. Cette partie du discours de James m'intéressait parce que j'avais entendu parler de ces débriefings sans jamais avoir vraiment compris ce qu'ils étaient. Pour lui, un débriefing est un processus psychologique, éducatif et cognitif dont le but n'est pas d'effacer le souvenir, mais plutôt de le ranger quelque part afin de pouvoir passer à autre chose. On nous a d'ailleurs annoncé que nous aurions tous droit à un « débriefing de redéploiement » avec James avant de quitter le Kosovo, pour mieux nous préparer à notre retour à la normalité. Or, curieusement, je n'ai jamais été débriefée, moi qui attendais ça avec une certaine impatience.

Par-dessus tout, nous a recommandé James, nous devrions veiller aux « composants de notre bien-être ». Il nous a donné des conseils concernant les domaines physique (buvez beaucoup d'eau, dormez beaucoup, marchez), spirituel et intellectuel. Il nous a rappelé que le soutien de nos pairs était vital : il nous faudrait veiller sur les membres de notre entourage au bord de l'épuisement, les inviter à parler autour d'un café, par exemple. Je me suis dit que la partie promenade était faisable, m'imaginant déjà des virées le soir au bord de la rivière à Prizren. En revanche, j'avais davantage de doutes quant aux aspects spirituels et intellectuels. Ces sphères-là sont véritablement difficiles à explorer en cours de mission. La situation serait-elle différente cette fois ? J'ai jeté un coup d'œil autour de moi et je me suis sentie rassurée ; dans l'ensemble, mes collègues écoutaient James avec une attention respectueuse. J'avais à peine eu l'occasion de m'entretenir avec eux, et je me suis demandé avec qui, en dehors de Justine, je pourrais établir des liens.

Mon enthousiasme a été sérieusement entamé quand James a demandé si quelqu'un avait des questions à poser ou des commentaires à formuler. L'un d'entre nous, un Américain, a levé la main. « Oui ? Une question ? » fit James. Il y eut un long silence, puis son interlocuteur lâcha : « Ouais. Comment on fait pour utiliser les téléphones, ici ? » Posément, James lui a répondu : « Eh bien, vous décrochez le combiné, attendez la tonalité, puis composez votre numéro. Une carte téléphonique peut s'avérer utile, on peut s'en procurer à la poste. » L'attitude grossière de ce membre de notre équipe nous avait, je crois, tous gênés. Je ne voulais pas que James croie que nous méprisions les questions importantes liées au stress et aux émotions. Mais je ne tenais pas non plus à m'exposer au ridicule, comme je l'avais fait à Kibuye. C'est alors que Tom Grange et Aldo Bolaños se sont jetés dans la mêlée. Tom, ex-flic américain, a déclaré qu'il s'était déjà trouvé dans les deux camps dans une guerre : « En 1968, on croyait qu'on les aidait, mais ce n'était pas le cas. Maintenant, je veux aider les gens qui ne peuvent pas se débrouiller seuls. » J'ai dû retenir mes larmes. Par la suite, je lui ai dit que j'avais vraiment apprécié son intervention. Aldo, un archéologue péruvien avec qui j'avais travaillé à Brcko, est revenu ensuite sur un rêve qu'il avait fait quand il était en Bosnie l'année précédente. Il fuyait des soldats qui le rattrapaient. À genoux, il les suppliait : « Pitié, ne me tuez pas ». Mais ils lui tiraient une balle dans la tête. James lui a expliqué qu'il avait dû s'identifier à un corps qu'il avait vu dans une fosse et que son inconscient s'efforçait simplement d'y faire face quand il dormait. J'ai trouvé formidable qu'il ait accepté de partager cette angoisse avec nous, pas seulement d'un point de vue personnel, mais aussi parce que cela démontrait que même Aldo, un des archéologues les plus expérimentés, et plutôt macho, pouvait faire des cauchemars. Ce qui m'a étonnée, c'est qu'il ait fait ce rêve alors qu'il était sur le terrain. La plupart du temps, je n'étais hantée par les cauchemars qu'une fois rentrée chez moi, sauf quand j'avais rêvé qu'il y avait des jambes dans mon lit à Kibuye.

C'est pourtant au Kosovo que j'ai eu droit pour la première fois à un rêve complet en pleine mission. Ce n'était pas vraiment un cauchemar : je me trouvais à la morgue du TPIY à Orahovac, sortant du compartiment réfrigéré un corps à autopsier; c'était celui d'un homme adulte, entièrement habillé, très froid. Je déposais le cadavre sur la table d'autopsie et préparais mes outils, me disposant à lui ôter ses vêtements, quand il commença à cligner des yeux. Je sursautai. Il n'était pas mort, simplement gelé. Il commençait à se réchauffer maintenant qu'il était sur la table. Je ne pouvais pas détacher mon regard de son visage. Il ouvrit grand les yeux et me dit, d'une voix lente et hésitante : « Merci ». Je ne parvenais pas à y croire, puis je me suis souvenue que sa famille se trouvait à l'extérieur de la morgue, attendant les résultats de l'autopsie. Je l'ai alors pris dans mes bras et emporté à l'extérieur, là où la famille était rassemblée. Ils m'ont vue arriver, sans comprendre. Pour eux, ce corps ne signifiait rien. J'ai voulu appeler l'homme par son nom, mais j'étais incapable de le prononcer tant il comportait de X. Je n'ai pu que bafouiller : « Il est vivant. Vivant! » Il leur a adressé un sourire fatigué mais rassurant, et ils se sont mis à hurler, à pleurer tout en essayant de l'embrasser. Ils me l'ont pris des mains et j'ai reculé. Ils n'avaient plus besoin de moi, mais je me sentais profondément émue, et étrangement fière.

19

Le grand-père

Quand j'ai fait ce rêve, un mois s'était déjà écoulé et je travaillais à la morgue. J'avais commencé par faire du terrain et en dépit de mon expérience, j'avais été confrontée à quelques nouveautés. Lors de mes missions précédentes, nous avions eu affaire à de grandes fosses communes ; mais à en croire les déclarations des témoins, au Kosovo, il y avait eu manipulation *post-mortem* des corps : les restes avaient été éparpillés par les coupables présumés, ou dissimulés dans des cimetières. Dans d'autres cas, en rentrant chez elles, les familles qui avaient fui le Kosovo avaient retrouvé, gisant dans les rues, les cadavres décomposés de personnes qu'ils pensaient être leurs proches, et ils les avaient enterrés eux-mêmes.

Selon les estimations, plusieurs milliers de personnes se trouvaient à ces divers stades d'inhumation dans toute la province. Les équipes médico-légales devraient donc ratisser le Kosovo à partir de notre camp de base à Prizren pour accomplir ce que l'on attendait d'elles. Par conséquent, José Pablo nous avait répartis en plusieurs équipes de terrain, chacune dotée d'un chef et d'un responsable de la sécurité.

Mon premier chef d'équipe était « Wollie » Wolmarans, un policier sud-africain. Nous avions pour habitude de nous rassembler sur le parking du restaurant Lion, sur la route principale. De là, toutes les équipes partaient en convoi vers les sites avant de se séparer, une équipe par voiture. Les parcours, presque toujours longs, commençaient généralement tôt, et j'en profitais pour apprendre l'albanais. J'avais en effet entendu Fllanza, la fille de ma logeuse, gentiment rappeler à l'un des membres de l'équipe qui l'avait saluée d'un « *Dobar dan* » que si tout le monde au Kosovo parlait serbe, les Kosovars ne s'exprimaient dorénavant plus qu'en albanais. Les premiers mots que j'ai appris aussi bien avec Azven, notre interprète, qu'avec Fllanza furent donc des mots d'usage courant pour communiquer avec les autochtones qui travailleraient comme ouvriers sur nos fouilles, comme « *Prit, ju lutem* » (Attendez, s'il vous plaît), « *Tung* » (« Salut ») ou « *Noten e mire* » (« Bonne nuit »).

Au fil de ces trajets, j'ai été surprise par le côté paisible du paysage, comme s'il ne s'y était rien passé. Il n'en allait pas de même des bâtiments : une rangée de maisons, intactes ; mais les fenêtres étaient vides et l'étage supérieur marbré de traces noires. La suie est puissamment évocatrice et j'imaginais sans peine toutes les maisons en feu et les flammes jaillissant des fenêtres.

C'est quand nous avons traversé la ville de Djakova que j'ai vu combien la destruction avait pu être systématique. Nous étions venus chercher des démineurs et des éléments de sécurité sur la base italienne de la KFOR, mais avant même d'avoir atteint la ville, nous avions découvert des marques de ravages à grande échelle, certains des immeubles les plus imposants étant en partie effondrés. Une fois en ville, j'ai vu les indices d'une destruction à un niveau plus individuel : des boutiques le long de la route avaient implosé, le contenu n'étant plus qu'un tas de décombres entre des murs dentelés. Dans la rue principale de la vieille ville, les boutiques étaient en cours de reconstruction avec du bois verni. Mais à une rue de là à peine, tout avait été anéanti, ne laissant que des piles de gravats et des charpentes squelettiques. De l'autre côté de la ville, beaucoup de toits étaient en partie ou totalement remplacés par des bâches bleues. Et, comme en Croatie, des gens y vivaient.

Ce jour-là, notre voyage nous a menés jusqu'à une petite rivière dans la campagne, en plein cœur de la zone d'activité militaire serbe. Dès le début, nous sommes tombés sur une jambe décharnée et un morceau de pantalon qui surgissaient d'un tas de cailloux. Non loin, on pouvait voir un crâne percé d'un impact de balle, dans le même amas de rocailles. Ailleurs, parmi des champs bucoliques qui entouraient une maison solitaire sur une hauteur, de lourds véhicules militaires et des démineurs nous attendaient pour nous aider à nous garer. Les soldats avaient disposé des petits rochers arrosés de peinture rose fluo pour délimiter les emplacements déminés. Nous avons commencé par creuser dans des monticules de terre, pour ne trouver que des couches d'herbe morte puis, en dessous, du gravier. Les moutons avaient brouté les champs à ras. Les bergers, apparemment, étaient ravis de nous avoir parmi eux. Leurs grands chiens, amicaux, venaient nous voir, tandis qu'eux-mêmes jouaient de la flûte sporadiquement tout au long de la journée. Souvent, j'avais l'impression d'être dans l'Iran de *Peuple du vent,* le documentaire de mes parents sur les pasteurs nomades. Parfois, filant en rase-mottes au-dessus de nous, des hélicoptères militaires apportaient une note discordante.

C'était le début du printemps et, pendant ces deux premières semaines de travail, il a fait extraordinairement beau et doux : le ciel, ensoleillé, était ponctué de nuages légers poussés par une brise qui gagnait en force alors que la journée touchait à sa fin. Entre nous, plus d'une fois, nous nous sommes extasiés sur la beauté du Kosovo. De là où nous étions, nous pouvions admirer les montagnes qui s'étendaient vers l'Albanie. À nos pieds, des positions creusées dans le sol devaient offrir aux tireurs serbes des postes idéaux pour viser les Kosovars qui fuyaient vers ces mêmes montagnes en 1999.

Bien vite, les équipes médico-légales sont passées de ces sites ruraux aux cimetières, où nous avons exhumé des tombes marquées et d'autres anonymes. Nous avons remarqué que près de certaines de ces tombes étaient déposées des tasses renversées sur une petite planche. La coutume voulait que ces tasses restent ainsi pendant un an après l'enterrement.

Si une famille avait marqué la tombe d'une personne qu'elle pensait être un de ses proches, le TPIY lui demandait l'autorisation de procéder à l'inhumation. La plupart du temps, les familles acceptaient et étaient à nos côtés pendant que nous travaillions. En fait, leur présence n'était pas aussi difficile à vivre que je l'avais craint. C'était comme s'il n'y avait pas d'espace pour la communication vocale. Et, comme en présence de la femme qui avait reconnu la veste de son frère à l'église de Kibuye, je ne savais pas quoi dire.

Dans le premier cimetière, nous avons découvert des arrangements funéraires pour lesquels nous avons établi un système que nous avons ensuite utilisé sur tous les sites de cet ordre. Quand une tombe susceptible d'être intéressante pour les enquêtes du TPI était identifiée, nos ouvriers mettaient de côté les couronnes qui l'ornaient. Puis ils dégageaient le tas de terre, révélant la plupart du temps une couche de plastique. Ce dernier masquait souvent une *drraza,* rangée de planches épaisses servant en quelque sorte d'abri pour protéger de la terre le couvercle du cercueil. Une fois la *drraza* exposée, les ouvriers s'écartaient, laissant les archéologues dégager les bords du sol autour de la *drraza* pour que le spécialiste de la scène du crime puisse en prendre une photo. Ensuite, les archéologues retiraient la *drraza,* généralement pour trouver un cercueil reposant dans de l'eau, de l'eau refoulée du sol, noircie par la décomposition du corps. Avec des seaux, cette eau était écopée avant qu'une nouvelle série de clichés soit effectuée, du cercueil cette fois. Enfin, on ouvrait le cercueil et l'on en photographiait soigneusement le contenu.

À ce stade, les anthropologues se joignaient aux archéologues pour l'exhumation du corps, souvent enveloppé dans du plastique ou de la toile. Le spécialiste de la scène du crime plaçait une housse numérotée et étiquetée au bord de la tombe, puis, avec l'aide des archéologues, on transférait le corps dans la housse. Le tout était alors soulevé et placé dans une deuxième housse propre et étiquetée. Les membres de l'équipe médico-légale sortaient de la tombe et transportaient le cadavre sur une civière jusqu'au camion réfrigérant. Derrière, les ouvriers remettaient en place la *drraza* et la terre, avant de redisposer les couronnes.

La première fois que j'ai travaillé sur un cimetière, ce système m'a paru un peu lourd, tant il impliquait d'intervenants, chacun ayant une tâche minuscule à accomplir. J'étais habituée aux charniers et à me débrouiller avec plusieurs corps en quelques jours.

Pendant la pause déjeuner, il pleuvait, et j'étais assise avec Elvis, un des ouvriers kosovars. Il avait à peu près mon âge et nous avions sympathisé. Alors que tant que nous opérions sur les sites en pleine campagne, il avait été d'humeur enjouée, depuis que nous travaillions dans les cimetières, il semblait plus affecté. Plissant le nez, il m'indiqua le camion réfrigérant et me lança : « Ça vous fait quoi ? » Je lui ai répondu que pour moi, c'était différent, parce que j'avais choisi ce travail. J'avais traversé l'océan pour le faire. Il m'a demandé de ne pas avoir à toucher les corps. Bien sûr, lui ai-je dit, et j'ai ajouté que j'étais désolée qu'il ait dû faire plus que de simplement charrier de la terre.

Nous étions assis sous un arbre, trempés et silencieux, et je considérais les familles et les badauds, entassés par petits groupes dans le cimetière.

Après le déjeuner, j'ai travaillé sur une deuxième tombe avec Claudia Bisso, une archéologue argentine. Nous étions dans un coin du cimetière près d'une haie en compagnie de deux ouvriers, de Dreni, notre interprète, et d'un homme de la quarantaine, bien habillé, qui fumait à l'arrière-plan, crachant de temps à autre. C'était le frère de l'homme dont le corps était censé se trouver dans la tombe. Les ouvriers avaient totalement dégagé la *drraza,* mais Claudia et moi devions leur donner un coup de main de temps en temps tant le travail était difficile : la terre, détrempée, était lourde. En outre, la tombe était profonde, et il fallait fournir des efforts conséquents pour soulever la terre avec une pelle, plus haut que les épaules afin de la jeter hors du trou. Après avoir nettoyé et photographié la *drraza*, Claudia et moi sommes redescendues dans la fosse pour déplacer les planches, révélant le cercueil. C'est alors qu'Aidan, un archéologue britannique, est arrivé, au moment précis où nous nous aperçûmes que le couvercle avait été cloué. Il nous faudrait l'arracher, besogne déplaisante que nous lui avons confiée. Le bruit du pied-de-biche contre le cercueil était ignoble, comme celui du bois fracassé quand il força le couvercle. J'avais honte pour le frère et lui lançai un coup d'œil, mais il était impassible. Grave, mais impassible.

Une fois le couvercle retiré, nous vîmes que le cercueil contenait un cadavre emballé dans du plastique, grouillant d'asticots, couvert de chrysalides desséchées d'un brun rougeâtre. Comme avec tous les autres corps récupérés dans les cimetières, il était difficile de trouver où se tenir quand le cercueil était ouvert car le corps occupait tout l'intérieur du cercueil, lequel encombrait lui-même toute la fosse. Claudia et moi avons placé quelques planches en travers du trou, d'où nous nous sommes efforcées d'extirper le cadavre. Aidan, Claudia et moi avons alors pu l'extraire et le mettre dans les deux sacs. Pendant mon temps à l'université, j'avais oublié à quel point un mort pesait lourd et était difficile à manipuler, mais mes réflexes ont rapidement repris le dessus. J'ai commencé à sentir mauvais, dégoulinante de pluie. Tandis que les ouvriers entreprenaient de reboucher la fosse, le frère termina sa dernière cigarette puis s'en fut. Triste journée, mais l'exhumation dans ce coin de cimetière avait été satisfaisante, parce que l'on avait pu travailler sur une tombe du début jusqu'à la fin. C'était cela que je préférais.

Je ne tardais pas à m'accoutumer à mon équipe et au nouveau système. J'étais ravie d'être de nouveau sur le terrain, impatiente de travailler à chaque nouveau jour. Puis José Pablo a réorganisé les équipes et je me suis retrouvée sous la direction de Derick Shoemann, spécialiste en explosifs d'Afrique du Sud. Entre autres responsabilités, il était chargé de boucler des rapports informatisés et des dossiers photographiques, ainsi que d'entrer dans la base de données toutes les informations susceptibles de servir à l'identification que la TPO avait glanées auprès des proches éventuels. Derick avait confié cette mission à quelqu'un d'enthousiaste, mais qui n'était pas très rapide. Je proposai donc quelques solutions pour accélérer le processus, par exemple d'utiliser le « copier-coller » plutôt que de retaper les mêmes chiffres systématiquement dans des champs de données multiples. Derick, m'ayant entendue, m'a proposé de prendre en charge le rapport de la journée. Ce qui m'allait parfaitement, parce que je savais que c'était faisable en quelques heures dans la soirée, et que cela n'interférerait pas avec mes tâches quotidiennes sur les fouilles. J'avais tort, comme je m'en aperçus le lendemain matin.

Toutes les équipes s'étaient déplacées sur un nouveau site, un lieu où, d'après les informations communiquées par des témoins, des corps avaient été enterrés sans cercueil. Mais Derick tenait tant à ce que les rapports soient achevés avant le soir qu'il me dit de ne pas creuser du tout. Je devais me contenter de produire des rapports au fil de la journée. J'ai dû me retenir de lui faire remarquer qu'il risquait de tomber sur des squelettes « dissociés », qui ne pourraient être correctement transférés que par un anthropologue. Or j'étais la seule anthropologue des cinq membres de son équipe. À vrai dire, j'étais la seule qui avait l'expérience supplémentaire d'une mission du TPIY. Et il voulait me maintenir enchaînée à mon ordinateur portable, en civil, près de la tombe (ou pis, près des voitures), tout ça parce que je savais utiliser quelques macros. Furieuse, j'étais en même temps ennuyée et incapable d'exprimer quoi que ce soit de façon diplomatique. Alors je lui ai fait ses rapports.

Quand la tombe ne donnait pas d'informations, assise sur le bord, je donnais des conseils à l'équipe chargée de l'exhumation (l'un d'entre eux n'avait jamais vu de cadavre auparavant), leur indiquant le meilleur moyen d'emballer une tête sans la désarticuler, ou pourquoi il était essentiel d'examiner le sol sous le corps en quête de dents ou d'objets. Je me trouvais dans la situation de l'assistante du chirurgien, leur passant les petits sacs dont ils avaient besoin pour les phalanges avant même qu'ils ne les aient réclamés.

Derick ne tarissait pas d'éloges sur ma rapidité à l'ordinateur. Je me suis dit que, tant qu'à être une secrétaire, autant l'être bien. Justine en tant que spécialiste de la scène du crime pour son équipe devait également produire des rapports tous les soirs. Nous nous retrouvions donc toutes les deux à la table de la salle à manger. Elle buvait un alcool fort, et moi un jus de pêche. Quand nous en avions terminé, nous nous rendions dans le salon pour taper nos propres journaux. Ce n'était pas la première fois que je me retrouvais à jouer le rôle de scribe de l'équipe. À Kibuye, à la fin de la mission, on m'avait confié la même tâche quand il s'était avéré que les pathologistes n'avaient entré presque aucun rapport d'autopsie sur ordinateur. L'affaire m'avait demandé plusieurs jours, mais au moins, ce n'était pas pendant l'exhumation ou les analyses. En Bosnie, Dorothy et moi avions également créé des bases de données pour la morgue parce que nous savions manier « Excel ». Mais c'étaient des années et des missions plus tôt, ici, c'était différent.

Au site suivant, un cimetière dans une région boisée derrière un petit village, Derick s'est vu confier trois tombes qu'il fallait ouvrir le premier jour. Même si je devais encore jouer les moines copistes, j'ai pris la précaution d'endosser une tenue de protection en Tyvek pour montrer que j'étais prête à creuser.

Les tombes étaient situées sur une petite colline, un endroit superbe, où le soleil filtrait entre les grands arbres tandis que le vent poussait vers nous des feuilles brunes et, parfois, un bourgeon presque en fleur. Quand Derick m'a envoyé exhumer la troisième tombe, je fus ravie. Avec deux ouvriers, j'ai emprunté une allée bordée d'arbres qui menait à l'autre côté du cimetière. Là, nous savions quelle tombe ouvrir car le grand-père du défunt présumé venait d'arriver. Il nous a dit que c'était lui qui avait enterré le corps. Son petit-fils, blessé aux jambes, incapable de courir, avait été abattu dans le dos. Le grand-père avait demandé à être présent pour l'exhumation.

Barney Kelly, un policier irlandais qui logeait avec moi, a pris une photo d'ensemble, puis les ouvriers ont dégagé la terre, révélant presque immédiatement la *drraza.* Ils ont accompli un travail magnifique, retirant suffisamment de terre et nettoyant la fosse afin que nous ayons la place d'étaler le sac. J'ai été impressionnée par la vitesse à laquelle ils s'étaient adaptés à nos besoins particuliers. Barney a photographié la *drraza* pendant que Dave Green, un spécialiste britannique de la scène du crime, s'entretenait avec le grand-père par le biais d'un interprète. Je suis descendue seule dans la tombe pour retirer les planches.

La fosse était pleine d'eau, sur quinze ou vingt centimètres. Je savais que le corps serait enveloppé dans un drap (le grand-père nous l'avait dit), mais je ne m'attendais pas à ce qu'il n'ait pas de chaussures. Deux pieds un peu gonflés pointaient hors de l'eau. Ayant retiré les dernières planches, j'ai vu qu'effectivement le corps était recouvert de ce qui avait dû être un drap, des chevilles à la tête (fort heureusement, cette dernière était couverte). Il reposait sur le dos, les mains croisées sur le ventre, à demi immergé. J'ai donc prévenu Barney que j'allais devoir retirer l'eau avant qu'il puisse prendre une photo. J'ai placé une des planches près du corps afin de disposer d'un appui solide, mais j'ai tout de même eu les pieds dans l'eau quand il a fallu écoper avec les ouvriers. Nous avons travaillé en silence pendant environ cinq minutes, avec pour seule compagnie le souffle du vent et le bruit des seaux que l'on vidait à même le sol. Le grand-père et le type de la TPO fumaient en discutant tranquillement. Tandis que nous peinions, des feuilles tombaient dans la tombe, recouvrant la tête du mort.

Quand nous avons été prêts à hisser le corps, le grand-père a longuement contemplé son petit-fils. Je lui ai lancé un regard au moment où il se détournait, et il s'est contenté de secouer la tête. J'ai fait la moue. J'aurais voulu lui dire « *Me falni* », « je suis désolée », et je l'aurais fait si nous avions été seuls, mais il y avait trop de monde, et je n'en ai plus eu l'occasion. Je regrette encore de ne pas l'avoir fait, parce que je voulais qu'il sache que nous n'étions pas des scientifiques insensibles qui exhumaient mécaniquement des cadavres, que nous comprenions que c'était le corps de son petit-fils. Mais j'avais aussi douloureusement conscience du fait qu'il ne suffisait pas de dire « *me falni* ». Comme à Kibuye, avec la femme qui avait reconnu la veste de son frère. Que pouvais-je dire ? D'une part, ma présence est liée aux familles de façon extrêmement personnelle parce que je touche à un parent décédé, et en même temps, je suis une étrangère à leurs yeux. Alors, je me tais, mes actes seuls peuvent les aider.

Quand nous avons soulevé le corps du petit-fils, ses bras se sont repliés dans le drap, qui s'est déchiré au niveau des mains. Ce qui m'a permis d'apercevoir des asticots morts et des chrysalides vides sur sa chemise : il était clairement resté un moment à l'air libre avant d'être enterré. Derick craignait que je n'aie pas assez de force pour hisser le cadavre, mais à nous deux, nous nous en sommes tirés et nous avons même réussi à évacuer une grande quantité d'eau de la housse en inclinant le corps au-dessus de la tombe. Puis nous l'avons enveloppé dans une deuxième housse et les ouvriers l'ont emporté sur un brancard, sous les yeux du grand-père qui nous suivait à pas lents.

Sur les autres tombes, mes collègues avaient également terminé, et nous avons donc pu remonter rapidement dans les camions. Satisfait que nous ayons fini avant l'équipe d'Aldo en contrebas, Derick m'a adressé un large sourire à fossettes et il a lâché : « Clea, tu es bien plus utile dans une tombe que sur un ordinateur ! » Le soulagement m'a submergée. Et Derick ne m'a plus jamais tenue à l'écart des exhumations.

Nous avons quitté la ville en convoi, les cadavres sanglés dans un pick-up devant nous, fermement enroulés dans une toile d'aluminium. Considérant l'arrière de la camionnette sur le long chemin qui nous ramenait à la morgue, je repensais au grand-père et à sa volonté de nous laisser « emprunter » son petit-fils. Enfin, je vivais un moment où se trouvaient conciliés à la fois les besoins de la famille en tant que « propriétaire » du contenu de la tombe et ceux du Tribunal en tant que garants des preuves. Nous étions si loin du temps où les Mères de Vukovar protestaient contre les fouilles médico-légales dans la fosse d'Ovcara. Bien que les circonstances aient été différentes, je me demandais si le changement d'attitude des Mères n'avait pas contribué à faciliter les exhumations médico-légales au Kosovo.

Mais j'avais aussi une pensée pour Suada, ma logeuse dans la ville où nous avions résidé quand nous travaillions sur les fosses communes de Brcko en 1997. C'était la première fois que l'équipe entreprenait une mission pour le compte des seules Nations unies, sans aide des Médecins pour les droits de l'homme. La différence, c'est qu'il y avait moins de membres de l'équipe qui s'intéressaient à la question des droits de l'homme, et les nouveaux administrateurs du projet à La Haye saisissaient apparemment mal les réalités de la tâche des médecins légistes. Or une telle compréhension de nos priorités avait été vitale pour le succès des missions organisées par les Médecins pour les droits de l'homme. Les administrateurs de l'ONU avaient suggéré que, dans l'éventualité où les gens chez qui nous louions des chambres nous demandaient pourquoi nous étions là, nous devions répondre que nous creusions des routes. Mais la personne qui s'occupait de notre linge, par exemple, aurait tout de suite décelé la vérité. Et avec Suada, il n'y avait même pas eu besoin de ça.

Le jour où Becky Saunders, Ute Hofmeister et moi l'avions rencontrée, nous avions discuté grâce au bosniaque hésitant que j'avais pu soutirer à Mirzet, mon traducteur, lors de ma mission pour le Comité international des personnes disparues quelques mois plus tôt. Après avoir bu du thé, Suada s'était levée, avait ouvert la porte d'un placard et nous avait invitées à la rejoindre. À l'intérieur de la porte était accroché le portrait d'un homme portant ses dates de naissance et de décès. Tapotant la photo à plusieurs reprises, elle nous avait dit « Brcko ». Nous avions déduit de la conversation que l'homme était son frère. Elle savait pourquoi nous étions là. Elle savait, alors même que nos badges d'identification du Tribunal étaient dissimulés sous nos vestes et que les plaques d'immatriculation de nos véhicules portaient la mention ONU, et non TPIY. Et nous n'avions pas encore commencé à creuser.

Je ne savais pas si son frère se trouvait dans une fosse. Mais chaque jour que je passais sur le site de Brcko, je me disais que j'aurais dû le chercher, au lieu de me contenter de travailler pour le Tribunal. Et quand Suada avait insisté pour nettoyer la boue de nos chaussures (que nous n'utilisions pas sur les fouilles) chaque soir en dépit de nos protestations, je m'étais demandé si cela n'était pas pour elle un moyen de se rapprocher de la tombe, même si je connaissais son obsession typiquement balkanique pour la propreté. Souvent, au lit, dans la maison de Suada je me disais : « Il doit y avoir un meilleur moyen », comme quand la nièce du prêtre avait vu les restes de ce dernier à Kibuye. C'était cette bonne vieille « double vision », qui me poussait à considérer que les tombes et les corps appartenaient aux parents des victimes, et que leur caractère d'indices de scène du crime était auxiliaire, ou à tout le moins une nécessité parallèle. Maintenant que nous venions, au Kosovo, « d'emprunter » le petit-fils à son grand-père, les deux pans de cette vision commençaient à fusionner.

20

Un garçon aux billes dans la poche

Tous les morts du Kosovo n'ont pas été enterrés par des proches. Certains l'ont été par les coupables lors du « nettoyage », d'autres par le personnel des cimetières après le conflit, quand les services sanitaires ont ramassé les cadavres trouvés dans les environs. Par conséquent, nous étions rarement sûrs de leur identité. Nous avons passé plus d'une semaine dans un cimetière où nous étions censés exhumer plus d'une centaine de cadavres. Toutes les équipes travaillaient sur le site, si bien que nous formions un convoi particulièrement long : trois pick-up, un minibus, un camion « frigo », six 4 × 4. Nous approchions de la fin du mois d'avril, la chaleur et l'humidité montaient. Dès onze heures du matin, il n'y avait plus de nuages.

Sur les tombes ornées de pierres ou de marqueurs, la date du décès remontait la plupart du temps à mai 1999. Quant aux dates de naissance, elles étaient souvent ultérieures à la mienne. Les années 1974 et 1976 étaient bien représentées. La composition de mon équipe avait changé : si Derick était toujours notre chef et Barney notre photographe, c'était désormais Justine qui occupait les fonctions de spécialiste de la scène du crime, et deux anthropologues nous avaient rejoints, Carmen et Angel. Carmen Rosa est une merveilleuse

Péruvienne que j'avais rencontrée en Bosnie en 1997. Quant à Angel, il arrivait de Colombie. La zone du cimetière que nous devions fouiller consistait en une clairière un peu désolée, avec un seul arbre et beaucoup de tombes fraîches. Derick m'assigna une tombe avec Elvis. Carmen et Angel travaillaient sur une tombe voisine, Aidan un peu plus loin.

J'ai tout de suite compris que les équipes médico-légales avaient fini par appréhender le travail d'excavation avec un certain laisser-aller du fait de l'omniprésence, jusqu'alors, des *drraza*. Ces planches nous avaient fourni des indications immédiates sur la largeur et la longueur du trou nécessaires pour ouvrir le cercueil et en exhumer le corps. Mais dans ce cimetière, aucune des tombes que nous avons excavées ce matin-là ne disposait de *drraza*. Sans les planches qui en marquaient les bords, il nous fallait déterminer l'agencement d'ensemble de la sépulture avant de creuser plus profondément. Nous devions en outre accepter que, même une fois les mesures d'ensemble définies, il serait peut-être utile d'agrandir le trou quand nous atteindrions le corps. Le torse pouvait par exemple se trouver effectivement à la verticale du monticule, mais peut-être la jambe gauche était-elle prise dans la paroi de la fosse, et il nous faudrait élargir cette section à partir de la surface. Comme dans tous les cimetières, les tombes étaient blotties les unes contre les autres. Le remblai des tombes voisines nous interdisait donc d'attaquer l'excavation par le côté ou de creuser trop largement au sommet.

Malheureusement, toutes les excavations du matin nous ont contraints à des travaux d'élargissement une fois les restes squelettiques déjà exposés, parce que à chaque fois, nous avions sous-estimé la tâche qui nous attendait. Là, pas de couvertures ni de draps et encore moins de cercueils. La procédure était par conséquent beaucoup plus longue, et Derick ne savait plus que faire. Debout près des tombes, il nous prédisait qu'à ce rythme, il nous faudrait trois semaines pour exhumer cent cinquante sépultures. Patrouillant d'une fosse à l'autre, il nous demandait si nous étions enfin prêts pour les photos. Mais je lui déclarai qu'au fil de missions précédentes, nous avions appris que « les cadavres sales, ça ressemble à de la terre ».

Quant aux corps eux-mêmes, les premiers que j'exhumai étaient des hommes réduits à l'état de squelettes, habillés, mais sans chaussures. La tête de l'un d'entre eux présentait une fracture conséquente, le crâne contenant des tissus mous et des chrysalides, preuve que lui aussi avait traîné en surface avant d'être enterré. Un autre était à l'état de squelette à partir de la taille, mais toute la partie supérieure était saponifiée, et le thorax recelait des asticots vivants. Son bras droit, sa joue et le côté droit de sa mâchoire étaient fracturés en de nombreux endroits. Je me souviens de l'odeur acide de sa matière cérébrale, comment elle se mêlait à l'air humide et chaud alors que je me penchais sur lui. Aidan travaillait désormais aussi sous la surface et, quand je me relevais pour aspirer une bouffée d'air frais, nos regards se croisaient et nous nous souriions. C'était une tâche éreintante, mais nous étions ravis de nous en charger et de travailler sur nos propres tombes.

Un jour, alors que je faisais une pause et jetais un coup d'œil sur le cimetière, je me dis que nous composions une scène qui valait le détour : tous ces gens, la plupart en combinaisons de Tyvek bleues, et dix tombes ouvertes en même temps. Les soldats de la KFOR qui surveillaient le site autour de nous faisaient preuve de respect : ils gardaient leurs distances, ne venant voir les fouilles que quand nous nous arrêtions pour déjeuner. Curieusement, ici, les interprètes et les gens de la TPO nous dérangeaient presque. Les restes n'étant pas identifiés, il n'y avait pas de familles sur place et la TPO n'avait donc pas grand-chose à faire. Ils bavardaient entre eux d'un ton animé, enjoué, provoquant un bruit de fond perpétuel. En général, les rires et les discussions qui ne sont pas liés au travail en cours ont tendance à exacerber le sérieux de ce que je fais. Je me sens alors plus grave, comme si j'étais dans un monde parallèle. Ce que je préférais, c'était quand Aidan et moi revenions sur nos tombes avant les autres, ou quand il se mettait à faire trop chaud pour que l'entourage continue ses bavardages. Sur ce site, rien ou presque n'est venu rompre la monotonie pour les gens de la TPO et les interprètes : du fait que tant de cadavres étaient déjà réduits à l'état de squelettes, pendant de longs moments, toute activité était presque invisible, les médecins légistes étant accroupis dans les tombes pour exhumer les os un à un.

Au fil des jours, nous étions de plus en plus épuisés quand arrivait la fin de la journée, surtout que nous devions constamment lutter pour veiller à ce que nos équipements soient propres et soigneusement rangés dans les camions. Nous devions aussi ramasser les déchets laissés par notre équipe. Parfois, cela ne concernait que moi, ainsi qu'Aidan et Sam Brown, une Britannique, assistante en anthropologie arrivée depuis peu. Dans le premier souvenir que j'ai d'elle, elle a une cigarette vissée entre ses lèvres pour la tenir à l'écart de sa combinaison en Tyvek, une matière inflammable, qu'elle s'efforce d'enfoncer dans un sac poubelle trop petit. D'autres se contentaient de se défaire de leur combinaison et de monter dans un véhicule. Pour eux, la journée était terminée. La pénurie de ramasseurs de déchets montre à quel point les équipes étaient devenues comme autant de groupes distincts, au lieu de se considérer comme un ensemble responsable de ses actes en tant que tel. Cette cassure était encore accentuée par la diminution de nos réserves : nous ne disposions plus que de cinq housses mortuaires, et les gens de la logistique n'étaient pas en mesure de nous dire quand nous recevrions la prochaine livraison. Si bien que les équipes se battaient littéralement pour récupérer le meilleur de l'équipement restant.

Au beau milieu de nos travaux sur le site, nous avons reçu la première visite de personnalités. Je me disais que l'événement ne manquerait pas de ressembler à ce que j'avais vu au Rwanda et en Bosnie, quand les personnages importants débarquaient en hélicoptère, marquaient une pause sur le site avant de repartir. Mais cette fois, ce fut différent. Tout d'abord, quand nous sommes arrivés sur place le matin même, nous avons vu que la KFOR avait isolé certaines zones avec des panneaux indiquant « Réservé à la presse ». Ensuite, les soldats nous ont dit où nous garer. Une fois dans nos combinaisons bleues, nous nous sommes partagé les outils et nous avons commencé à nous disputer les dernières housses. On nous a dit d'utiliser des toiles en plastique à la place, et de conserver nos précieuses housses pour le passage des personnalités. Heureusement, le bataillon néerlandais de la KFOR avait fourni quinze housses supplémentaires, ce qui nous laissa un répit temporaire.

Mon équipe devait travailler sur un nouvel emplacement, sans un arbre en vue. Nos tombes étaient marquées de ruban vert sombre et Justine était occupée à les numéroter. Comme auparavant, chacun des cinq membres de l'équipe de Derick avait sa propre tombe. Ce matin-là, nous tombâmes sur des cercueils relativement sophistiqués. Mon premier présentait un couvercle étroit qui s'évasait largement à la base. Fait d'un bois sombre comme du cerisier, il était orné d'une ferronnerie noire qui faisait le tour du couvercle.

On avait accordé un congé à nos ouvriers habituels, si bien que je me retrouvais avec un aide que je n'avais encore jamais vu, et nos débuts furent plutôt rugueux. Je lui ai montré la largeur nécessaire pour démarrer l'excavation en plantant la pelle à l'endroit où je voulais qu'il creuse. Il déplaçait alors la pelle comme pour me dire : « Ici, ça serait mieux ». J'ai fini par me charger d'un tiers de l'excavation moi-même parce que je ne pouvais l'y obliger. Malheureusement, les seuls mots d'albanais que je connaissais étaient plutôt polis, du style : « Pourriez-vous creuser ici, s'il vous plaît ? », au lieu de : « Tu vas creuser là, nom de Dieu ! » ce qui m'aurait pourtant été bien utile avec ce gars-là. Alors que la chaleur et la brume montaient, il a accepté de travailler en équipe et nous avons fini par être efficaces.

José Pablo a fait son apparition sur le site et a proclamé que c'était l'heure de déjeuner. J'ai mangé avec mes colocataires à bonne distance du site, sous un arbre, avec vue sur les soldats fort agréables à regarder de la KFOR. Et, comme nous en avions pris l'habitude avec ces sites dans les cimetières, le déjeuner tenait un peu du pique-nique, les parties anciennes des cimetières étant généreusement boisées, bien entretenues et paisibles.

Après le déjeuner, j'ai commencé à travailler sur ma nouvelle tombe, et les choses sont rapidement devenues intéressantes. Là encore, il n'y avait ni *drraza* ni cercueil, pas plus que de drap ou de couverture, seulement un corps gisant sur le dos, recouvert de terre. Le cadavre était vêtu de deux sweat-shirts à capuche, d'une veste et de pantalons de jogging. J'ai remarqué les multiples épaisseurs de vêtements parce qu'elles me rappelaient les corps de Kibuye, puis ceux de l'hôpital de Vukovar. Je ne portais alors qu'un T-shirt et un short sous ma combinaison. Je transpirais tellement que les yeux me piquaient chaque fois que je levais la tête pour passer un seau de terre à mon ouvrier. Mais la personne dans la tombe avait probablement été tuée au début du printemps, quand la neige était encore visible dans les montagnes, comme je l'avais constaté à mon arrivée dans la province. Au-dessus du cadavre, j'avais trouvé une bille d'un bleu turquoise trouble. Je l'ai mise de côté dans un sachet à indices.

Alors que j'achevais de dégager de la terre le tibia droit du cadavre, le bas de l'os juste au-dessus de la cheville se détacha. « Merde ! » me dis-je, croyant avoir déplacé un fragment d'os fracturé. Je le ramassai et vis immédiatement que ce n'était pas un fragment d'os détaché à la suite d'un choc. En fait, c'était une épiphyse distale du tibia. La fusion osseuse avec le reste du tibia n'avait même pas encore commencé, et la surface supérieure de l'épiphyse était souple, signe de jeunesse. C'était donc le squelette d'une personne jeune. Comme je le faisais quand je rencontrais des os juvéniles, je jetai un coup d'œil à la partie correspondante sur l'autre jambe, retroussant légèrement le pantalon. La ligne de soudure était nette : sombre, ouverte, sinistre. Aussitôt, je reportai mon attention sur le crâne que j'avais grossièrement dégagé. J'ai méticuleusement nettoyé les dents. Oui : canine et deuxième molaire mandibulaires en éruption, deuxième molaire maxillaire encore dans sa crypte. Le sujet devait avoir entre douze et quinze ans au moment de la mort.

Avec une vigueur renouvelée malgré la chaleur de l'après-midi, j'ai dégagé toute la terre jusqu'à ce qu'il n'y ait plus que le cadavre au fond de la fosse. Je pouvais voir des objets entassés dans la poche droite du jogging enchâssé dans la boue. Je n'ai pas eu à approfondir mes travaux de nettoyage pour m'apercevoir qu'il s'agissait de billes. Beaucoup de billes. Une bonne poignée au moins. Je me suis mise à penser aux enfants. Comment j'avais vu des gosses jouer à ce que je considérais comme un jeu démodé, les billes, pendant que les membres de nos équipes participaient à un match de football avec les plus âgés de notre quartier résidentiel de Prizren, quelques semaines plus tôt. Marquant une pause en cours de match (nous étions en train de prendre une rossée), j'avais observé les tout-petits. Deux garçons, absorbés par leur activité, lançaient leurs billes dans des herbes si hautes qu'ils ne devaient pas voir où elles roulaient. C'était merveilleux d'observer des enfants jouer dehors, sans télévision, un jeu qui se transmettait peut-être de parent à enfant, de gamin à gamin. Je pensais aux enfants, aux garçons surtout. Comme ils peuvent être différents des filles qui, parfois, « anticipent » l'âge adulte, voulant porter un soutien-gorge avant même d'avoir de la poitrine, ou souhaitant se maquiller avant que les parents ne l'aient autorisé. Dans cette course-là, les garçons sont moins pressés. Peut-être s'auscultent-ils discrètement devant la glace, en quête des premiers signes d'un duvet sous le nez. Mais ils s'accrochent le plus longtemps possible à leur comportement juvénile. Le garçon dans ma tombe avait la poche pleine de billes, ce qui m'en révélait plus sur sa vie que n'importe quoi d'autre.

Ces billes n'ont pas forcément valeur d'indice pour le Tribunal, étant donné que le squelette et son traumatisme montreraient qu'il s'agissait d'un enfant, et d'un non-combattant. Mais dans la fosse, à ses côtés, je dépassai les faits médico-légaux pour deviner l'enfant qu'il avait pu être. Derick m'avait donné le temps de dégager le corps et les vêtements du garçon parce que Bernard Kouchner, l'un des fondateurs de Médecins sans frontières alors chef de la mission d'administration par intérim des Nations unies au Kosovo (MINUK), devait se rendre sur le site à quinze heures cet après-midi-là. José Pablo avait donc décidé que la tombe ferait partie de la visite officielle. Je passai le reste de mon temps sur place avec le garçon et ses billes.

Tout en travaillant, je repensais à la visite effectuée par le général Klein sur la fosse d'Ovcara, et comment l'« Homme au bloc-notes » avait été incapable de voir les cadavres qu'il avait sous les yeux. J'ai donc nettoyé consciencieusement les vêtements du garçon, accordant une attention particulière à sa dentition. Leur blancheur contrastait avec les os et les vêtements reconnaissables, ce qui permettrait aux visiteurs de se repérer, puisqu'ils contempleraient le corps depuis un angle peu évident. Quand j'ai relevé la tête, je me suis aperçue que d'autres soldats de la KFOR étaient arrivés, à demi masqués par les pierres tombales, déployés à peu près tous les vingt pas, arme au poing. Enfin, à seize heures passées, un nuage de poussière apparut au loin, annonçant l'approche d'un convoi de personnalités. José Pablo avait déjà fait la leçon à tout le monde. Il s'agissait de bien se tenir, la combinaison soigneusement fermée (au risque d'attraper un coup de chaleur), et de continuer à travailler pendant qu'il ferait les honneurs du site aux visiteurs.

Je me suis studieusement plongée dans mon travail sans plus relever la tête. J'ai entendu José Pablo approcher, suivi d'une vingtaine de paires de pieds bien chaussés au niveau de mes yeux. Retirant le petit tas de terre que je venais de brosser de la tête du garçon, je l'ai placé dans le seau puis j'ai reculé pour que les visiteurs puissent voir ce que José Pablo était en train de leur expliquer : « Ici, vous pouvez voir certains des restes, à l'état de squelette. C'est un jeune adolescent. » J'ai levé la tête et j'ai vu le groupe rassemblé autour de José Pablo. Leurs têtes me dissimulaient la lueur du soleil de l'après-midi. De la sueur me coulait sur les arcades sourcilières et sur les lèvres, mes cheveux étaient collés à mon front. En essayant de les rejeter en arrière, j'ai croisé le regard d'un homme qui, penché, écoutait le commentaire, lequel lui était d'ailleurs entièrement destiné. Surprise, j'ai constaté qu'il ne s'intéressait pas au corps dans la tombe. Alors, il m'a souri, un sourire à la fois appréciateur et désolé, avec des yeux empreints de chaleur. Dans une grimace timide, je lui ai donc rendu son sourire. Par la suite, j'appris que l'homme au regard si chaleureux était Bernard Kouchner.

Barney ayant photographié le cadavre, quelques membres du groupe ont traîné pour nous voir préparer le sac. Puis les personnalités sont parties, les journalistes sur leurs talons. Je regrettai de les voir s'en aller finalement : c'était agréable de croiser des représentants du monde « extérieur ». Quand enfin nous avons transporté le corps du garçon en civière jusqu'au camion réfrigérant, je me suis souvenue à quel point j'accordais de l'importance à cette partie de la procédure.

Je pense que cela remontait à 1996, quand nous avions tout porté jusqu'à l'église au sommet de cette colline à Kibuye, ou quand nous nous escrimions sur la pente à Cerska. Mais en fait, j'avais éprouvé exactement le même sentiment de propriété en Arizona, chaque fois que nous faisions le trajet séparant le Laboratoire d'identification du bureau du légiste avec les ossements d'une personne non identifiée dans le coffre. Refermer le hayon du véhicule de l'université sur ces os, placer une housse mortuaire dans le frigo avant de l'envoyer à la morgue du Tribunal, ces gestes étaient tout ce qui tenait lieu de cérémonie marquant l'entrée d'un cadavre anonyme sur la voie de l'identification.

21

Une Suédoise à la morgue

Quelques jours après la visite de Bernard Kouchner, José Pablo m'a affectée à la morgue. Appelé à témoigner à La Haye, il devait partir au bout d'une semaine. Pendant son absence, je devais essentiellement procéder à des odontogrammes et superviser les assistants en anthropologie dont c'était la première mission pour le TPIY. J'avais accompagné José Pablo à Skopje pour rencontrer Patrick, un odontologiste anglais venu le temps d'un week-end nous former au système international d'alphanumérisation et à son application aux odontogrammes. Un odontogramme est une description symbolisée et écrite des dents et de l'orthodontie d'une personne.

Dans l'environnement médico-légal, en comparant un odontogramme *post-mortem* aux dossiers dentaires *ante mortem*, le dentiste doit pouvoir déterminer si le défunt est un de ses patients. Au Kosovo, les odontogrammes du TPIY allaient également être dupliqués pour la Commission d'identification et de restitution des victimes (CIRV), organisation internationale chargée d'établir la liaison avec les éventuels proches de cadavres exhumés par le Tribunal. En l'absence de dentistes ou de dossiers dentaires, les familles pourraient fournir des informations à comparer aux odontogrammes.

Patrick nous a appris à identifier toutes les caractéristiques odontologiques que nous étions déjà en mesure de reconnaître, comme les couronnes, les plombages ou les bridges. Mais surtout, il nous a permis de nous familiariser avec le formulaire d'odontogramme d'Interpol qui divise la bouche en quadrants, supérieurs et inférieurs, gauche et droit. Le système était légèrement différent de celui sur lequel j'avais été formée en Arizona. Il m'a donc fallu un peu de temps pour m'adapter à ces nouveaux réflexes. Patrick nous a aussi enseigné la terminologie de l'architecture des bridges et des prothèses, et nous a appris à reconnaître les matériaux synthétiques modernes utilisés pour consolider et obturer les dents. Heureusement, il nous avait préparé un livret contenant les informations essentielles, des exemples d'odontogrammes et des clichés de cas cliniques, toutes les caractéristiques subtiles étant portées sur une page séparée. Pendant une journée, il nous a dispensé son savoir dans le patio de l'hôtel Tasino Cesmice, puis il nous a interrogés sur ce qu'il nous avait appris. Enfin il nous a offert le livret et nous a souhaité bonne chance en regrettant de ne pouvoir participer à l'ensemble de la mission.

Sur le chemin du retour vers le Kosovo, José Pablo et Eric m'ont expliqué que non seulement la CIRV recevrait des duplicata des odontogrammes, mais qu'il faudrait également lui transmettre les résumés des données d'identification collectées lors des autopsies et les analyses anthropologiques effectuées par le TPIY. Cela améliorerait, espérait-on, les capacités de la CIRV à garantir un retour des corps à leurs familles sans autre examen physique.

Au tout début, la principale difficulté de mon travail à la morgue a été de ne pas oublier d'emballer mon déjeuner séparément de celui de mes colocataires qui, eux, continuaient d'aller sur le terrain. Bien sûr, les choses n'ont pas manqué de se compliquer par la suite. En occupant des fonctions de gestionnaire à la morgue et en effectuant des odontogrammes de tous les sujets, je me retrouvais à un niveau qui m'offrait une vue d'ensemble de nos travaux. Au lieu de me consacrer uniquement à quelques sujets chaque jour, je devais les connaître tous ; je les voyais comme un flux constant de personnes de telle ou telle ville. Je pouvais imaginer leur tombe aussi, ayant travaillé sur la plupart des sites d'exhumation ouverts jusqu'à présent. J'avais beaucoup plus affaire aux vivants que d'habitude : c'était vers moi qu'ils se tournaient quand ils avaient une requête à formuler ou un grief à exprimer. J'étais responsable des malades et de ceux qui craquaient, je servais de guide aux divers visiteurs et, pour José Pablo, je devais constamment évaluer les prestations de certaines personnes. Il me téléphonait de temps à autre à la morgue pour en discuter. Si je n'avais été qu'une anthropologue parmi d'autres, je n'aurais pas eu connaissance de tout cela. Prise par le détail de mon travail sur chaque tombe, j'aurais été protégée d'une certaine façon, je n'aurais pas vu tous nos sujets comme autant de victimes d'un terrible massacre.

Quand on travaille sur un sujet, on est confronté à une énigme ou à un défi que j'aborde, en tant qu'anthropologue, avec un certain plaisir professionnel. Le praticien doit se montrer à la fois actif et cérébral. L'activité commence toujours de la même façon : dès que le sujet a été radiographié, pris en photo et que ses vêtements ont été retirés, il faut examiner le cadavre avec un carnet entre les mains, noter la présence ou l'absence d'os en le palpant. Si besoin est, il faut exposer et extraire les os ayant une importance anthropologique et pathologique, reconstruire les os fracturés par un traumatisme, débattre de ce traumatisme avec le pathologiste, et ainsi de suite. Même si le cas s'avère troublant, le fait de devoir franchir ces étapes incontournables est une garantie que le travail sera fait. Côté cérébral, une fois ces étapes accomplies, il faut analyser les données collectées à partir des os afin d'estimer l'âge, le sexe et la stature. Il faut aussi étudier le traumatisme reconstruit et en déterminer la cause.

Quand un dossier est bouclé et que l'on attaque la partie administrative, peut-être peut-on encore rester dans l'abstrait. Mais avant que l'on commence à se dire que ce sujet était exactement comme le précédent, voire comme celui de Kigali, avant de remarquer que le dossier révèle que le sujet précédent était l'époux de la vieille femme en cours d'analyse sur la table voisine, avant d'y penser, d'en ressentir toute la tristesse, on reçoit un autre corps à traiter. Et puis le pathologiste est pressé, il veut terminer avant le déjeuner. Et hop ! La réflexion, les sentiments sont reportés à plus tard, beaucoup plus tard, peut-être, quand la mission est terminée et qu'à douze mille kilomètres de là, on se retrouve à pleurer dans son oreiller, quand à un monde de distance, avec ses mains qui ont touché et son esprit qui n'a pas oublié, et on se souvient que le vieil homme et son épouse sont toujours morts, eux, et on prend conscience de la finalité de tout cela et on est condamné à réfléchir et à ressentir sans fin. Voilà ce que les exigences du travail d'anthropologue médico-légale dans une morgue du Tribunal permettent de refouler. Mais cette protection-là, je l'avais perdue au bout des deux semaines passées en tant qu'adjointe de José Pablo.

Le plus clair de mon temps, j'étais à la morgue, douloureusement consciente des relations entre les différents cadavres. C'étaient des groupes familiaux, comme nous l'indiquaient les fiches d'identification présomptive de la TPO. Si nous avions disposé de ce genre de données à Kibuye, nous aurions été confrontés à la même réalité à l'église : les familles avaient fui ensemble, et avaient été tuées ensemble. Les survivants, comme la « fille au port de reine », n'étaient aujourd'hui en vie que par hasard ou par chance, ou parce que les tueurs potentiels utilisaient des machettes et non des balles. Malgré cette « contextualisation », il me semblait que je tenais bien le coup, jusqu'à ce que les vivants viennent effriter ma belle assurance. Une Suédoise en particulier a failli causer ma perte.

Le gouvernement de Stockholm avait offert au TPIY les services de deux archéologues et d'une anthropologue pour la mission médico-légale. Quand ils sont arrivés, j'étais l'adjointe du chef de mission ; ce fut donc à moi d'aider l'anthropologue, une femme mûre et intelligente, à se familiariser avec la morgue et avec nos protocoles d'anthropologie pour son premier jour. Je lui ai attribué un squelette relativement propre (autrement dit qui présentait très peu de tissus résiduels) et je lui ai demandé de le replacer en position anatomique. Elle s'y est attelée et je l'ai laissée travailler. Quelques instants plus tard, un des laborantins de la salle d'autopsie est venu m'avertir qu'elle avait quitté la pièce. Avant d'aller la chercher, j'ai jeté un coup d'œil au squelette et j'ai vu qu'il était presque complètement assemblé dans une position anatomique parfaite, même les os des mains, plus petits et difficiles à placer.

Je l'ai retrouvée assise sur le porche, déprimée, livide. Elle m'a à peine regardée. Indiquant la morgue d'un geste, elle a murmuré : « Je n'ai jamais rien vu de tel auparavant. C'est un enfant… Comment… Pourquoi ? » Laissant sa phrase en suspens, elle a baissé la tête, secouée de sanglots. « Je sais, je sais », l'ai-je rassurée, m'accroupissant à ses côtés pour lui caresser les épaules. J'avais envie de pleurer moi aussi parce qu'elle avait exprimé exactement ce que j'aurais dit si je m'étais laissée aller.

Mais en même temps, j'étais furieuse, terriblement furieuse. Pourquoi le gouvernement suédois avait-il envoyé une anthropologue qui n'avait jamais vu de cadavres « frais » sur une mission médico-légale dans un pays où les victimes ne remontaient pas à plus de deux ans ? Que faisait-elle ici, si elle ne pouvait pas le supporter ? Pourquoi était-elle là, si elle devait m'obliger à regarder en face, en plein jour, la triste et implacable réalité de ces morts, alors qu'il fallait que je retourne dans la morgue et que je tienne mon rôle pendant un mois encore ? Que faisait-elle sur la liste de mon personnel si elle était incapable de mener à bien ce travail ? Tout en lui massant l'épaule, je me disais : « Ne me fais pas ça. Ne me fais pas pleurer, je ne pourrai plus m'arrêter. » Je n'avais pas de sujet sur lequel travailler pour me protéger. Je me serais retrouvée comme dans *Graceland,* de Paul Simon, avec une fenêtre ouverte sur mon cœur pour que tout le monde voie comme il était déchiré.

La Suédoise n'a jamais remis les pieds à la morgue. Je n'ai même pas eu le temps de savoir comment elle s'appelait et j'étais désolée, ma colère s'étant dissipée depuis longtemps. C'était quelqu'un de bien, expérimentée dans son domaine, spécialisée dans les os brûlés et fracturés (du Moyen Âge, ai-je appris par la suite). Et j'aurais eu grand besoin de sa maturité et de sa sensibilité à mes côtés.

Même adjointe du responsable, je n'ai pas pu échapper aux larmes. Ce n'était pourtant pas la faute des cadavres, mais simplement d'un problème relationnel avec notre pathologiste en chef, qui n'a éclaté que beaucoup plus tard. Au début, nous devions faire fonctionner la morgue en dépit des obstacles logistiques qui se dressaient sur notre chemin. Autrement dit, les installations n'étaient pas encore totalement opérationnelles quand nous avons dû commencer à travailler.

Les locaux en eux-mêmes étaient idéaux, un bataillon du génie néerlandais les ayant redessinés conformément aux directives du TPIY. Ce qui ne dépendait nullement du bataillon néerlandais, en revanche, c'était notre manque de matériel. Les tables d'autopsie en acier inoxydable et leurs écoulements intégrés étaient certes en position, l'essentiel du matériel de radiologie et de pathologie était arrivé mais les anthropologues et les techniciens des preuves ne disposaient pas de certains éléments indispensables : nous n'avions pas de colle pour reconstituer les traumatismes osseux, pas de planche ostéométrique pour mesurer les os longs et estimer la stature des sujets, pas de récipients pour faire bouillir les os présentant des chairs résiduelles afin de pouvoir soit estimer l'âge, soit analyser les traumatismes. En fait, même si nous avions eu des récipients, nous n'avions de toute façon aucun instrument de chauffage pour porter de l'eau à ébullition ! Quant aux spécialistes des preuves, ils n'avaient pas de sacs pour les vêtements ni de sachets hermétiques pour les indices. Si nous avions commencé à travailler dans de telles conditions, les pathologistes auraient été en mesure de boucler l'essentiel de leurs rapports, mais les anthropologues et les techniciens des preuves auraient, eux, pris un retard considérable. Il aurait alors fallu ressortir un grand nombre de sujets du frigo pour les analyser et les réenregistrer.

Quoi qu'il en soit, Eric, le pathologiste en chef, était soumis aux mêmes pressions, aux mêmes exigences de résultats que les chefs d'équipe sur le terrain. Apparemment, La Haye avait recours à des « taux de productivité » des morgues de Bosnie pour évaluer ce que devait être, selon eux, le rendement de notre morgue kosovare, ignorant que ces cadavres étaient dans un état de conservation absolument différent. Mais puisque Eric tenait à attaquer sa part du travail, nous avons négocié afin de commencer par un sujet dont le cadavre était incomplet et ne requérait pas d'équipement que nous ne possédions pas, et que nous ne pouvions improviser à partir de nos surplus (Eric alla jusqu'à prendre sur ses propres deniers pour acheter dans les boutiques du coin certains des articles qui nous faisaient défaut).

Notre premier sujet était un fragment de corps, des jambes. Notre incapacité à reconstituer les traumatismes faciaux ne serait donc pas une gêne. On nous a apporté le sujet avec une certaine solennité, et il a été transféré en fluoroscopie pour y être radiographié. Il a été confié à John McCarthy, un pathologiste britannique rigolard, tandis que le deuxième cas était sorti du frigo pour Eric. Quand il est revenu de fluoroscopie, José Pablo m'a déclaré que le sujet présentait une prothèse. M'imaginant un membre artificiel, je me suis dit : « Pas grave. En plus, ça facilitera l'identification. » Mais c'était une prothèse dentaire, un dentier complet, pour être exact. « Merde ! » ai-je immédiatement pensé tandis que je sortais le livret d'odontologie de Patrick. Je me suis efforcée de répartir les différents formulaires dans diverses bannettes et j'ai cherché une prise électrique pour les tableaux lumineux qui allaient permettre de lire les radiographies.

Avant que j'aie eu le temps d'agencer un espace d'analyse anthropologique digne de ce nom, John avait entamé la première autopsie, assisté à la fois des spécialistes des preuves et des quatre assistants. J'ai réussi à confier la supervision de l'inventaire du squelette à Angel, puis à affecter certains membres de l'équipe au deuxième sujet avec Eric. Ce cadavre, encore charnu, présentait une perte osseuse massive au sommet du crâne et au niveau du front. Sa tête était donc totalement affaissée, triste chose boursouflée et difforme, d'un ton pâle et gris-rose.

Carl Hogan, le coordinateur de la logistique du TPIY, passant la tête par une des fenêtres, nous a demandé pourquoi nous n'utilisions pas les coûteuses hottes chimiques qu'il avait fait installer. Nous avions bien essayé, mais elles ne fonctionnaient pas. Classique. On nous a apporté un troisième sujet, qui fut confié à John, mais les techniciens de la morgue en étaient encore à tenter de dévêtir l'énorme cadavre dont s'occupait Eric. Endossant leur rôle, je suis donc venue au secours de John. Nous avons commencé par retirer deux couches de chaussettes de ses pieds momifiés. Opération de longue haleine, car il faut un certain talent pour déshabiller un mort, ce qui n'est pas tout à fait dans mes cordes. Rien n'est moins coopératif qu'un cadavre. Alors que nous nous acharnions, j'ai regardé dans sa bouche. Et là, une autre prothèse : deux dentiers partiels ! J'en ai informé José Pablo, qui a grommelé : « On a intérêt à démarrer le premier odontogramme. » J'ai donc demandé à Angel de me relayer auprès de John. J'ai indiqué à Sam de nettoyer la tête et j'ai rejoint la zone d'anthropologie avec José Pablo. J'exagérerais à peine si je disais que le premier odontogramme a été un véritable cauchemar. Nous étions obligés de vérifier chacun des moindres symboles que nous utilisions : saine, perte *ante mortem*, perte *ante mortem* remplacée par une dent artificielle (un dentier, autrement dit), broche « ai » (acier inoxydable), couronne (alliage en argent), perte *post-mortem*. Presque tous les symboles du livret de Patrick. Puis nous avons été confrontés à un autre problème. Un dentier réparé : quand on décomptait les dents en fonction de leurs numéros à partir des incisives centrales sur le dentier, le temps d'arriver à une authentique alvéole dentaire, et nous nous retrouvions avec une dent de trop. Il nous a fallu un moment pour nous y faire, ainsi qu'à l'inversion des odontogrammes d'Interpol. Le tout était encore aggravé par l'apparente dyslexie de José Pablo. Nous avons été peu à peu saisis de crises de rire hystérique en prenant la mesure de l'énormité de la tâche. José Pablo, faussement sûr de lui, lâchait une constatation que je m'empressais de contredire avec joie. « C'est un pivot, dent pleine », affirmait-il. Et moi de glisser, une seconde plus tard : « Ben non. » « Ah ouais, c'est vrai », reconnaissait-il, et nous ricanions de concert avant de nous replonger dans l'observation du crâne.

En travaillant à deux dessus, le premier odontogramme nous a pris environ une heure. D'un certain côté, pour commencer une carrière d'odontographe, c'était un peu comme de plonger dans le grand pain, du fait de la présence d'un dentier réparé. Mais de l'autre, nous n'avons pas eu besoin de rencontrer d'autres cas complexes pour nous sentir en confiance. Bientôt, nous étions en mesure de terminer les odontogrammes soit avant, soit en même temps que le reste de l'étude sur le sujet. Je commençais même à les apprécier et, après le départ de José Pablo, j'ai formé deux assistants en anthropologie à cette méthode. Mais ce premier jour, nous nous sentions dépassés. L'idée que José Pablo devait partir pour La Haye nous paniquait légèrement, et il ne faisait rien pour aider. Pendant que nous travaillions sur le deuxième odontogramme, il passait son temps à répéter : « Je pense que je vais partir tôt… demain, en fait », et je repartais d'un autre rire nerveux.

Nous avons terminé vers neuf heures du soir. Nous avions réussi à effectuer trois autopsies. Mais même pour nettoyer, il nous a fallu du temps parce que nous manquions de matériel. Comme nous ne disposions pas de serpillières, nous avons désinfecté le sol à l'aide d'un assemblage hétéroclite d'éponges mitées. En outre, le sol n'était pas assez incliné en direction des rares canaux d'écoulement. Je me suis demandé ce que penseraient les gens s'ils jetaient un coup d'œil dans la morgue du Tribunal et qu'ils voyaient sept personnes revêtues de combinaisons en Tyvek trop grandes et en sandales blanches, chassant de l'eau sur le sol avec leurs balais, au beau milieu de tables d'autopsie dernier modèle équipées de hottes de chimie qui ne fonctionnaient pas. Il faisait maintenant très froid. Dehors, il pleuvait toujours, mais au moins, nous nous étions sortis ensemble d'une situation difficile, nous avions improvisé tout en gardant le moral, curieux de voir ce que nous pourrions accomplir. Ce soir-là, je me suis sentie proche de chacun des membres de l'équipe.

Une fois rentrée à la Maison des Quatre (où les autres occupants s'étaient reposés toute la journée pour cause de pluie), je me suis écroulée dans mon lit, sans pour autant trouver le sommeil. Je repensais à tout ce que nous devrions aborder autrement, aux tables à déplacer, ainsi que le tableau blanc, et il nous fallait d'autres chaises, et des bannettes pour nos documents. J'étais également hantée par les questions que je souhaitais poser à José Pablo : lequel des deux formulaires utiliserions-nous pour l'analyse des os longs ? Quelle décision avait finalement été prise pour résoudre le problème des ossements mélangés ? Qui était responsable de la description des vêtements ? En fin de compte, j'ai noté tout cela sur un bout de papier, dans le noir.

Au bout du deuxième jour, la morgue avait trouvé son rythme, mais les anthropologues et les spécialistes des preuves étaient encore aux prises avec des problèmes fondamentaux en termes d'équipement que les pathologistes, eux, ne rencontraient pas. Par conséquent, Eric insistait pour que nous travaillions sur davantage de sujets. Tom Grange, le patron des preuves, Eric et moi nous réunissions tous les matins pour débattre de nos situations respectives. Tom pensait que nous devions soit procéder très lentement, soit tout arrêter. Personnellement, je craignais que si nous prenions trop d'avance sur certains sujets, nous ne puissions jamais revenir sur les autres cas incomplets. Je gardais en mémoire mes missions précédentes pour le Tribunal : dès leur lancement, jamais le rythme ne s'était suffisamment infléchi pour nous permettre par exemple de remballer des preuves. Eric, je crois, comprenait ce qui était en jeu. Après tout, si nous nous précipitions, il ne serait pas non plus capable de boucler ses premières analyses tant que nous n'aurions pas terminé les nôtres. Mais il n'a véritablement pris conscience de la réalité de la situation que quand la tête de l'un de ses sujets a été bouillie, et qu'un assistant s'est efforcé de reconstituer le traumatisme avec du ruban adhésif. Non seulement le ruban masquait le tracé de la fracture, mais ses propriétés adhésives étaient atténuées par les vestiges de tissus encore humides, si bien que des fragments de crâne ne cessaient de se détacher, heurtant la table avec un bruit mat, tandis qu'Eric luttait pour garder son calme tout en inspectant le travail que son assistant effectuait avec tout le sérieux possible. C'est là qu'il s'est décidé à envoyer un fax à La Haye pour se plaindre.

Dans les jours qui ont suivi, nous avons reçu de nouveaux équipements : des serpillières, des gants, des combinaisons, des éponges, une table, de la colle et un accélérant pour la colle qui portait un autre nom, mais qui, en dehors de ce détail, était exactement comme le Hot Stuff que nous utilisions en Bosnie à la morgue de Kalesija. D'ailleurs, je repensais de plus en plus souvent à Kalesija, me rappelant pour ainsi dire le bon vieux temps, cette époque où tout ce que nous avions en main, c'était une liste des cadavres griffonnée sur le terrain et où nous traitions les sujets au fur et à mesure qu'ils sortaient du frigo. À la morgue du Kosovo, je commençais déjà à me lamenter intérieurement, face à la quantité de formulaires que nous devions remplir quand nous avions terminé une étape : radiographie du corps, OK! Évaluation anthropologique, OK! Aller aux toilettes, OK! Je revoyais aussi la tente d'autopsie de Kibuye. Je n'avais pas oublié à quel point c'était agréable de travailler à l'extérieur. Au Kosovo, nous nous heurtions à des contingences liées à la lumière, à l'électricité et à la ventilation. La première fois que j'ai utilisé la colle de type Hot Stuff à l'intérieur, j'ai cru défaillir à cause des vapeurs. Au moins, à Kalesija, la ventilation était correcte. Peut-être parce que toutes les fenêtres avaient volé en éclats.

Comme prévu, José Pablo nous a quittés à la fin de la première semaine. Le week-end, deux anthropologues nous ont rejoints. Ils devaient se charger de l'analyse anthropologique des sujets pendant que je continuerais à m'occuper des odontogrammes, ni l'un ni l'autre ne s'étant familiarisé avec le formulaire d'Interpol. J'avais croisé Shuala Martin en Bosnie en 1996. Quant à Cheryl Kazmarcyk, une étudiante canadienne en doctorat, j'étais ravie de la rencontrer. Elle avait la réputation d'être mûre et expérimentée. Toutes deux s'étaient liées d'amitié depuis leur travail conjoint à la morgue de Bosnie. José Pablo m'avait mise en garde : elles risquaient de faire front sur toute question de protocole de laboratoire différant de ce qu'elles avaient vu en Bosnie. Ce qu'elles ont fait, effectivement, peut-être sans le vouloir, mais tout au long de leur première semaine, elles ont dû s'occuper essentiellement de sujets juvéniles. Rien que pour déterminer l'âge de tant d'enfants à partir du développement osseux et dentaire, un travail de groupe était nécessaire, d'autant qu'il fallait ajuster les odontogrammes à la main pour répertorier les dents de lait.

Considérant un des squelettes qui devait avoir entre huit et douze ans, j'ai été surprise par la qualité des os. Je n'avais pas vraiment revu d'ossements juvéniles depuis le Rwanda, et j'avais oublié à quel point ils pouvaient paraître lisses : les extrémités ne sont pas encore soudées, le pelvis est encore en trois parties, et toutes les dents dépourvues de trace d'usure. Je trouvais cela intéressant et j'en fus la première étonnée, triste. Le gamin avait été abattu par-derrière, la balle traversant l'arrière du crâne pour ressortir par le visage.

Cette semaine-là, mes rêves se sont faits plus vivaces. Je m'efforçais sans cesse de déterminer l'âge des os et de récupérer des maxillaires inférieurs pour les radiographier. Ouvrant parfois un œil, je m'en voulais d'avoir rapporté du travail à la maison. Exaspérée, je me morigénais. C'était l'heure de dormir, pas de travailler. À cause de ces rêves, c'était comme si mes journées se poursuivaient tout au long de la nuit.

Avec l'arrivée de Shuala et de Cheryl, j'ai endossé plus pleinement mon rôle de responsable adjointe, parce que j'avais la possibilité de conclure les dossiers que j'avais moi-même ouverts en tant qu'anthropologue. Mes responsabilités se sont également développées dans des domaines que je n'avais pas soupçonnés. Entre deux tâches auxquelles je ne pouvais me soustraire, je passais d'une réunion à l'autre, j'enfilais et j'ôtais des combinaisons jusqu'à cinq fois par jour entre les zones Rouge et Noire (la morgue et l'administration). Je voyais débarquer l'équipe médico-légale britannique, qui ne s'annonçait pas et qui nous demandait nos normes anthropologiques, ou encore des soldats de la KFOR qui voulaient simplement jeter un œil. Tout cela en tentant d'apaiser la colère du pathologiste polonais qui exigeait de travailler *maintenant* sur son nouveau sujet, et qui pensait que nous étions beaucoup trop bureaucratiques (ce qui était le cas) ; et d'assurer au pathologiste sri-lankais que je m'occupais bien de ses formalités de voyage (il répétait avec un rire nerveux : « Je ne tiens pas à me retrouver bloqué ici »). Il fallait aussi que je veille sur notre stock de papier toilette, sur nos tables, que je me tienne au courant de l'évolution des travaux des anthropologues sur les sujets sub-adultes. Je maudissais et remerciais José Pablo de ne pas m'avoir davantage prévenue de l'énormité des tâches prévues par mes fonctions.

C'est à partir de ce moment que j'ai commencé à avoir une vision plus holistique de notre travail. Ne m'occupant que des dents et des détails que les anthropologues voulaient bien me soumettre, j'ai néanmoins pris conscience progressivement du nombre important de femmes que nous voyions passer, du nombre d'adolescents ou de jeunes, et des preuves et des objets qui leur étaient associés. Quand j'ai vu pour la première fois une balle traçante délogée du crâne d'un vieux bonhomme édenté, et les inévitables 7,62 récupérées dans le genou et l'épaule d'un homme de vingt-deux ans – je l'avais moi-même exhumé le mois précédent de la tombe où sa famille l'avait enterré après avoir retrouvé son corps à Orahovac, tout près de notre morgue – j'ai eu le sentiment que la boucle était bouclée. Les cadavres revenaient là où on les avait trouvés, j'analysais la dentition de gens que j'avais sortis de terre. J'étais au fait de toutes ces informations détaillées parce que je pouvais accéder à notre base de données qui contenait les notes prises sur le terrain. Je me représentais désormais le tableau dans son ensemble. Je savais que le jeune homme de vingt-deux ans avait été vu pour la dernière fois alors qu'il était emmené de B… en direction d'Orahovac, et qu'il emportait les bijoux de sa femme dans un sac à main. Le sac, nous l'avions, les poches retournées, vide. Et nous avions l'homme, l'épaule vert-de-grisée par l'oxydation du revêtement de cuivre déformé de la balle enfoncée plus profondément dans les chairs.

Certains des cadavres n'étaient pas décharnés car préservés par l'eau qui avait filtré dans leur cercueil ou leurs couvertures. Par conséquent, quand l'ensemble de nos équipements sont enfin arrivés, nous avons pu effectuer des autopsies presque complètes, avec retrait et examen approfondi des organes. Les cerveaux étaient reconnaissables. N'ayant pas à les analyser personnellement, les cadavres, pour moi, étaient véritablement des gens morts plutôt que de simples sujets. Quand je terminais un odontogramme, je passais au sujet suivant pour voir dans quel état se trouvait la dentition et, au lieu de me concentrer seulement sur les dents, je me trouvais face au visage d'un vieil homme, les joues encore envahies d'une barbe de trois jours. Ou je remarquais une femme recroquevillée en position fœtale, qui portait encore ses bijoux et la tétine d'un bébé.

Ce n'était pas le meilleur moyen de tenir jusqu'à la fin de la journée, l'expérience me l'avait appris en Bosnie. Je devais me concentrer sur mon travail, mais quelque chose avait changé en moi depuis mes missions de 1996 et 1997. Je m'attachais plus désormais à la façon dont les corps incarnaient ce qui s'était passé au Kosovo, tant par leurs traumatismes que par les objets qui les accompagnaient. Je notais avec intérêt qu'ils portaient plusieurs épaisseurs de vêtements, comme les victimes du Rwanda, parce qu'ils savaient qu'ils partaient pour longtemps, mais pour combien de temps? Je voyais également passer des gens des deux extrémités de la pyramide démographique : certaines des phases symphyséales pubiennes parmi les plus vieilles qu'il m'ait été donné de rencontrer, presque en dehors de l'échelle Suchey-Brooks, des personnes ayant dépassé les quatre-vingts et les quatre-vingt-dix ans; et des très jeunes, le nombre d'enfants me rappelant une fois de plus le Rwanda.

Les objets avaient sur moi un effet différent. Quand le premier sujet avec des balles de 7,62 est arrivé, tout le monde s'est exclamé : « Clea, viens voir ça! » Je ne lui ai jeté qu'un coup d'œil. J'avais croisé cette munition plus que je ne l'aurais souhaité en 1996 et 1997. Je ne ressentais plus cet enthousiasme professionnel que l'on éprouve à la découverte d'une balle. Tout cela était tellement désolant : violent, horrible, pénible. Mes nouveaux collaborateurs n'avaient aucune idée du temps que passaient les pathologistes de Kalesija à sonder les cadavres sous le fluoroscope en quête d'objets avant de pouvoir entamer l'autopsie proprement dite. On trouvait parfois jusqu'à une quinzaine de balles dans un corps puis, quand le laborantin vidait la housse mortuaire, quinze autres en dégringolaient, avec quelques douilles pour faire bonne mesure.

Je ne pouvais m'empêcher de regretter le temps où notre morgue n'était qu'une tente ou un bâtiment éventré par les bombes, quand nous n'étions pas obligés de retirer intégralement notre combinaison pour déjeuner. J'avais le sentiment qu'à l'époque, nous formions une équipe plus soudée, tandis qu'au Kosovo, j'étais un membre du personnel, entravé par des questions de propriété, des bannettes à courrier, des badges en carton portant nos noms. Et bien que nous ayons alors disposé de plus d'anthropologues et de presque tout l'équipement nécessaire, nous nous heurtions à de nouvelles difficultés. Lors des conversations téléphoniques quotidiennes avec José Pablo, j'évitais de lui avouer que parfois, la morgue était pour moi la cause d'un terrible stress. Mais je ne ratais jamais l'occasion de lui dire : « Reviens-nous vite. »

Parmi les nouvelles difficultés, il s'en trouvait une, fondamentale, liée à l'attribution des sujets aux pathologistes. Le système d'attribution des autopsies voulait que tout cadavre dans le conteneur réfrigérant soit traité dès que le chef d'équipe sur le terrain l'avait officiellement transféré aux spécialistes des preuves et entré son rapport dans la base de données. Cela ne pouvait se faire qu'une fois un site complètement fouillé, ce qui permettait de garantir la chaîne de contrôle à des fins d'ordre juridique. À la morgue, nous savions quand des corps étaient disponibles, car une fiche générale correspondant à chaque cadavre devait se trouver dans une bannette précise de la salle des preuves. Sans cette fiche, pas d'autopsie, car cela voulait dire que les preuves matérielles associées au cadavre n'avaient pas encore été enregistrées. Pour veiller à ce que tout se passe comme prévu, c'était Eric qui devait théoriquement attribuer les sujets à ses pathologistes.

Mais il arrivait, certains matins, qu'Eric soit en réunion, ou au téléphone avec La Haye, ou encore occupé à l'une de ses mille et une activités de chef du service de pathologie. Un jour, donc, un des membres de son équipe en a eu assez de l'attendre pour commencer à travailler sur un sujet. N'étant pas au courant de l'importance des fiches de présentation, il a envoyé un technicien au frigo pour en sortir le premier corps qui se présenterait afin de le radiographier. À peu près au même moment, je suis arrivée dans la salle et je me suis aperçue que le pathologiste en question opérait sur un sujet provenant d'un site différent de celui sur lequel nous travaillions. J'étais sur le point de comprendre ce qui se passait, quand quelqu'un des preuves est arrivé dans la salle d'autopsie. Il hurlait que ce sujet n'avait pas encore été enregistré et qu'il fallait toujours commencer par consulter son service. Le pathologiste s'est énervé, Eric était introuvable, et j'ai donc tenté de calmer les deux en proposant un autre sujet au pathologiste. Puis je suis partie à la recherche d'Eric pour lui demander de retenir ses pathologistes et les empêcher de sortir du frigo le premier cadavre à leur portée.

Quelques jours plus tard, le même pathologiste venait de s'attaquer à son premier corps de la journée quand le même type des preuves a surgi, une feuille de papier à la main. Là, je me suis dit : « Oh, non, encore. » Cette fois, le cadavre était effectivement prêt à être autopsié, mais le pathologiste n'avait pas suivi la bonne procédure. Le bonhomme commençait à m'énerver, car l'affaire a perturbé le gars des preuves pendant une bonne heure au cours de laquelle il a fallu le laisser hurler, le temps qu'il clame sa rage d'être systématiquement contourné. C'est alors qu'Eric a fait son entrée. On a immédiatement convoqué une nouvelle réunion, rassemblant le type des preuves, son patron, Eric, et moi-même dans le but de réorganiser le système de sélection des sujets.

Pendant ce temps-là, le pathologiste, à la porte, s'impatientait : « Je peux attaquer, ou il faut que j'attende un autre sujet ? » Eric, manifestement indifférent à la tension pourtant palpable, conseilla à son pathologiste de poursuivre. Ce qu'il fit, avec un empressement né de son énervement, et soudain, on nous coupa l'eau. Ah ! Ça tombait à point nommé, je n'y croyais pas moi-même : le pathologiste avait tenté de contourner le système, or il savait que, même si ça ressemblait à une morgue normale, c'était en fait une morgue de l'ONU. N'essayez pas de contourner le système, sinon, c'est lui qui vous aura ! Toute la morgue est restée à sec pendant des heures, mais l'affaire nous a obligés à nous reprendre. Une fois que le problème de l'attribution des autopsies a été résolu, j'ai vraiment commencé à apprécier mon rôle d'adjointe.

22

NOURRITURE SPIRITUELLE

LA MORGUE A ENFIN FONCTIONNÉ EFFICACEMENT et j'ai pu commencer à préparer mon départ en formant deux des assistants en anthropologie aux odontogrammes. Les remplir était une occupation à plein temps car les cadavres présentaient davantage de traces d'intervention dentaire que nous ne pensions. Les assistants se sont donc attachés d'abord à étudier le livret de Patrick, ils ont fait des odontogrammes avec moi dans un premier temps, puis chacun à leur tour. Je me contentais de vérifier leurs travaux et c'est ainsi que j'ai formé, entre autres, Sam Brown, l'assistante en anthropologie britannique qui avait quitté le terrain. Elle avait fait preuve d'une aptitude particulière pour l'évaluation de la dentition et savait repérer même les amalgames synthétiques (les amalgames couleur ivoire) au premier coup d'œil. L'autre assistant n'avait aucun problème avec les amalgames en or ou les bridges mais il passait souvent à côté des plombages synthétiques. En outre, les odontogrammes de Sam, une fois remplis, étaient clairs et lisibles, ce qui était d'une importance cruciale puisqu'ils devaient ensuite être copiés et utilisés par la CIRV pour parvenir à une identification des corps, tandis que l'autre assistant produisait généralement des graphiques truffés d'erreurs, maladroitement biffés, souillés par le fluide provenant des cadavres. Enfin,

Sam n'était jamais embarrassée face à la masse de tissus et de matière cérébrale qu'impliquait son boulot.

Il fallait donc encore deux autres personnes habituées aux odontogrammes. Quand l'un ou l'autre était malade, mais que Sam était là pour s'en charger, je jetais un coup d'œil de l'autre côté de la salle d'anthropologie, et j'avais le sentiment que tout le monde était sur le pont, que l'affaire suivait paisiblement son cours. Shuala était si rapide qu'elle avait le temps de fumer une cigarette entre chaque sujet. Cheryl offrait une présence quasi maternelle tout en enseignant aux assistants certaines des subtilités les plus insaisissables du vieillissement des côtes. Sam gérait trois odontogrammes à la fois, et je savais que je n'aurais qu'à les relire rapidement. Tous les dossiers avaient disparu des bannettes avant la fin de la journée, notre productivité était telle qu'Eric commençait à se détendre, et mes conversations téléphoniques avec José Pablo lui donnaient surtout l'opportunité de se plaindre de l'enfer qu'était sa vie. Moi, je ne me lamentais plus.

Hors de l'enceinte de la morgue, la vie avait retrouvé ce qui se rapprochait le plus de la banalité. L'équipe grossissait, nous louions donc davantage de maisons à Prizren, et nous nous connaissions de moins en moins bien. On décida d'organiser des soirées de retrouvailles dans un petit bar local, le Best Bar, dont l'intérieur éclairé à la chandelle avait été conçu pour ressembler à une grotte. Ceux qui étaient venus avec leur guitare en jouaient, d'autres dansaient ou bavardaient. Les membres des différentes équipes avaient également obtenu des talkies-walkies, ce qui améliorait considérablement la logistique une fois que nous étions dans des domiciles séparés. Les gens appréciaient de plus en plus ce nouveau mode de communication (« India Echo 3-3, ici India Echo 3-5. Z'êtes en train de faire quoi, là ? À vous. » « Ici India Echo 3-5. On regarde la télé. Et *vous*, les gars, vous faites quoi ? À vous. ») et la sécurité s'est alors efforcée, tant bien que mal, d'en reprendre le contrôle (« Coupez, coupez. India Mike Base à tous les India Echo. Ceci n'est pas un téléphone. Je répète, ceci n'est *pas* un téléphone. ») Justine, Sam et moi nous offrions des virées dans les restaurants de la vieille ville. Mais les mieux placés, ceux dont la terrasse donnait sur la rivière, n'avaient apparemment jamais aucun plat à offrir. L'un d'entre eux proposait « beefsteak, rumsteak, cevap » et un autre plat de viande. Le serveur a commencé à commenter le menu : « Le A, on en a, le B, non, le C, non plus, mais le D, oui. ». Puis, repartant du bas : « Le D, on n'en a pas, ces deux-là, oui, mais le A, non. » En annulant sa première liste, il m'évoquait des souvenirs de l'auberge de Kibuye.

Un week-end sur deux, j'attendais avec impatience d'aller danser au rythme de la musique en stéréo sur le toit du quartier général de la MINUK. Nos gardes, l'IPTF (la Force de police internationale des Nations unies), les membres des ONG et les « créatures de la nuit » locales entremêlaient leurs chorégraphies personnelles tandis que *Missing,* de Everything but the Girl, nous submergeait. J'adorais traîner sur le toit de la MINUK, fête ou pas. Ses sièges provenaient du restaurant en dessous. C'était particulièrement plaisant en début de soirée parce que l'on pouvait admirer Prizren en dépit de la poussière et des concerts d'avertisseurs, et que l'on était suffisamment en hauteur pour profiter d'une brise assez forte pour chasser d'un souffle la mousse de nos cappuccinos. Là-haut, je me sentais assez éloignée de mon travail pour pouvoir vraiment en parler.

Un soir, il m'est même arrivé de parler à Sam du documentaire canadien sur le père et la fille rwandais qui, lors de la Journée du vêtement, à Kibuye, n'avaient pas trouvé les habits de la mère. La vue sur l'horizon et le silence recueilli de Sam m'ont empêchée de pleurer. Et chaque soirée libre que nous pûmes passer ensemble, je lui en disais plus. Nous nous asseyions sous la véranda d'un vieux café, sirotant du nectar de pêche, une fois sur deux à la lueur des bougies parce que les coupures de courant avaient neutralisé à la fois les machines à cappuccino et les bruits de la rue. Le seul éclairage provenait des embouts dansants des cigarettes des jeunes de Prizren qui se promenaient, les filles bras dessus bras dessous, gloussant gentiment tout en frôlant les garçons installés aux terrasses, rituel des soirées d'été que j'ai retrouvé partout où j'ai vécu.

Aussi, quand José Pablo m'a demandé si j'accepterais d'effectuer une deuxième mission au Kosovo en tant que son adjointe et sachant qu'il devait retourner à La Haye en juillet, j'ai répondu par l'affirmative. Oui, à cause de toutes ces conversations si profondément humaines avec Sam, à cause de cette formidable vie professionnelle avec une équipe merveilleuse, enfin suréquipée et bien organisée, et parce que je savais que Sam et Justine seraient encore là pendant au moins un mois. Quant aux inquiétudes que je pouvais avoir à l'idée de prendre en charge davantage de responsabilités sans la protection psychologique qu'offrait le travail sur des sujets bien définis, deux événements ont suffi à les dissiper.

Il y a d'abord eu le fait que la CIRV rendait aux familles et aux représentants de la communauté albanaise les corps que nous avions exhumés et analysés. Je me sentis alors à la fois soulagée et mue par le sentiment d'avoir atteint un but longtemps recherché. L'autre événement était lui aussi lié à l'identification : j'avais assuré l'odontogramme d'un sujet d'Eric : l'homme avait conservé deux canines infantiles mais on pouvait distinguer ses canines adultes dans leurs alvéoles. Les canines d'enfant étaient petites et jaunies, et je pensais qu'elles permettraient à ses amis et parents de l'identifier. Je revoyais Kigali, quand nous tirions des clichés de nos vidéos pour les familles qui disaient avoir reconnu la dentition inhabituelle de leurs proches. Je me suis donc débrouillée pour que notre photographe, Alain

Wittmann, réalise une photographie numérique spéciale des dents faciales, comme dans un sourire, afin de transmettre le tout à la CIRV avec la paperasse habituelle.

Quand je suis partie, Sam et Justine m'ont accompagnée à Skopje, le jour même où José Pablo rentrait de La Haye. Je lui ai confié un rapport sur les améliorations à la morgue, et je lui ai dit que j'avais le sentiment que l'on faisait du bon travail, l'encourageant à garder le moral. J'étais impatiente de revenir.

Durant le mois que j'ai passé chez moi, je me suis essentiellement inquiétée de trouver des cadeaux pour chacun des membres de la famille de notre logeur, ainsi que des chemises de travail sans manches pour Justine, des pantalons de travail légers pour José Pablo, un petit couteau suisse pour Derek. Quant à Sam, je prévoyais de demander à mon dentiste de me donner de vieilles brosses à dents et des sondes usagées pour faciliter la réalisation des odontogrammes.

C'est à bord du vol de retour pour Skopje, mes bagages chargés de cadeaux, que m'est revenue en mémoire la sensation de vide associée à mes premiers jours à la morgue. Je me souvenais d'être allée vérifier la bouche de l'un des sujets d'Eric. Le cadavre était encore assez frais et, quand Eric l'a retourné sur le dos, les épaules levées, la tête a basculé vers l'avant. Comme si l'on avait retourné un vieil homme dans son sommeil. À vrai dire, contrairement à ce que je croyais, je n'étais pas faite pour assister à des autopsies que je n'effectuais pas moi-même : que je jette un coup d'œil à une table sur laquelle trône une tête sectionnée, le cuir chevelu de guingois, et je suis un peu écœurée. Que je prépare des dents pour les odontogrammes, et je suis dégoûtée de devoir retirer les lambeaux de cheveux et de poils sur les gencives, une opération qui se répétait dix fois par jour tous les jours. J'avais le sentiment d'avoir changé depuis 1996. Déjà en 1994 dans le laboratoire d'identification d'Arizona, les autopsies auxquelles les pathologistes procédaient sur les tables voisines des nôtres avaient mis mon endurance à rude épreuve, l'odeur du sang frais étant nettement moins supportable que celle d'un corps en décomposition. Le spectacle de cet adolescent aux longs cils, comme endormi, qui s'était tiré une balle dans la tête le jour même, m'a hantée bien plus longtemps que les ossements de mon propre sujet à l'état de squelette rongés par des animaux.

Mon sentiment de malaise au Kosovo était-il lié à un environnement de travail inhabituel sur le terrain, puis à un séjour dans une morgue tout aussi inhabituelle ? J'ai décrété qu'en fait, tout cela s'expliquait par mes nouvelles fonctions. Je ne pouvais plus me consacrer pleinement à mes sujets. Avais-je eu tort d'accepter une autre mission ? Il était trop tard pour changer d'avis.

Dans le même temps, d'autres souvenirs plus agréables me revenaient. En mai, Eric avait confié un édenté à Shuala, un odontogramme n'était donc pas nécessaire. Mais je suis quand même venue assister à l'opération. Eric m'a indiqué une fracture massive à la base du crâne. « Je n'arrive pas vraiment à l'expliquer », a-t-il commenté. Moi non plus, me suis-je dit en considérant la blessure. Il manquait trop de matière osseuse autour du point d'impact probable (par conséquent, il n'y avait pas assez de bords pour déterminer la nature de l'objet qui l'avait causé). J'ai alors fait pivoter la tête et j'ai scruté l'os frontal, qui présentait une fracture étroite. « Oh », ai-je fait, « là, il y a eu un traumatisme intéressant. » Je pensais qu'Eric l'avait déjà remarqué, mais il a eu l'air surpris. Je lui ai donc montré la dépression rectangulaire aux coins incurvés qui s'étendait sur le front, un traumatisme classique qui n'avait pénétré que sur une faible profondeur; je lui ai donné ma règle odontologique qu'il passa à plusieurs reprises sur les lèvres de la dépression avant de s'exclamer : « Clea, tu es géniale! » Mais ce n'était pas sur le ton habituel de la plaisanterie, comme quand il me disait : « Ah, Clea, que tu es belle. » Il était sincère. Selon lui, me dit-il, cela ressemblait à la marque d'un coup de crosse. Munie de ma brosse spéciale pour les dents, j'ai nettoyé un peu plus la dépression. Cette fois, la blessure était plus nette, en plein front. Eric a lâché, admiratif : « Tu es vraiment une bonne anthropologue! » Il a appelé Alain pour qu'il prenne un cliché de la trace du coup de crosse. Dans le même temps, il proclamait à tous les techniciens que j'étais formidable, ce qui en poussa plus d'un, dans cette atmosphère d'enthousiasme contagieux, à me serrer la main ou à me taper dans le dos, alors qu'en vérité, je n'avais rien accompli de si extraordinaire. Eric, en dehors de l'enceinte de la morgue, avait certes un penchant pour le délire verbal et « ardent » (me voyant avec une serviette enroulée autour de la tête, il m'avait baptisée la « Negreta de Rome », ou la « sirène noire », ce qui m'amusait beaucoup), mais il s'était toujours montré très professionnel. En tant que pathologiste médicolégal, je le respectais. D'où une certaine impatience de ma part à l'idée de les retrouver tous en atterrissant à Skopje.

Mais dès mon premier jour au Kosovo, je me suis rendu compte que pendant les quelques semaines que j'avais passées loin de la mission, les circonstances s'étaient crispées à la morgue et parmi les équipes sur le terrain. Au point de rassemblement habituel pour les départs en convoi, c'est-à-dire devant le restaurant Lion, Aldo, toujours chef d'équipe sur le terrain, m'a foncé dessus; il bégayait de colère, les veines du cou saillantes. Tandis qu'il hurlait, je pris véritablement conscience que quelque chose avait changé en mon absence. Et c'était moi qui écopais. Aldo, me crier dessus ? Nous nous connaissions depuis des années!

Quelques jours plus tard, à la morgue, Eamonn, le coordinateur de terrain, m'a annoncé qu'un journaliste de *Newsweek* était attendu. Il m'a expliqué qu'il devait, conformément aux exigences du TPIY, avoir librement accès à tout ce qu'il voulait, et m'a demandé de lui faire visiter la morgue. Le journaliste m'a donc été présenté, et j'ai commencé à lui parler de notre travail debout à côté de la porte pour lui expliquer comment nous procédions. Je lui ai ensuite présenté Eric. Avant que j'aie même pu lui dire de qui il s'agissait, Eric a explosé : « C'est qui, ce type ? Pourquoi je n'ai pas été consulté ? Il faut me consulter avant d'amener des gens. Comment tu peux oser faire entrer quelqu'un ici, alors qu'on est en plein travail ! C'est intolérable. Je suis le chef du service de pathologie. » Ne parvenant pas à l'interrompre, je suis restée là, les joues et la nuque en feu tandis qu'il me crucifiait littéralement sous les yeux du journaliste. Il m'invectivait avec une telle violence que je suis sûre que mes cheveux ont été repoussés en arrière par son souffle. Quand il eut terminé, je n'ai pas osé ouvrir la bouche, des larmes d'indignation m'embuaient déjà les yeux. Alors que je gardais les lèvres pincées, le journaliste s'est interposé et a tenté d'expliquer que ce n'était pas ma faute, qu'Eamonn m'avait demandé de le faire entrer, et qu'il était là avec la bénédiction de La Haye. Il aurait mieux fait de se taire, le pauvre, parce que là, Eric est véritablement parti en vrille. Tournant les talons, il nous a fait signe de le suivre dans la zone désinfectée. Il avait l'intention de tancer Eamonn et d'en référer à La Haye.

Tandis qu'il s'engouffrait dans le hall sans même un regard en arrière, je me suis faufilée dans le vestiaire des femmes, me suis précipitée dans les toilettes et j'ai éclaté en sanglots. Jusqu'à ce que je prenne conscience du fait que je ne tenais pas à ce qu'Eric, ou qui que ce soit d'autre, me voie avec les yeux rouges. D'ailleurs, en quoi cette réprimande importait-elle ? J'étais de son avis, on ne pouvait pas laisser des inconnus se balader comme bon leur semblait dans la morgue. Ce qui me déplaisait, c'était qu'il s'imaginait que je m'en souciais moins que lui. Comment pouvait-il croire que j'avais moi-même décidé de faire entrer ce journaliste ? Je suis restée dans les toilettes le temps de me calmer et me suis alors efforcée de reprendre un air normal en m'observant dans la glace.

Avant la fin de la journée, Eamonn m'a convoquée pour me présenter ses excuses, me disant simplement que cela n'avait rien à voir avec moi, et qu'il m'invitait à dîner. Cette nuit-là, dans mon lit, je me suis demandé où était l'intérêt de faire partie de la « direction » dans de telles circonstances. J'étais prête à me plonger dans des charniers, à travailler trois mois d'affilée dans des conditions difficiles pour un salaire de misère, mais cette merde ?

23

La troisième balle du vieil homme

Après cet incident, je me suis méfiée d'Eric, même si sa façon de travailler me convenait bien. Quand il travaillait sur des sujets encore charnus, il adoptait, me semblait-il, une approche du généraliste qu'il avait été. Je ne sais pas s'il en était conscient. Calme, méticuleux, il se montrait aussi précis qu'imperturbable. En outre, il semblait faire preuve de compassion lorsqu'il manipulait les corps. J'étais impressionnée par son traitement des cas les plus terribles : il parvenait à s'en préserver, comme un généraliste qui viendrait d'annoncer à sa patiente qu'elle était atteinte d'une forme rare de cancer, et qui s'occuperait du patient suivant avec la même attention, alors qu'il ne souffrirait que d'un ongle incarné.

C'est à l'occasion du traitement d'un sujet particulier que cette caractéristique d'Eric est le mieux apparue. Au cours de ma deuxième mission au Kosovo, je travaillais de nouveau en tant qu'anthropologue parce que la productivité de la morgue avait pris du retard sur celle des équipes de terrain. Depuis mai, nous n'avions plus affaire qu'à de nouvelles recrues dans les rangs des pathologistes comme au sein du personnel de la morgue. J'étais ravie car ce jour-là, Luis Fondebrider, un de mes héros argentins (je l'avais rencontré sur le charnier de Vukovar), travaillait à nos côtés pour renforcer les équipes de terrain. Nous nous occupions d'un sujet avec Marek, un anthropologue polonais, et Miguel, un anthropologue argentin aux yeux bleus absolument magnifiques qui jouait là le rôle de technicien d'autopsie.

Cet après-midi-là, Marek travaillait sur un vieil homme dont seules la tête et la main droite étaient décharnées. Il gisait le dos sur la table, la main gauche sur le ventre, la bouche entrouverte. Nous l'avions radiographié plus de huit fois et savions où se trouvaient divers projectiles, balles et chevrotine, dans la clavicule, le fémur, le pelvis et ainsi de suite. Une chevrotine était visible, en plein milieu du front, près de l'arcade sourcilière. Marek a aussitôt entrepris de sonder l'orifice, repoussant le projectile à l'intérieur de la tête. Miguel l'a empêché de continuer, il a inspecté la blessure et lui a dit : « Tu as agrandi le trou. » Il a continué : « On va lui enlever ses vêtements avant de chercher d'autres morceaux de métal. » Marek a reculé, laissant Miguel officier : il a soulevé le bras gauche et l'a ramené vers l'arrière, faisant pivoter l'épaule pour retirer en premier lieu la manche de la veste, puis le manteau, la chemise et le gilet de corps. Luis et moi avons terminé l'inventaire initial des os en contournant la table. Enfin nous avons attendu que Marek en ait fini avec le corps avant de prélever nos échantillons.

Voyant qu'une seule personne se chargeait de retirer les vêtements, Marek a commencé à s'impatienter. Il s'est donc attaqué aux manches du côté droit du cadavre. C'était de ce côté que la main était décharnée et en décomposition. Chaque fois que Marek tirait sur une manche, je voyais la main disparaître dans le tissu, puis en ressortir une fois la manche retirée. Et, à chaque fois, j'étais étonnée de voir que les doigts décomposés se balançaient encore au bout de la main, secoués par toute cette agitation. Prise au piège d'une fascination morbide, comprenant qu'un doigt pourrait disparaître dans la manche et qu'il me faudrait alors aller le récupérer avant que les vêtements ne soient confiés à la section des preuves, je me demandais si les doigts tiendraient. Dès que Miguel en eut terminé avec le côté gauche, il est rapidement passé de l'autre côté de la table et a pris le relais de Marek, finissant habilement le travail en manipulant la position du bras. À chaque manipulation du corps, la tête roulait d'un côté et de l'autre, le cou en supination sans que les chairs se déchirent. Il a ensuite dépouillé le cadavre de plusieurs pantalons et de caleçons longs tandis que Luis et moi « enlevions » les chaussettes, en extrayant les pieds squelettiques à la plante en partie momifiée.

Une fois dévêtu, l'homme paraissait encore plus vieux et plus vulnérable. J'avais honte pour lui, comme j'avais eu honte pour la femme en Arizona dont j'avais ensuite entendu la voix sur l'enregistrement des appels d'urgence de la police. Elle était restée là, allongée, avec ses orteils aux ongles vernis, tandis que deux policiers, un pathologiste, Walt et moi nous intéressions aux blessures de sa tête. Heureusement pour nous, au Kosovo, Miguel était efficace. Par conséquent, il ne traînait pas. Il a ouvert la poitrine du vieil homme pour en extraire une balle logée dans la région de la clavicule gauche. La suivante a été prélevée dans la partie droite de l'abdomen. Sur les radios, on pouvait voir que la troisième était située quelque part dans le pelvis.

Marek était décidé à la trouver, sans grand succès, jusqu'à ce qu'Eric nous rejoigne. Le défi l'a piqué au vif et il a pris part à nos recherches, commençant par nous demander, à nous les anthropologues, où nous pensions que se trouvait la balle, en fonction des radios. Luis, Miguel et moi n'étions pas du même avis, car la radio était prise de si près que l'on peinait à déterminer si l'os visible sur le cliché était un os iliaque ou un ischion. Il est généralement impossible de confondre les deux, le premier étant à la fois aplati, évasé et orné d'une crête, le deuxième étant plus massif en comparaison. Eric a d'abord sondé la région iliaque : rien. On a donc retourné le corps sur le ventre pour faciliter l'examen de la région postérieure des ischions (autrement dit, cette partie du corps sur laquelle on s'assoit). Eric avait maintenant clairement pris la direction des opérations. Il a entaillé verticalement, centimètre par centimètre, le tissu des muscles fessiers de façon systématique, allant jusqu'à écarter les replis aplatis des fesses elles-mêmes pour mieux observer l'intérieur de la crevasse. C'est là qu'il ressemblait plus que jamais à un généraliste. On le voyait bien, son boulot exigeait de lui qu'il fouillât dans des endroits intimes, mais il ne le faisait que par nécessité, et toujours avec compassion.

La recherche de la balle s'est poursuivie sous ses ordres pendant une trentaine de minutes. Debout à côté de Luis, je me suis soudain sentie submergée par la fatigue. La tristesse n'est venue qu'après. À deux reprises, je suis sortie prendre le soleil sur le porche où l'anthropologue suédoise s'était effondrée au mois de mai. Les yeux fermés, j'ai levé la tête, profitant de la chaleur.

Eric a fini par ramener le cadavre en radiographie, et là, il a repéré la balle. Il est revenu dans la salle d'autopsie, tenant le projectile enchâssé dans une gangue de chair sur un plateau ; la balle s'était en fait logée dans la région du sacrum, non loin de l'ischion, mais plus près du coccyx. Eric m'a montré comment elle avait dû pivoter, peut-être parce qu'elle avait ricoché sur quelque chose avant de pénétrer dans l'aine du sujet. Enfin, Luis et moi avons pu prélever nos échantillons, dans le pubis et la quatrième côte gauche, confirmant ainsi son âge avancé.

Ce cas m'avait épuisée, parce que j'avais été contrainte de *regarder* et que, par conséquent, j'avais vu le cadavre pour ce qu'il était : pas un simple sujet, mais probablement le grand-père de quelqu'un. Ce soir-là, de retour dans l'appartement que nous partagions désormais, j'en parlai à Sam sans pouvoir m'arrêter de pleurer. Je ressentais avec tellement d'émotion ce qui était vraiment arrivé aux gens que nous traitions en tant que sujets ! Abattus d'une balle dans le dos ou en plein visage, parfois criblés de projectiles, découpés par des instruments de grande taille, puis brûlés. À cela s'ajoutait ce que nous devions faire à ces corps pour établir, conformément à la procédure médico-légale, l'âge, le sexe et la cause du décès. Je retrouvais ce sentiment que j'avais consigné dans mon journal à Kibuye après avoir vu Bill arracher le maxillaire inférieur de jeunes gens dans le charnier afin de pouvoir effectuer des estimations d'âge préliminaires. À l'époque, j'avais éprouvé une sourde colère qui, au Kosovo, ne se concrétisait plus que par des larmes. Des larmes qui ne passaient même plus par des sanglots, mais coulaient de mes yeux sans que je puisse seulement m'en empêcher.

C'était inquiétant, mais j'étais aussi plutôt soulagée de savoir que la réalité derrière notre travail était encore capable de me bouleverser autant que lors de mes premières missions. J'étais heureuse de sentir que tout au fond de moi, le désespoir que m'avait inspiré la femme qui avait reconnu la veste de son frère à Kibuye était encore là, des centaines de sujets plus tard.

Ce n'est qu'après avoir quitté le Kosovo que j'ai compris que si j'avais laissé libre cours à mes larmes, c'était parce que j'avais eu quelqu'un à qui parler, quelqu'un qui n'avait pas réagi par le mépris. J'avais été très proche de Justine, j'avais dîné avec certains membres de l'équipe, mais j'avais avec Sam des affinités liées à notre approche du travail. Comme moi, elle reconnaissait que ce dernier comptait plus que tout. Elle acceptait encore moins que moi les injustices. Elle considérait les missions médico-légales pour le Tribunal dans leur cadre plus général. Sa formation juridique lui permettait de voir les choses sous un autre angle, ce dont elle me faisait également profiter. Tout ce temps passé à discuter avec Sam m'a fourni le soutien spirituel et intellectuel que nous sommes en droit d'attendre de nos pairs, et dont James Mills nous avait dit qu'il était indispensable pour réduire notre degré de stress.

Il ne fait aucun doute que c'est parce que mon niveau de stress était limité que j'ai pu garder mon calme au cours d'un événement qui a eu lieu pendant ma dernière semaine de mission au Kosovo. C'était une matinée surchargée et, brusquement, João, le nouveau pathologiste portugais, est entré dans la morgue et m'a annoncé : « Eric a besoin d'un anthropologue dehors ». Puis il a ajouté, toujours charmeur : « Il a dit un bon anthropologue, alors, moi, je te demande. » Je suis sortie avec mes gants et mon tablier en plastique. Sous la lumière du soleil, une quarantaine de cercueils ouverts étaient alignés dans l'allée et sur le gravier de la bordure. Je n'avais encore jamais vu de cercueils prêts à être restitués aux familles, et ils m'ont fait penser à des déjeuners soigneusement emballés pour des enfants dans une colonie quand l'intendant a veillé à ce que chaque boîte contienne bien un sandwich et un biscuit, exactement, pour que personne ne se plaigne.

Eric était accroupi dans un des frigos de la CIRV et fouinait dans le contenu d'une housse mortuaire. Debout près de lui, un bloc-notes à la main, se tenait une femme blonde, représentante américaine de l'Organisation pour la sécurité et la coopération en Europe (OSCE), l'un des partenaires de la CIRV. Je les ai salués. La blonde m'a demandé à quel âge se soude un fémur distal. « Vers dix-sept, dix-neuf ans », ai-je répondu. Eric a alors brandi un fémur pour nous montrer qu'il n'était absolument pas soudé. Puis il a sorti le maxillaire inférieur de son sachet de plastique et m'a indiqué que les troisièmes molaires n'étaient pas encore en éruption, bien que ces dents soient peu fiables quand il s'agit de déterminer l'âge d'un sujet. En fait, le fémur nous suffisait pour reconnaître qu'il s'agissait du cadavre d'un jeune.

Alors, le chef d'équipe de la CIRV, américain lui aussi, nous a rejoints avec un bloc-notes sur lequel étaient attachés les formulaires de présentation des autopsies du TPIY ainsi que la liste des corps identifiés par les familles. Il a désigné le corps sur lequel était penché Eric :

– Cette personne est censée avoir treize ans.

Jetant un coup d'œil à sa liasse de documents cornés, je lui ai demandé :

– Quelle fourchette d'âge vous a-t-on donnée ?

– De dix à seize, a-t-il fait.

– OK… Treize, c'est dans cette fourchette.

Il s'est contenté de me regarder. J'ai donc continué :

– En quoi cela vous gêne-t-il ?

Je me suis retenue pour ne pas lâcher : « C'est quoi le problème ? » Sa réponse m'a laissée sans voix :

– Eh bien, il est censé avoir treize ans, mais il ne rentre pas dans le cercueil. »

À mon tour, je l'ai regardé sans un mot. Il a poursuivi :

– On m'a dit qu'un enfant de treize ans rentrerait dans le cercueil, donc je pense que ce n'est pas le bon type.

J'étais fascinée. Nous avions les mêmes informations et nous étions parvenus à des conclusions complètement différentes. Cela n'avait rien à voir avec le corps, tout était lié au cercueil. J'ai fait tout mon possible pour ne pas rire, tant il avait l'air inquiet et soucieux.

– Eh bien, ai-je déclaré, je ne peux pas vous dire s'il a treize ans, mais je peux vous dire qu'il en a moins de dix-sept. Vous savez, les gens sont rarement standardisés.

Il a grommelé quelque chose à propos du fait que c'était le deuxième corps qui ne correspondait pas à un cercueil et il m'a remerciée d'être venue. J'ai jeté un coup d'œil à la blonde. Elle avait l'air désolée. Eric, lui, continuait de fouiller dans la housse avec intérêt.

Le sens de notre discussion lui avait échappé : quelqu'un de la Commission d'identification et de restitution des victimes remettait en question l'identité de certains individus en fonction de la capacité de ces derniers à entrer ou non dans les cercueils prévus.

Sur le moment, cet incident avec la CIRV m'avait semblé très grave. Mais en fait, tout fonctionnait normalement ce jour-là. Tandis que je me tenais près du frigo, un certain nombre de dépouilles avait déjà été restitué à leurs familles. Ce succès tenait à la coopération du TPIY, qui fournissait des odontogrammes et des photographies dentaires spéciales ainsi que des résumés des autopsies et des analyses anthropologiques.

Avec du recul, je vois dans cette coopération la réponse à ma « double vision ». Personnellement, j'avais pensé proposer des images vidéos des sites pour que des proches éventuels puissent observer les travaux d'exhumation sans compromettre les scènes du crime. Le TPIY avait réussi à mettre en place quelque chose de plus simple et de plus personnel. Les cadavres étaient des preuves incontournables. Il fallait donc laisser le processus d'autopsie et d'analyse suivre son cours, tout en facilitant et en accélérant l'identification et la restitution des dépouilles aux familles par le biais d'une institution non juridique. En 2000, cette institution était la CIRV.

❧

Quand j'ai quitté le Kosovo à la fin du mois de juillet, je suis repartie à Skopje par la route avec plusieurs collègues en passant par les montagnes et Tetovo. En traversant la ville de Brezovica, nous avons croisé une voiture dont le conducteur, un jeune homme, avisa notre véhicule aux armes de l'ONU et se pencha par la portière. Il nous a hurlé quelque chose et nous a adressé le salut nationaliste serbe avec trois doigts tendus. Peu après, nous avons dû ralentir pour franchir un barrage contrôlé par des soldats russes de la KFOR qu'il venait lui-même de passer. Le barrage était là pour protéger les habitants de Brezovica – l'une des rares enclaves serbes dans le sud du Kosovo – des représailles potentielles de la part des Kosovars revenus des camps de réfugiés de l'autre côté de la frontière macédonienne toute proche.

Son salut signifiait-il qu'il croyait, comme l'affirmaient les médias serbes à l'époque, que les Kosovars n'avaient pas été persécutés et expulsés en tant que population en 1998 et 1999 ? Signifiait-il qu'il considérait que l'ONU et l'OTAN n'avaient aucune raison de se trouver au Kosovo autrement que dans le cadre de quelque jeu aussi gigantesque que coûteux ? S'il avait su que nous n'étions pas des membres des forces de maintien de la paix, mais des médecins légistes, son geste aurait-il voulu dire qu'il pensait qu'ici, nous ne trouverions rien, que nous quittions la province parce qu'il n'y avait aucune preuve physique de crimes contre l'humanité ? Je me demande ce qu'il pense aujourd'hui, maintenant que les équipes d'experts du Tribunal ont rendu leurs conclusions. A-t-il fini par accepter de croire, en 2003, quand des équipes d'exhumation serbes ont déterré les cadavres d'un millier de Kosovars enfouis dans la banlieue de Belgrade, dans des commissariats de police et des casernes ? S'il savait quels crimes ont été commis en son nom, nous adresserait-il encore son salut à trois doigts ?

Après

Quelques mois après mon retour du Kosovo, je fus invitée à faire une conférence à des étudiants de l'université de Californie qui suivaient une option intitulée *Dans le labo du légiste* sous la férule de Barry Fisher, directeur du laboratoire d'expertise criminelle du shérif du comté de Los Angeles. Je passai en revue mes diapos issues de précédentes présentations et je me demandai comment y intégrer de nouvelles informations sur le Kosovo. J'aurais pu évoquer les changements dans les relations entre le Tribunal et les équipes médico-légales, par exemple. Mais je voulais aller plus loin. Sauf que je ne savais pas trop comment m'y prendre. Comme je prépare assez peu mes interventions, je ne rédigeai donc rien en espérant que tout me viendrait naturellement une fois que je serais lancée. Mon frère Kimera me conduisit sur le campus où nous déjeunâmes avant de nous rendre dans l'amphi.

La conférence dura près d'une heure et demie, interrompue de temps à autre par des questions pertinentes et curieuses de la part des étudiants de Barry. En abordant mes conclusions après la partie consacrée au Kosovo, je me sentis tout à coup mal à l'aise : je venais de me rendre compte que quand je parlais du Kosovo, je parlais en fait du Rwanda, que quand je parlais des morts, je parlais en fait des vivants, et que quand je parlais de moi, je parlais en fait des gens qui se trouvaient dans la salle. Ces connexions, ces similitudes et ce que révélaient leurs différences se mêlaient confusément dans mon esprit.

Dix ans s'étaient écoulés depuis que j'avais lu *Witnesses from the Grave*, dix ans depuis que j'avais puisé mon inspiration et ma motivation dans les exploits de l'équipe argentine et de Clyde Snow. J'avais été appelée à « aider à lutter contre l'oppression en faisant parler les os ». Et maintenant, j'étais là à raconter les histoires que ces os m'avaient confiées. Je savais que si je regardais vers mon passé, je verrais que ma vie avait dessiné une courbe pendant dix ans, une courbe si constante et si naturelle que je m'en étais à peine aperçue. Les étudiants de Barry n'ont pas seulement eu droit à un récit de première main sur le travail du légiste, je leur ai surtout parlé de cette courbe, du désir et des déceptions qu'elle incarnait tout autant que de l'inspiration et du sentiment du devoir accompli.

J'expliquai aux étudiants qu'en partant pour ma première mission au Rwanda, j'escomptais seulement que mon environnement de travail ressemblerait vaguement à celui que j'avais connu en Arizona. Là, quand Walt Birkby nous emmenait chercher des cadavres au Laboratoire d'identification, nous passions par une porte « de derrière » qui se trouvait à bonne distance de l'entrée principale et réservée aux éventuels parents du défunt. En partant pour le Rwanda, je pensais que nous pourrions toujours compter sur une quelconque « porte de derrière », séparée des familles et des « vivants que ça intéresse » par du ruban de protection, par des soldats, ou encore par la simple existence de règles au sujet de preuves médico-légales destinées à des procédures juridiques. Je pensais faire partie d'une équipe d'experts médico-légaux venus au Rwanda pour rassembler des preuves, les interpréter, et les transmettre au Tribunal avant de rentrer chez eux. Un univers bien stérilisé, soigneusement préservé. Mais ça ne s'était pas passé ainsi.

Comme nous vivions à côté de la scène du crime, nous étions jour après jour au beau milieu des « gens que ça intéresse ». Il aurait vraiment fallu être une créature à part pour ne pas se sentir affecté par le caractère inextricable de ces relations. Cela valait tout particulièrement pour les anthropologues médico-légaux, car nous ne nous contentions pas d'entrer en interaction avec les morts à un niveau superficiel, nous ne nous contentions pas d'exhumer les cadavres et, disons, de les compter – nous les écoutions, nous les étudiions, nous les connaissions.

J'expliquai aux étudiants de Barry que cette intrication m'avait affectée à l'époque, mais que de toute façon le principe même des missions médico-légales a des implications qui continuent de me concerner moi-même, mais aussi les familles des défunts et les milliers de gens qui vivent sur place. L'anthropologue médico-légale Linda Green a écrit que les anthropologues « vont sur le terrain afin de donner un sens aux contradictions et à la complexité de la vie des gens. Ce faisant, nous devenons, ne serait-ce qu'un temps, à la fois les témoins et les acteurs de ces vies. » On pourrait croire que les anthropologues médico-légaux ne participent pas aux existences des vivants mais, en interagissant avec les morts, nous affectons les vivants parce que nous modifions leur souvenir et leur compréhension d'événements passés.

J'ajoutai que l'on sait l'influence exercée par nos travaux sur la mémoire des familles, le triste soulagement offert par le contenu d'une housse mortuaire se substituant à la peur et aux incertitudes quant à un proche disparu. Dès lors, l'événement jusque-là considéré comme responsable de la *disparition* d'un être cher restera dans les mémoires comme ayant entraîné la mort de cette personne. La mémoire s'en trouve altérée. Pour certains, ce changement sera presque imperceptible, pour d'autres, c'est un véritable séisme. Tandis que je parlais, des étudiants hochaient la tête, ou encore, les yeux fermés, tentaient de visualiser ce que je leur disais.

Je pensais qu'il leur serait plus difficile de comprendre comment les enquêtes médico-légales influent sur la mémoire collective d'une communauté après un conflit. Je les invitai à imaginer que les récits des témoins sur des crimes précis sont niés, tournés en dérision ou considérés comme impossibles par leur propre gouvernement, leur armée, leur police, ces institutions mêmes qui sont tenues pour responsables de ces crimes. À imaginer ensuite que ces récits sont confirmés par la preuve physique de faits absolument incontestables : des cadavres humains dans une fosse dont on disait qu'elle ne contenait « que » des carcasses d'animaux de ferme, par exemple. Quand on soupçonne un État d'avoir commis des crimes, les preuves sont rarement flagrantes. Elles ont au contraire toutes les chances d'avoir été masquées dans d'obscurs documents classés secrets qui finissent par être retrouvés par des journalistes d'investigation. En général, ces documents n'englobent pas des massacres et les preuves en question ne prennent pas la forme de corps dont l'analyse médico-légale permet de dire qu'ils ont été assassinés ou exécutés avec des munitions fournies par les autorités. Quand les preuves sur lesquelles j'ai travaillé font surface, elles permettent de « remettre en question l'image d'institutions respectées », pour reprendre les termes de l'historienne Deborah Lipstadt.

Passez ces institutions nationales à la loupe, ai-je dit aux étudiants. Regardez-les de plus près, pas seulement parce que ces institutions ont nié toutes les activités illicites dont nous avons désormais la preuve, mais aussi parce que les victimes exhumées de conflits théoriquement différents nous racontent tous la même histoire. Ainsi, on a dit du Rwanda qu'il avait été le théâtre de « violences tribales spontanées » en 1994, tandis que l'ex-Yougoslavie était censée avoir connu de 1991 à 1995 une « guerre » entre des groupes « ethniques et religieux » prétendument distincts. Comment des conflits si différents peuvent-ils donner des morts qui ne racontent qu'une seule et même histoire, une histoire de gens chassés de chez eux à l'intérieur de leurs frontières, rassemblés ou poussés vers des emplacements précis où ils sont alors massacrés ? Comment les « violences spontanées » et la « guerre » peuvent-elles laisser des preuves physiques révélatrices d'une préparation méthodique de l'élimination massive des non-combattants ? Je veux parler de barrages à l'échelle de tout un pays pour contrôler l'identité des civils, de réserves suffisantes de barbelés et de chiffons pour attacher et aveugler des milliers de personnes, de cadavres enterrés dans des fosses creusées avec des équipements lourds dans des périodes où il est difficile de se procurer du carburant.

Quand j'ai commencé à voir des centaines de corps sur deux continents qui racontaient la même histoire, je me suis demandé ce qui se passait véritablement dans ces conflits. Quel est le dénominateur commun à cette histoire commune ? Le tribunal permet d'en identifier un : ce sont ces décisions directement prises au niveau des gouvernements, qui prévoient le rassemblement et l'élimination d'une certaine catégorie de personnes, et l'expulsion du reste, activement ou par la diffusion de la terreur.

Reste alors à connaître le mobile. Pourquoi ces gouvernements ont-ils décidé d'assassiner leurs propres ressortissants ? Pourquoi des soldats, des policiers, des coiffeurs, des mécaniciens peuvent-ils massacrer leurs propres voisins ? La réponse, selon moi, est liée à l'intérêt personnel. Certaines personnes au sein d'un gouvernement rassemblé autour d'une seule idéologie, sans véritable opposition, soutiennent des institutions nationales qui leur garantissent de conserver le pouvoir. Cette réalité est occultée par les « raisons » invoquées par les décideurs quand ils défendent leurs projets politiques. Prenons le cas du Kosovo : les meurtres et les expulsions des années 1990 avaient-ils vraiment pour but de venger la bataille de 1389, comme aimait à le répéter le président serbe Slobodan Milosevic ? Ou étaient-ils plutôt dus au fait que la province est riche en minerais et représente jusqu'à quatre milliards d'euros d'exportations pour la Serbie ? Et le Rwanda : les Hutus ont-ils massacré leurs voisins *et* tous leurs enfants uniquement parce qu'ils étaient tutsis, comme le gouvernement les exhortait à le faire ? Ou plutôt parce que le pouvoir avait promis aux Hutus les terres de leurs voisins, des terres qui, sinon, auraient été léguées aux enfants des Tutsis, et à leurs enfants après eux, à l'infini ?

Partout où j'ai travaillé, les « raisons » officielles étaient en fait des justifications emballées dans de la rhétorique destinées à dissiper la résistance populaire à l'idée de commettre des crimes contre l'humanité. Je suis persuadée que ces « raisons » ont plus ou moins influencé la façon qu'ont les gens simples de se comporter les uns avec les autres. Je doute en revanche que les autorités se soient senties matériellement concernées par d'antiques batailles ou des questions de supériorité ethnique ou religieuse. Je pense que leur priorité était plutôt les *vraies* questions, des questions de richesse et de pouvoir. Pourquoi le Secteur Nord était-il le seul en « Code Noir » (autrement dit, il était le théâtre de troubles ou de combats) quand je me trouvais au Kosovo en 2000 ? Parce que ce secteur, près de la frontière avec la Serbie, abrite la plus importante minorité serbe, mais aussi les richesses minérales et les usines de la province. Par conséquent, ni les Kosovars ni les Serbes n'entendaient en céder le contrôle. Des représentants des deux communautés y résidaient et les affrontements se poursuivaient, même en présence des forces d'interposition.

Pourquoi Vukovar et ses environs étaient-ils encore sous administration de l'ONU quand j'y travaillais en 1996, tandis que d'autres régions, certes marquées par les cicatrices des combats, avaient renoué avec la paix ? Parce que, outre ses autres attributs, Vukovar est située dans une des régions pétrolières et agricoles les plus riches de l'ancienne Yougoslavie. À l'époque, Zagreb et Belgrade continuaient donc à s'en disputer la propriété. Ainsi, si les gouvernements ont tendance à justifier publiquement leurs décisions militaires et politiques en termes de religion et d'ethnie et n'hésitent pas, à coups d'argent et d'armes, à pousser leur peuple à la violence, l'histoire tendrait à démontrer qu'en réalité, leurs ambitions, quoique mûrement réfléchies, n'ont d'autres motivations que celles, primaires, du pouvoir et de la richesse. Une réalité qui n'a en fait rien de complexe pour quelque groupe, gouvernement ou parti politique que ce soit.

Devant les étudiants de Barry, je reconnus qu'il pouvait sembler curieux que j'aie pris conscience de cette réalité en participant à des missions médico-légales. Mais ces dernières ne sont qu'un outil qui m'aide à donner un sens aux conflits marqués par le massacre de populations civiles, où qu'elles se trouvent sur la planète. On ne cesse de retomber sur ces éléments, que l'on peut identifier entre les lignes des gros titres et par-delà les efforts que leurs acteurs entreprennent pour les décontextualiser.

Une fois que l'on sait ce que l'on cherche, il ne faut pas longtemps pour en trouver des preuves. Je n'ai pas été surprise d'apprendre que 40 % de l'eau de l'État d'Israël provenait de sources situées dans des territoires palestiniens qu'il occupe, pour lesquels il se bat et qu'il refuse de céder dans le cadre d'accords de type « terre contre paix ». Je n'ai pas non plus été étonnée d'apprendre que le gouvernement israélien s'était arrangé pour que cette eau puisse alimenter les implantations des colons israéliens dans le désert en limitant l'accès des Palestiniens à leurs propres sources.

Ce qui me surprend bel et bien, en revanche, c'est que j'entends rarement parler de cette compétition pour l'eau quand je vois des images des affrontements au « Moyen-Orient ». Ce que je vois, ce sont des gens jetant des pierres sur des chars, tandis que des commentaires me décrivent des « opérations de représailles » et me donnent le nombre d'enfants israéliens et palestiniens tués ce mois-ci. Parfois, les informations font oublier pourquoi ces violences durent depuis si longtemps, tout comme elles occultent le fait que ces endroits sont habités par des « gens normaux », pas simplement par des extrémistes. La couverture médiatique a accouché d'une confusion comparable au sujet du génocide rwandais en 1994 et des divers conflits yougoslaves dans les années 1990. En tant que consommatrice de ces informations, je me suis vu administrer une mixture mêlant la rhétorique des participants, leur propagande, de mini-leçons d'histoire sélective et beaucoup d'images que je n'étais pas en mesure de comprendre, à moins de me tourner vers d'autres sources. À mon retour du Rwanda en 1996, bon nombre de gens m'ont demandé : « C'était pas une histoire de Hutsis et de Tutus, ou quelque chose du genre ? Qui s'entretuaient pour un truc tribal ? Dieu merci, ça ne pourrait pas arriver chez nous ! »

Si l'on fait abstraction des puissants qui ont conçu et suscité les attaques au Rwanda, les gens qui y vivaient étaient des gens comme vous et moi, animés des mêmes besoins et des mêmes désirs : manger à sa faim, s'abriter sous un toit, aimer, vivre. On a dit à certains qu'il fallait tuer ou être tué, tandis que le nom des autres était couché sur la liste de ceux qu'il fallait tuer. Cela peut arriver n'importe où dans le monde, est ou ouest, « Premier » ou « Tiers », « en développement » ou « sous-développé ». Je ne pourrais pas dire cela si le

Rwanda avait effectivement *été* le théâtre de violences tribales. Mais il était aussi arbitraire de vouloir tuer tous les « Tutsis » (du fait de leur caractère néfaste supposé) que de vouloir éliminer tous les gens qui portent une chemise à manches longues un jour donné. C'est pourquoi cela peut se produire n'importe où. Il suffit que les ingrédients appropriés soient réunis : un gouvernement composé de gens particuliers, qui s'affrontent, ou en affrontent d'autres, pour le contrôle de ressources naturelles et de sources de richesse.

Il est une autre condition essentielle, c'est que la population soit sensible aux sirènes du mieux-être et du pouvoir, qu'elle soit prête à accepter des télévisions grand écran pillées depuis peu ou des terrains en échange du meurtre de leurs voisins. Sans cette condition, jamais les tueries au Rwanda n'auraient fait presque un million de victimes en à peine trois mois, jamais les maisons des Serbes de Vukovar n'auraient été les seules à être épargnées par les tirs d'artillerie. Ceux qui ne se trouvaient pas sur les listes des gens à éliminer ont immanquablement dû croire, ou simplement accepter, la propagande qui disait que leurs voisins étaient « différents ». On peut tous l'imaginer, on peut tous se voir dans un camp, ou l'autre, voire les deux.

Si les gens ont le sentiment de se comprendre les uns les autres, ainsi que les conditions dans lesquelles ils vivent, d'une façon qui reste imperméable à la propagande des autorités, c'est alors une base fondamentale des exterminations qui disparaît, ou qui perd à tout le moins sérieusement de son impact. On a déjà pu en avoir un aperçu au Rwanda. En 1997, des hommes armés ont fait irruption dans une école. Ils ont ordonné aux élèves de se lever et de se répartir entre Hutus et Tutsis. Les enfants ont refusé, en disant : « Ici, il n'y a pas de Hutus ou de Tutsis, nous sommes tous rwandais. » Les hommes armés les ont alors presque tous abattus. C'est terrible, mais l'attitude de ces enfants recèle davantage d'espoir que n'a pu en donner la génération de leurs parents. La confiance que ressentaient ces enfants devait s'appuyer sur le fait qu'ils se savaient plus proches les uns les autres qu'aucun « groupe » d'entre eux ne l'était des tueurs. C'étaient en outre des enfants de l'après-génocide, des gosses qui avaient pu surmonter la nouvelle propagande, qui leur disait ce qui s'était « vraiment passé » en 1994, qui étaient allés au-delà des idées personnelles de vengeance et de peur. Ils avaient réussi à améliorer leur communication dans une situation d'après-conflit, même si eux n'en auraient certes pas parlé de cette façon-là. Ils y étaient entre autres parvenus en se fondant sur la vérité quant aux événements passés et le rôle qu'y avaient joué les gens. Les enquêtes médico-légales contribuent à développer cet état d'esprit parce que la vérité vient en partie des morts, dont les histoires sont décryptées par les anthropologues médico-légaux. Sans la médecine légale, on peut aisément faire passer des charniers de victimes pour des fosses communes de combattants.

En rassemblant ces pensées hétéroclites devant les étudiants, je repensais à une conversation que j'avais eue avec Les Light, un vieil ami de la famille, après être rentrée de ma première mission au Rwanda. « Maintenant tu le sais, c'était ta *mitzvah* », me dit-il. À son ton sérieux, je compris qu'il venait de m'apprendre quelque chose, mais je ne savais pas exactement ce qu'était une *mitzvah.* Je l'ai découvert par la suite, le sens originel de « commandement » comporte aujourd'hui une nuance d'acte ou de devoir méritoire. Les m'avait donc dit qu'après ce que j'avais vécu au Rwanda, j'avais désormais le devoir de partager cette expérience. En tant qu'anthropologue médico-légale, j'avais toujours eu conscience de mes devoirs envers les morts, je devais les aider à parler, mais je n'avais pas encore compris que ce devoir en entraînait un autre.

Un jour, quelqu'un m'a dit : « La vérité ne fait pas revenir les morts, mais elle leur permet de se faire entendre ». En travaillant avec les Médecins pour les droits de l'homme et les Tribunaux des Nations unies, j'ai aidé leurs voix à se faire entendre devant la justice et dans les livres d'histoire, et ce fut un honneur pour moi. C'était là mon premier devoir, qui nécessitait détachement et discipline. Mais ma *mitzvah* m'oblige à m'impliquer davantage, afin de pouvoir établir un lien entre les gens et ces événements. Si je me contentais de passer une diapo en disant : « Voilà ce que nous faisons » ou « Voilà ce que j'ai vu », je n'accomplirais pas mon devoir. Oui, je suis allée là-bas parce que je suis anthropologue médico-légale. Mais c'est à cause de la *personne* que je suis qu'après avoir « fait » et « vu », j'ai vécu, pensé, rêvé, pleuré, compris quelle était ma place.

APPENDICE

Jugements

Église catholique de Kibuye

Clément Kayishema : médecin et *préfet* de Kibuye. Sous le coup de quatre inculpations pour génocide. Condamné en 1999 à l'emprisonnement pour le restant de ses jours.

Obed Ruzindana : homme d'affaires de Kibuye. Inculpé de génocide. Condamné en 1999 à vingt-cinq ans de prison.

Garage de Kigali

George Rutaganda : homme d'affaires et deuxième vice-président du Comité national des *Interahamwe,* milice des jeunes du Mouvement républicain national pour le développement et la démocratie (MRND). Inculpé de génocide et d'extermination en tant que crime contre l'humanité. Également condamné, en appel, pour deux meurtres en tant que violation de l'article 3 des Conventions de Genève. Il s'agissait de la première inculpation pour crime de guerre au TPIR. Le chef d'inculpation pour crime contre l'humanité n'a pas été retenu. Condamné en 1999 à la prison à vie.

Srebrenica

Drazen Erdemovic : officier du 10e détachement de sabotage de l'armée serbe de Bosnie. A admis avoir participé à l'assassinat de plus d'un millier d'hommes à Pilica le 16 juillet 1996. Inculpé de crime contre l'humanité, a plaidé coupable en 1996. Condamné, en 1996, à dix ans de prison. En 1997, la sentence fut réduite en appel à cinq ans de prison. Il a été libéré en 2000.

Radislav Krstic : général de l'armée serbe de Bosnie, commandant du Corps de la Drina. Inculpé de génocide, de crime contre l'humanité et de violation des lois et coutumes de la guerre (déplacement de populations par la force, meurtre, sévices, persécutions). Condamné, en 2001, à quarante-six ans de prison. A fait appel. En 2004, la sentence en appel fut réduite à trente-cinq ans de prison.

Momir Nikolic : adjoint au chef de la sécurité et du renseignement de la 1re brigade d'infanterie légère de Bratunac, de l'armée serbe de Bosnie (la « Brigade de Bratunac »). En 2003, a plaidé coupable de persécutions en tant que crime contre l'humanité, mais non coupable de génocide. Procès en attente.

Dragan Obrenovic : commandant en second de la brigade de Zvornik, de l'armée serbe de Bosnie. En 2003, a plaidé coupable de persécutions en tant que crime contre l'humanité. Condamné en première instance, en 2003, à dix-sept ans de prison.

Vidoje Blagojevic : commandant de la brigade de Bratunac, de l'armée serbe de Bosnie. Inculpé de complicité de génocide, de crimes contre l'humanité (extermination, meurtre, persécutions et actes inhumains), et de violations des lois et coutumes de la guerre (meurtre). Son procès a commencé en 2003. Condamné pour génocide, en 2005, à dix-huit ans de prison.

Dragan Jokic : commandant, responsable du génie de la brigade de Zvornik, de l'armée serbe de Bosnie. Inculpé de crimes contre l'humanité (extermination, meurtre, persécutions), et de violations des lois et coutumes de la guerre. Condamné, en 2005, à neuf ans de prison.

Slobodan Milosevic : président de la République fédérale de Yougoslavie. Inculpé de crimes en Bosnie, dont génocide et complicité de génocide, crimes contre l'humanité (persécutions, extermination, meurtre, emprisonnement, torture, déportation et actes inhumains), graves manquements à la Convention de Genève de 1949 (meurtre prémédité, incarcération illégale, torture, sévices délibérés, déportation ou transfert illégal, destruction et appropriation de biens), et de violations des lois et coutumes de la guerre (attaques contre des civils, destruction illégale, pillage de biens immobiliers, cruauté). Son procès a commencé en 2002.

HÔPITAL DE VUKOVAR

Veselin Sljivancanin : commandant, officier sécurité de la 1re brigade motorisée de la Garde de la JNA. Inculpé de graves manquements à la Convention de Genève de 1949 (sévices délibérés, meurtre prémédité), de violations des lois et coutumes de la guerre (cruauté, meurtre) et de crimes contre l'humanité (actes inhumains, meurtre). Procès en attente.

Mile Mrksic : colonel et commandant de la 1re brigade motorisée de la JNA. Même inculpation que Sljivancanin. Également inculpé de crimes contre l'humanité (meurtre, emprisonnement, actes inhumains) et de violations des lois et coutumes de la guerre (meurtre, torture, cruauté). S'est constitué prisonnier en 2002. Procès en attente.

Miroslav Radic : capitaine de la JNA. Mêmes chefs d'inculpation que Sljivancanin. S'est constitué prisonnier en 2003. Procès en attente.

Slavko Dokmanovic, président du conseil municipal de Vukovar, ministre de l'Agriculture du « District autonome serbe ». Mêmes chefs d'inculpation que Sljivancanin. Son procès avait commencé en 1998, mais Dokmanovic s'est suicidé alors qu'il était en Unité de détention, le 29 juin 1998. La sentence devait être rendue le 9 juillet 1998.

Slobodan Milosevic : président de la République fédérale de Yougoslavie. Inculpé de crimes en Croatie, dont crimes contre l'humanité (persécutions, extermination, meurtre, emprisonnement, torture, déportation et actes inhumains), de graves manquements à la Convention de Genève de 1949 (meurtre prémédité, incarcération illégale, torture, sévices délibérés, déportation ou transfert illégal, destruction et appropriation de biens), et de violations des lois et coutumes de la guerre (meurtre, torture, cruauté, destruction de villages, destruction ou dommages délibérés infligés à des monuments historiques et des institutions vouées à l'éducation ou à la religion, attaques contre des personnes et des biens civils, pillage de biens immobiliers). Son procès a commencé en 2002.

Camp de Brcko-Luka

Goran Jelisic : mécanicien en machines agricoles, commandant du camp de Brcko-Luka qui se présentait comme l'Adolf serbe. A plaidé coupable de seize chefs d'inculpations pour crimes contre l'humanité et quinze violations des lois ou coutumes de la guerre. Acquitté de l'inculpation de génocide en 1999, mais condamné à quarante ans d'emprisonnement pour crimes contre l'humanité et violations des lois et coutumes de la guerre, dont meurtre, torture et pillage.

Ranko Cesic : officier du camp de Brcko-Luka. En 2003, a plaidé coupable de crimes contre l'humanité (meurtre et viol), et de violations des lois et coutumes de la guerre (meurtre, traitement humiliant et dégradant). En instance de condamnation.

SITES ENCORE SOUS LE COUP D'UNE ENQUÊTE AU KOSOVO

Slobodan Milosevic : président de la République fédérale de Yougoslavie et commandant en chef de l'armée yougoslave. Inculpé de violations des droits et coutumes de la guerre (meurtre) et de crimes contre l'humanité (déportation, meurtre, persécutions). Son procès a commencé en 2002.

Milan Milutinovic : président de Serbie. Inculpé en même temps que Slobodan Milosevic. Procès en attente.

Dragoljub Ojdanic : chef d'état-major général de l'armée yougoslave. Inculpé en même temps que Slobodan Milosevic. Procès en attente.

Nikola Sainovic : vice-premier ministre de la République fédérale de Yougoslavie. Inculpé en même temps que Slobodan Milosevic. Procès en attente.

ENSEMBLE DU TPIR

Douze procès menés à conclusion, dont celui du Premier ministre Jean Kambanda, du ministre de l'Information Eliezer Niyitegeka, et de plusieurs maires. Quatre appels sont en cours d'examen.

Vingt détenus en procès, dont plusieurs chefs militaires, des gouverneurs, et le directeur de la Radio-Télévision libre des Mille Collines (RTLM).

Procès en attente pour trente détenus, dont six ministres et trois chefs religieux.

Un accusé jugé et acquitté.

Ensemble du TPIY

Quarante procès menés à conclusion, dont celui de Biljana Plavsic, vice-présidente de la République serbe de Bosnie (Republika Srpska). Treize appels en cours d'examen.

Dix accusés en instance de jugement ou de condamnation.

Quatre détenus en procès.

Procès en attente pour trente détenus, dont Naser Oric, commandant du 2e corps, 28e division de l'armée bosniaque à Srebrenica, et de Vojislav Seselj, président du Parti radical serbe.

Cinq accusés jugés et acquittés.

Remerciements

Il est difficile d'exprimer toute ma gratitude envers les personnes qui suivent, mais je sais que si j'ai pu écrire ce livre, c'est parce qu'elles font partie de ma vie : Sam Brown, Suttirat Anne Larlarb, David Koff, Msindo Mwinyipembe Koff, Kimera Koff, Geri Koff, Paul et Gwera Mwinyipembe, Bob Koff, feue Carole Ferry, Amy Uyematsu, le docteur LuAnn Wandsnider, et mon grand-père, Harry N. Koff, qui m'a offert un livre sur Pompéi quand j'avais sept ans et qui, pendant des années, a continué à m'offrir des livres sur l'importance des mots et des histoires, mais n'a jamais su ce que ces livres m'ont inspiré.

Merci à Isobel Dixon, de l'agence littéraire Blake Friedmann, pour avoir veillé à ce que mes amis et ma famille ne soient pas les seuls à lire ces histoires, et merci aussi à Lisa Highton et Deonie Fiford, de Hodder Headline Australia, pour m'avoir aidée à les raconter.

Je tiens aussi à exprimer toute ma reconnaissance à Héloïse d'Ormesson pour la chaleureuse collaboration qui a abouti à cette édition française. Et à Delphine Chevalier, Raymond Clarinard, Isabelle Taudière : merci pour votre fidèle traduction.

Achevé d'imprimer
sur Roto-Page
par l'Imprimerie Floch
à Mayenne, en février 2005.
Dépôt légal : février 2005.
Numéro d'imprimeur : 62080.

Imprimé en France.